本书实例效果赏析

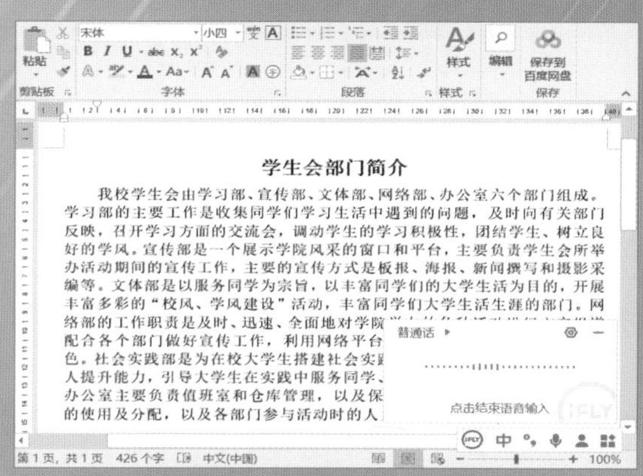

语音录入学生会部门简介

大学生创业心得体会.pdf

制作PDF便携新文档

制作公益活动口号

在线制作联谊会标题

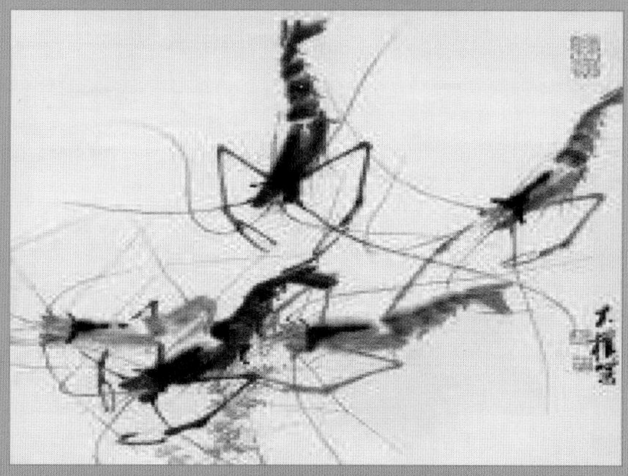
网上搜索齐白石作品

绘制简单水果图像

捕获马儿奔跑精彩瞬间

消除墙面乱涂鸦

本书实例效果赏析

裁剪校园美景图

制作太阳光晕效果

制作毕业留念照片

制作手机铃声

高效趣配音

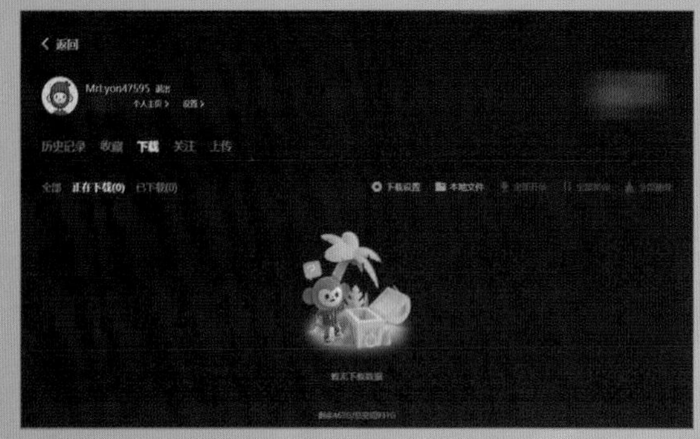

保存微课学习资料

拍摄校园Vlog

剪辑校园宣传片

本书实例效果赏析

为校园宣传片添加字幕

为校园宣传片添加特效

为宣传片添加转场

制作交互电子简历动画

制作气球升空动画

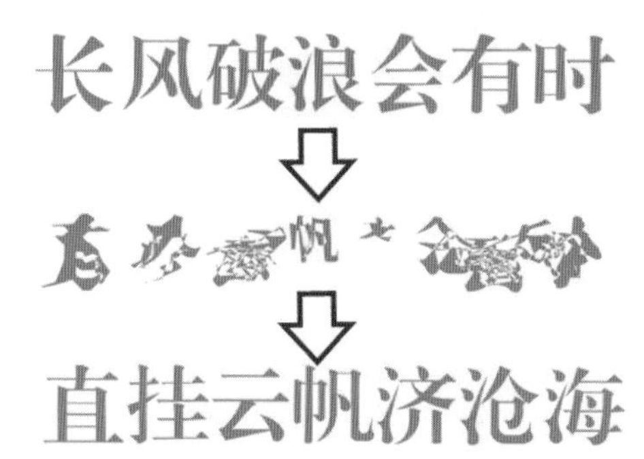

制作文字变换动画

制作动图GIF动画

制作树叶飞舞动画

本书实例效果赏析

制作可控风车动画

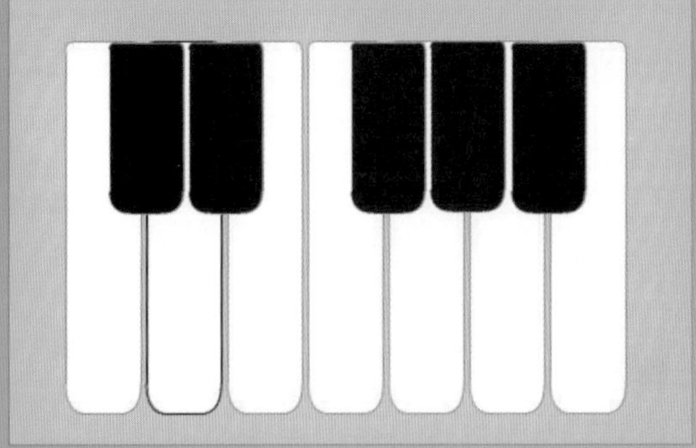

制作电子琴动画

制作HTML5动画

二维码传送书法生字簿

制作角色运动骨骼动画

制作H5邀请函

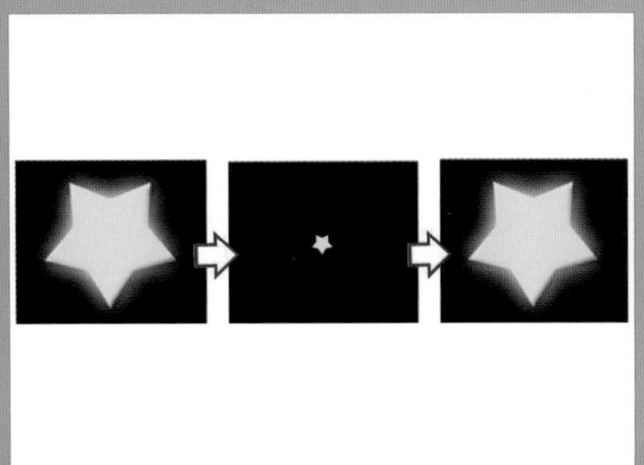

制作星星闪烁动画

制作卡点短视频

高等院校计算机应用系列教材

多媒体技术与应用

微课版

方其桂 主编　周松松 副主编

清華大学出版社
北 京

内 容 简 介

本书根据社会众多领域对多媒体技术的要求而编写。书中通过多个实验案例详细介绍了多媒体技术与应用的基础知识，并对多媒体文本、图像、音频、视频等素材的获取方法和制作技术及技巧进行了详尽的讲解，涉及的实验案例均有操作步骤和微课视频，读者扫描对应的二维码进行自学即可，学习完成后，就能利用相关软件进行简单的多媒体处理和创作。

本书可作为高等院校多媒体技术与应用相关课程的教材，也可作为各级教育部门多媒体技术培训用书，还可作为中小学教师提升教育技术的自学用书。

图书在版编目（CIP）数据

多媒体技术与应用 : 微课版 / 方其桂主编. 北京 : 清华大学出版社, 2024. 8. -- (高等院校计算机应用系列教材). -- ISBN 978-7-302-66634-9

Ⅰ. TP37

中国国家版本馆 CIP 数据核字第 2024PP9584 号

责任编辑： 刘金喜
封面设计： 常雪影
版式设计： 孔祥峰
责任校对： 成凤进
责任印制： 沈　露

出版发行： 清华大学出版社
网　　址：https://www.tup.com.cn，https://www.wqxuetang.com
地　　址：北京清华大学学研大厦 A 座　　邮　　编：100084
社 总 机：010-83470000　　邮　　购：010-62786544
投稿与读者服务：010-62776969，c-service@tup.tsinghua.edu.cn
质 量 反 馈：010-62772015，zhiliang@tup.tsinghua.edu.cn

印 装 者： 三河市天利华印刷装订有限公司
经　　销： 全国新华书店
开　　本： 185mm×260mm　**印　　张：** 19.5　**彩　　插：** 2　**字　　数：** 487 千字
版　　次： 2024 年 8 月第 1 版　**印　　次：** 2024 年 8 月第 1 次印刷
定　　价： 68.00 元

产品编号：104639-01

前　言

一、学习多媒体技术与应用的意义

如今，数字化建设已进入了全方位、多层次推进应用的新阶段，随着数字化教育改革和创新步伐的加快，多媒体应用技术已渗入社会生活的各个方面，如教学、网络、视频会议、产品开发、展览展示、影视制作、广告动画、电脑游戏开发等，并从根本上改变了人们学习、工作和生活的方式。多媒体技术可将文本、图像、声音、视频和动画等信息媒体集成在一起，并可通过计算机综合处理和控制。多媒体技术与应用可以帮助人们更生动地展示课堂内容，激发学习者的兴趣和积极性，通过图片、视频、音频等形式，可以让学习者更直观地理解和感受学习内容。同时，多媒体教学可以灵活调整教学时间，丰富教学手段，提高课堂学习效率。

多媒体技术与应用已经逐步成为人们必须掌握的一项基本技能，为此我们组织有丰富微课制作经验的一线教师、教研员编写了本书，内容涵盖多媒体文本、音频、图像、视频、动画和新媒体技术，以更好地帮助人们将信息技术工具应用到自己的课堂教学中，从而取得更好的教学效果，提高教学效率。

二、本书结构

本书是专门为一线教师、师范院校的学生和专业从事多媒体技术与应用的人员编写的教材，为便于学习，设计了如下栏目。

- 本章内容：每章前均列出了学习要点、核心概念和本章重点，使读者能够快速了解本章内容的精髓和知识框架。本章内容的安排由浅入深、循序渐进，先讲解基础理论，再辅以相应的实验案例，帮助读者在理解知识的同时，也能提升实际操作的能力。
- 本章实验：以实际应用为出发点，每个实验案例在学习和生活中都会用到，通过“实验目的”“实验条件”“实验内容”轻松学习掌握，其中包括多个“实验步骤”，将实验进一步细分成若干更小的步骤，降低阅读难度，使学习者对所学知识进行多层次的巩固和强化。
- 小结和练习：对全章内容进行归纳、总结，同时用习题来检测学习效果。

三、本书特色

本书详细介绍多媒体技术与应用的基础知识，以及多媒体文本、图像、音频、视频、动画等素材的获取方法和制作技术及技巧，使读者能够轻松地制作出可应用于实际教学的多媒体作品。因此，本书定位于想使用多媒体技术制作作品的广大师生。本书在编写时努力体现如下特色。

- 内容实用：本书中的所有实验案例均与实际相结合，与学习和生活有密切的关系，实验的选择从简单到复杂，循序渐进，实用性强，内容编排结构合理。
- 图文并茂：在介绍实验具体操作步骤的过程中，语言简洁，基本上每个步骤都配有对应的插图，用图文来分解复杂的步骤。路径式图示引导，便于读者一边翻阅图书，一边上机操作。
- 提示技巧：本书对读者在学习过程中可能会遇到的问题以“小贴士”形式进行了说明，以免读者在学习过程中走弯路。
- 便于上手：本书以实验为线索，利用典型、实用的实验案例，将多媒体技术与应用串联起来，使学习者能够轻松掌握相关知识。

四、配书资源

本书配有数字化教学资源，包括书中实验案例制作所需要的素材、实验案例的源文件及制作完成的完整多媒体作品。这些多媒体作品经过稍加修改即可直接应用于实际教学中，同时，读者也可以这些实验案例为模板，稍作修改，举一反三，制作出更多、更实用的多媒体作品。此外，考虑到许多师范院校选择本书作为教材，资源中还提供了配套的教学课件和微课，以满足广大师生的教学需求。

五、本书作者

参与本书修订编写的作者有省级教研人员和课件制作获奖教师，他们不仅长期从事计算机辅助教学方面的研究，而且都有较为丰富的计算机图书编写经验，为本书的修订编写提供了有力的支持。

本书由方其桂担任主编并负责统稿工作，周松松担任副主编并负责策划。参与编写的人员有任冬梅(第 1、6 章)、周松松(第 2、3 章)、喻晨亮(第 4、5 章)和王元生(第 7、8 章)等，他们同时负责配套资源的制作。随书配套资源由方其桂整理制作。

本书附赠了书中案例的素材、源文件和视频微课，读者可通过扫描教学资源使用说明中的二维码下载获取。

虽然我们有着十多年撰写微课制作方面图书(累计已编写、出版三十多种)的经验，并尽力认真构思验证和反复审核修改，但书中仍难免有一些瑕疵。我们深知一本图书的好坏，需要广大读者去检验评说，在这里，我们衷心希望读者能对本书提出宝贵的意见和建议。读者在学习使用过程中，对同样实例的制作，可能会有更好的制作方法，也可能对书中某些实例的制作方法的科学性和实用性提出质疑，敬请读者批评指正。

服务邮箱：476371891@qq.com，wkservice@vip.163.com。

方其桂

2024 年 1 月

配套资源使用说明

为便于学习，本书配有教学资源，内容如下。

1．本书实例

本书实例包括写作本书时所介绍的实例及相关素材，供读者阅读时参考。同时读者对这些实例稍作修改就可以直接应用于教学。在计算机中安装好本书介绍的相关软件后，双击配套资源中的实例文件，即可用相应软件将其打开。

2．教学课件

为便于教学，本书提供了 PPT 教学课件，降低了教师的备课难度。

3．自学微课

作者精心制作了与本书相配套的多媒体微课视频，供读者自主学习，并可应用于课堂教学。

多媒体微课视频也以二维码的形式呈现在书中，读者可通过移动终端扫码播放，实现随时随地无缝学习。

4．习题答案

本书每章后面所附习题的参考答案，供读者检验学习效果。

上述资源可通过扫描下方二维码下载。服务邮箱：476371891@qq.com，wkservice@vip.163.com。

课件+习题答案

素材+实例

自学微课1

自学微课2

目　录

第 1 章　多媒体技术基础知识

■ 学习要点

多媒体技术是随着以计算机技术作为主要标志的信息技术的快速发展而诞生的，它是处理文字、声音、图形、图像等媒体的综合技术。自 20 世纪 80 年代多媒体技术诞生以来，它凭借便捷、灵活、生动、互动的特性，在教育、医疗、娱乐、通信等众多领域得到了广泛的应用。本章将介绍多媒体技术的基本概念和在各个领域中的应用，以及多媒体技术的发展情况。

- 了解多媒体技术的特征。
- 认识多媒体技术的分类。
- 了解多媒体技术的应用领域。
- 知道多媒体的主流技术。
- 了解多媒体的发展前景。

■ 核心概念

多媒体　　多媒体技术　　多媒体技术特征　　应用领域

■ 本章重点

- 多媒体技术的基本概念
- 多媒体技术的应用领域
- 多媒体技术的发展

1.1 多媒体技术的基本概念

多媒体技术是一门日益得到广泛应用并快速发展的信息技术，它颠覆了人们获取信息的传统方式，实现了信息呈现的多样化、综合化和集成化，契合了信息时代人们对信息获取方式的需求。

1.1.1 多媒体技术的特征

多媒体是指将两种或两种以上媒体组合起来的一种信息交流和传播媒体，它不仅是多种媒体的有机集成，而且还包含了处理和应用这些媒体的一整套技术，即多媒体技术。简而言之，多媒体技术就是利用计算机综合处理图文声像信息的技术，它具有多样性、集成性、交互性、实时性、数字化、非线性和智能化等特征。

1. 多样性

现代多媒体技术实现了信息呈现与处理方式的多样化，通过数字化处理将文字、声音、图形、图像、视频、动画等信息进行有机整合与呈现，从而满足了信息时代人们对信息获取方式变革的需求。这种多样性并不是指简单的数量或功能上的增加，而是质的变化。例如，多媒体计算机不但具备文字编辑、图像处理、动画制作等功能，而且还具备处理、存储及随机读取包括伴音在内的电视图像的功能。多媒体计算机能够将多种技术和业务集合在一起，而多媒体技术的多样性扩大了计算机所能处理的信息空间范围，使其不再局限于数值、文本或特殊对待的图形和图像。

多媒体信息呈现与处理方式的多样性如图 1-1 所示。

图1-1 多媒体信息呈现与处理方式的多样性

2. 集成性

多媒体技术的集成性主要是指以计算机为中心综合处理多种信息媒体的特性，即将各种信息媒体按照一定的数据模型和组织结构集成为一个有机的整体，包括媒体信息的集成及处理这些媒体的设备和软件的集成，如图 1-2 所示。

图1-2　多媒体设备与软件的集成性

- 媒体信息的集成：多媒体技术不是单一地进行信息呈现，而是把信息看成一个有机的整体，采用多种途径获取信息、统一格式存储信息及组织与合成信息等手段，对信息进行集成化处理。
- 媒体设备的集成：多媒体系统不仅包括作为中心的计算机，而且包括像电视、音响、摄像机等设备，将这些不同功能、种类的设备集成在一起，可共同完成信息处理工作。
- 软件系统的集成：软件系统的集成是指将多媒体操作系统、适用于多媒体信息管理的软件系统、创作工具及各类应用软件等整合为一体的过程。

3. 交互性

多媒体技术相对于其他信息呈现载体来说，其交互性更强。多媒体的对象通过超文本或超媒体实现人机交互，用户可以利用多媒体技术进行信息的实时获取、搜索、查询、提问、反馈等活动。交互性向用户提供更加有效的控制与使用信息的手段和方法，增强了用户对信息的理解和关注，同时延长了信息的保留时间，为应用开辟了更加广阔的领域。用户通过高级的交互活动参与信息的组织，控制信息的传播，从而学习和分享感兴趣的内容，并获得全新的体验。多媒体技术的交互性在计算机辅助教学、模拟训练及虚拟现实等方面都取得了显著的成功，如图 1-3 所示。

图1-3　多媒体技术的交互性

4. 实时性

多媒体需要处理各种各样的信息媒体，因此实时性是必要的，当用户给出操作指令时，相应的多媒体信息应得到实时的控制，这种实时性能够形成人与机器、人与人及机器间的有效互动。多媒体系统虽然包含大量的数据信息，处理复杂而烦琐，但多媒体技术在处理和编程这些数字信息时耗费的时间几乎为零，其所处理的图像、声音、视频、动画等都随着时间的变化而变化，即所见即所得，如图 1-4 所示。

图1-4　多媒体技术的实时性

5. 数字化

多媒体技术使得媒体以数字形式存在，通过数字化技术将信息进行编码、存储和传输。在计算机中，文本、图形、图像、声音、视频、动画等媒体都以二进制数据的形式存在，如图 1-5 所示。由于实现了数字化存储，因此我们可以利用计算机的数字转换和压缩技术，有效地实现多媒体信息的存储、加工、控制、编辑、交换、查询和检索。

图1-5　多媒体技术的数字化

6. 非线性

多媒体技术的非线性特点体现在它可以通过超文本链接的方式，将内容以更灵活、更具变化的方式呈现给用户。这种非线性不仅改变了人们传统的读写模式，还使得多媒体技术更加丰富多彩，能够提供更加精准、个性化的信息展示。以往，人们大多采用章、节、页的框架，循序渐进地获取知识，而多媒体技术则通过超文本链接，将内容以更加灵活多变的方式展现给用户，为用户带来全新的阅读体验。

多媒体技术的非线性如图 1-6 所示。

图1-6　多媒体技术的非线性

7. 智能化

与传统多媒体技术相比，现代多媒体技术正加快智能化发展的趋势，提供了易于操作、友好的界面，使计算机更加直观、便捷和人性化，从而降低了用户手动传输信息的难度。多媒体技术的进一步发展，迫切需要更深入的智能化，例如，要解决计算机视觉和听觉方面的问题，必须引入知识和人工智能的概念、方法与技术，以推动多媒体技术的不断应用和创新。

多媒体技术的智能化如图 1-7 所示。

图1-7　多媒体技术的智能化

1.1.2　多媒体技术的分类

多媒体技术是继印刷术、无线电、电视和计算机技术之后的又一次技术革命，常见的多媒体技术主要有多媒体处理技术和多媒体集成技术两类。多媒体处理技术主要涵盖对文本、图像、音频、视频和动画的处理，多媒体集成技术则涉及演示型、交互型及网页型等多种媒体集成工具的应用。

1. 文本处理技术

文本处理技术包括文字编辑和特定格式的文字处理两个方面。

1) 文字编辑

常见的文字编辑处理软件主要有记事本、Word、WPS 等。记事本常用于处理少量的文本，不能进行文字格式排版。Word 和 WPS 常被用于编辑大量文本，它们能对文字进行颜色设置、段落排版等处理，从而形成一个独立的作品。

2) 特定格式的文字处理

在文字处理过程中，我们经常会遇到特定的格式，如 PDF 格式。PDF 是由 Adobe 公司开发的独特跨平台文件格式，它能将文字、字体、图形、图像、色彩、版式及与印刷设备相关的参数等封装在一个文件中。此外，PDF 还可包含超文本链接、音频和视频等电子信息，确保在网络传输、打印和制版输出过程中页面元素保持不变。PDF 格式文件可由多种文字、图像处理软件转换而成，也可使用专门的“PDF 文件编辑器”软件制作。它通常只提供单一的阅读功能，若要对 PDF 文件进行编辑，则必须使用具备编辑功能的软件。

2. 图像处理技术

数字图像处理的任务是获取客观世界的景象并将其转化为数字图像，进而将一幅图像转化为另一幅具有新含义的图像。数字图像处理主要研究的内容有图像数字化、图像增强、图像变换、图像编码和压缩，以及图像重建、识别等方面。图像处理技术包括图像浏览、管理和处理等多个方面，主要软件有 ACDSee 看图软件、Picasa 图像管理软件，以及光影魔术手、美图秀秀、Photoshop 等图像处理软件，如图 1-8 所示。由 Adobe 公司出品的 Photoshop 是现今较流行的平面制作与图像处理软件之一，它广泛应用于图像处理、平面广告设计、网页制作、多媒体软件制作、装潢设计、装帧设计等领域，是平面设计软件中的典型代表。

图1-8　Photoshop、美图秀秀、光影魔术手软件图标

3. 音频处理技术

音频处理技术包括声音的录制、剪辑和合成等，主要处理软件有 Adobe Audition、Gold Wave 等。其中，Adobe Audition 是应用最普遍的音频处理工具软件，它集录音、混音、编辑和控制于一身，功能强大，控制灵活，可以用来录制、混合、编辑和控制数字音频文件，也可以用来创建音乐，制作广播短片，恢复音频缺陷。此外，通过与 Adobe 公司的视频处理程序相整合，Adobe Audition 能将音频和视频内容结合在一起，获得实时的专业级效果，还能记录来自 CD、线路输入、传声器等的音源，对声音进行降噪、扩音等处理，以及添加淡入淡出、3D 回响等特效。

Adobe Audition 软件界面如图 1-9 所示。

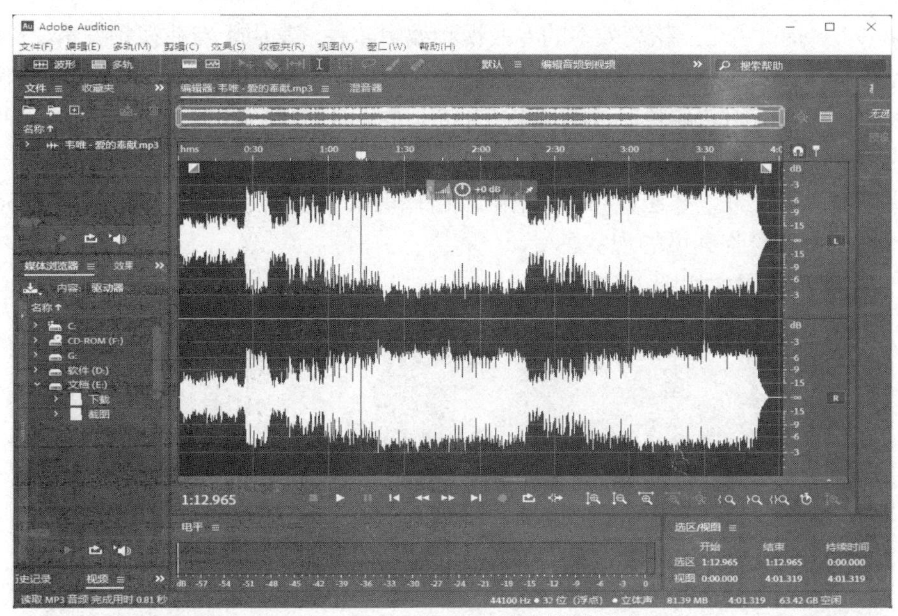

图1-9　Adobe Audition软件界面

4. 视频处理技术

计算机多媒体视频处理技术包括视频的采集、编辑和合成等，主要视频处理软件有会声会影、Sony Vegas、Adobe Premiere 等。

- 会声会影：它是一款功能强大的视频编辑软件，无须专业的视频编辑知识也可以使用，常用于剪辑、合并、制作视频，以及屏幕录制和光盘制作。软件内含丰富多样的模板素材和精美的滤镜转场效果，能够满足各类应用场景的设计需求，如电子相册、时尚写真、企业宣传、毕业纪念和婚礼婚庆等。它无须太多专业操作，即可获得专业的视频剪辑体验。

“会声会影”软件界面如图 1-10 所示。

图 1-10　“会声会影”软件界面

- Sony Vegas：它是一款高效率的专业视频编辑软件，常用于专业视频编辑、音频编辑和光盘制作。该软件具有多种创新创意工具，如先进的运动跟踪、视频稳定和动态故事板等。它支持HDR颜色和高清的4K UHD画面，具备出色的视频稳定功能，可以将摇晃的镜头变成流畅的专业品质视频。此外，Sony Vegas还支持360度全景视频，可以无缝拼接双鱼眼文件，并通过360控制预览文件和360过滤器，为观众提供完整的360度视频体验，带来身临其境的观赏感受。

Sony Vegas 软件界面如图 1-11 所示。

图 1-11　Sony Vegas 软件界面

- Adobe Premiere：它是由Adobe公司开发的一套功能强大的非线性编辑软件，是数字视频处理软件中的典型代表。Adobe Premiere是视频编辑爱好者和专业人士必不可少的视频编辑工具，它可以提升用户的创作能力和创作自由度，是一款易学、高效、精确的视频剪辑软件。Adobe Premiere提供了采集、剪辑、调色、美化音频、字幕添加、输出、DVD刻录的一整套流程，并与其他Adobe软件高效集成，能够满足用户创建高质量视频节目的需求。

Adobe Premiere 软件界面如图 1-12 所示。

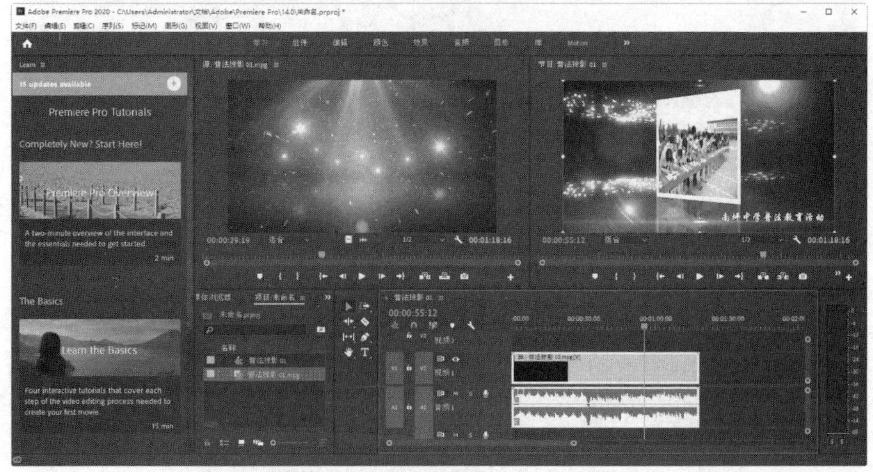

图1-12　Adobe Premiere软件界面

5. 动画处理技术

动画处理技术包括二维动画和三维动画的处理，其中二维动画处理的关键是动画的生成。目前，国际上比较流行的专业二维动画制作软件主要有 Animo、Animation Stand、Retas、Toonz 及基于网页的二维动画 Animate 等。其中，Animate 是 Flash 软件的升级版，它支持动画、声音及交互式内容，具有强大的多媒体编辑能力，可以直接生成主页代码。三维动画的制作主要依靠动画制作软件来完成，典型的三维动画制作软件有 3ds Max 和 Maya，如图 1-13 所示。

图1-13 Animate、3ds Max、Maya软件图标

6. 演示型多媒体集成工具

演示型多媒体集成工具主要用于制作课堂教学课件、会议报告、商业广告及声光艺术作品等，它以展示和宣讲的形式向用户推送内容。常见的专业演示型的媒体集成工具主要有 PowerPoint，它是 Microsoft 公司的办公软件 Office 的套件之一，自 Microsoft Office 问世以来，因其强大的功能、方便的操作步骤及易学易用等特点，得到了用户的广泛认可。PowerPoint 是一款专门制作演示文稿的应用软件，它能方便地制作出集文字、图形、图像、声音及视频等多媒体元素于一体的演示文稿，也能将用户需要表达的信息组织在一组图文并茂的画面中，方便用户观看和演示。

7. 交互型多媒体集成工具

交互型多媒体集成工具主要应用于学习系统及电子出版物、游戏软件、过程模拟、仿真系统的开发。常见的交互型多媒体集成工具主要有 Authorware，它是 Macromedia 公司开发的一套多媒体创作工具。Authorware 无须计算机语言编程，它通过对图标的调用和编辑，控制程序的活动流程图走向，将文字、图形、声音、动画、视频等多媒体项目数据汇合在一起，使非专业人员也能够快速开发多媒体软件。Authorware 共提供了十多种系统图标和多种不同的交互方式，是交互功能较强的多媒体创作工具之一。

8. 网页型多媒体集成工具

Adobe Dreamweaver 是集网页制作和网站管理于一身的网页编辑器，它将可视化的布局工具、应用程序开发功能和代码编辑支持组合在一起，使得各个层次的开发人员和设计人员都能够快速地创建基于标准的网站和应用程序。Adobe Dreamweaver 借助简化的智能编码引擎，能够轻松地创建、编码和管理动态网站。它利用视觉辅助功能减少错误，提升网站开发速度，并可以构建自动调整即可适应任何屏幕尺寸的响应式网站，实时预览网站并进行编辑，确保网页的外观和工作方式均符合用户的需求。

Adobe Dreamweaver 软件启动界面如图 1-14 所示。

图1-14　Adobe Dreamweaver软件启动界面

1.2　多媒体技术的应用领域

信息技术的飞速发展正深刻地影响着社会的各个领域，多媒体技术作为其中的重要一环，将音像技术、计算机技术和通信技术紧密地结合起来，并日益渗透到不同行业的多个应用领域，对人们工作、学习、生活及娱乐的各个方面都产生了深远影响。多媒体技术主要应用在以下几个领域。

1.2.1　多媒体技术在教育领域的应用

将多媒体技术与互联网作为基础，构建新型教育机构，重塑其科研管理和教学结构，旨在拓展并优化教育系统建设，从而为教育过程提供更加坚实的支撑和高效的服务。这不仅是当今教育领域适应社会长期持续发展的必然需求，也是社会主义现代化建设对高等人才培养的迫切要求。

1. 教学演示

在传统的以教为中心的教学模式中，多媒体主要用于教学内容的展示。而采用多媒体将教学的主要内容、材料、数据、示例等呈现在特定的显示设备上，再通过多媒体技术提供的数据做出的图像或动态表现，可让知识更直观形象、更富有条理地展示在学生面前，使学生有更多观察、探索、试验与模拟的机会，既改善了学习氛围，又激发了学生的学习兴趣，从而达到知识的高质量传播。例如，多媒体技术可以对生物形态进行模拟，如微观世界的原子、分子、种子发芽、开花、结果等运动过程，宏观世界的宇宙、太阳系、地球、海洋、气候等变化过程。多媒体模拟使无法用语言准确描述的变化过程变得形象具体，让学生能够形象地了解事物变化的基本原理和关键环节，建立必要的感性认识。

多媒体模拟教学如图 1-15 所示。

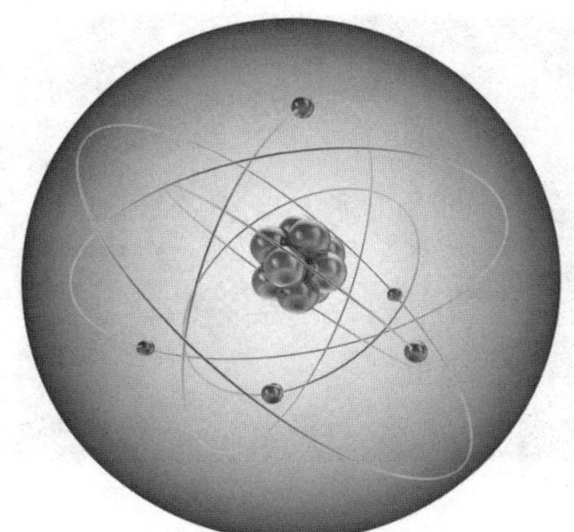

图1-15　多媒体模拟教学

2. 交互式学习

现代课堂教学由教师、学生、教材、媒体四种要素构成。在教学过程中，这四种要素之间形成了立体、交互式的信息传递网络，教师的教学与学生的认知并不是孤立进行的，而是在交互过程中通过教学媒体进行的。教学媒体通常是由多媒体课件构成，使用多媒体技术制作符合教学规范的交互式多媒体课件。由于多媒体技术及网络技术的发展和融合，学生既可以通过多媒体课件进行个人自主学习，也可以借助网络资源进行协作式自主学习。

交互式学习如图 1-16 所示。

图1-16　交互式学习

3. 远程教育

远程教育主要指基于计算机网络的开放式教学系统。网络传播模式的出现，使得用于单个计算机的多媒体课件可以发布到广阔的网络空间，形成网络课程。通过网络课程的开设，学生不再受年龄、时间和空间的限制，可以根据自己的需求和当前水平选择不同的学校和教师，并在合适的时间进行学习。

远程教育如图 1-17 所示。

图1-17　远程教育

4. 数字出版

在数字出版领域，电子书逐渐成为人们阅读的主要方式之一，而多媒体技术的应用为电子书的阅读带来了更加丰富的体验。例如，在电子书中添加音频、视频、图片等多媒体元素，可以让读者在阅读的同时，更加全面地了解和感受文本内容。此外，数字出版还推动了数字图书馆的建设，如图 1-18 所示。数字图书馆是一个以数字化形式收藏、存储、管理图书和其他文化遗产的机构，通过多媒体技术可以为读者提供更加直观、可视化的搜索和导航功能，使读者可以更加方便地查找和获取所需的文献及资料。总之，多媒体技术在数字出版中的应用不仅为读者带来更加丰富、生动、多元化的阅读体验，也大大提高了数字出版的效率和质量。

图1-18　国家数字图书馆网站首页

1.2.2　多媒体技术在医疗领域的应用

多媒体技术的出现对医学领域产生了极其重要的影响。多媒体技术具有存储容量大和检索方便的特点，使医学信息数据资源能够实现统一组织和管理，并能够实现快速检索查询。这不仅使诊断技术有了新的飞跃，还推动了远程医疗服务的实现，极大地促进了医学的进步与发展。多媒体技术在医学的以下几个领域发挥着极其重要的作用。

1. 建立医学信息数据库

健康信息管理是医护人员和患者共同记录和管理患者的各项健康数据的过程，包括病人的背景资料、各种检查结果和化验报告等。在过去，这项工作主要通过纸质记录来实现，不仅耗费了大量的时间和人力，还容易出现信息丢失和错漏等问题。而多媒体技术可以将健康信息管理以数据库技术的形式实现，从而便于管理和维护，这不仅减少了病历的存放空间，还避免了查阅时的费时费力。通过多媒体技术，医生可以在医学信息数据库中记录患者的健康数据和病历信息，如图1-19所示，患者也可以通过电子平台查询自己的健康数据和病历信息。这样不仅提高了工作效率，也更加保证了数据的完整性和准确性。

图1-19　医学信息数据库

2. 辅助医疗诊断

多媒体技术引入医疗诊断领域后，出现了超声波诊断、CT、核磁共振、血管造影等许多新的技术。这些技术能够生成立体直观的三维图像，展示可旋转的透视解剖结构，有助于医生更科学地分析病人情况。同时，并行高速医学图像处理工作站能够快速成像，实时处理和显示临床影像，从而可以更直观地显示病人数据。相较于多媒体技术在医疗诊断中的应用，传统的医疗诊断系统存在诸多缺陷，例如，在监视器上显示的人体内部脏器的形态、结构和特征的回声图像容易引起变形与伪像，这可导致医生在诊断时出现误诊的情况，而使用多媒体进行的诊断采用了实时动态视频扫描、声影处理等技术，成功地解决了这一问题。

辅助医疗诊断如图1-20所示。

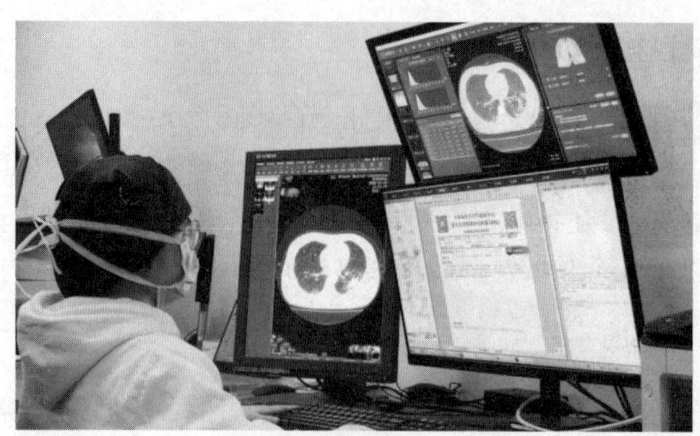
图1-20　辅助医疗诊断

3. 模拟医疗实践

手术操作作为一项非常复杂和危险的医学行为，要求医生具备严谨的实践经验和技能。在过去，医生只能从实际的手术操作中得到经验，这无疑存在很高的风险。然而，如今多媒体技术的应用使得手术操作可以以模拟的形式在计算机上展现出来，让医生和学生能够在虚拟环境中进行学习和操作。通过手术仿真，医生可以获得更多的实践经验，从而提高了手术的成功率和安全性。另外，对于一些临床病人来说，康复训练非常重要，但这个过程十分漫长和困难，需要医疗人员和患者付出大量的时间和精力，而多媒体技术在这个过程中可以发挥重要作用，医生可以利用多媒体技术提供交互式的康复训练器材和虚拟实景，使患者在虚拟环境中进行康复训练，从而有效提高康复效率。

模拟医疗实践如图 1-21 所示。

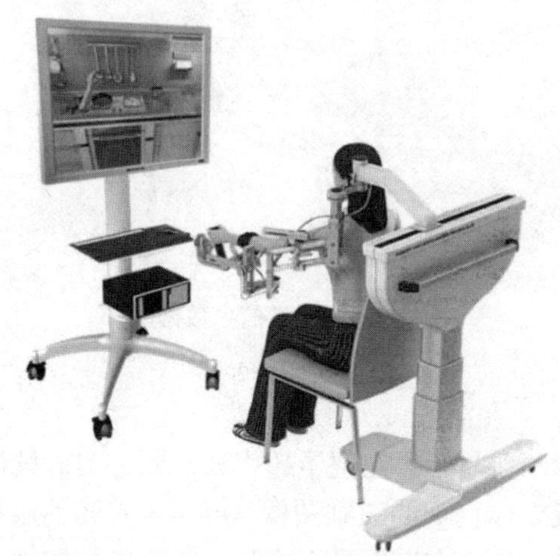
图1-21　模拟医疗实践

4. 协助远程医疗服务

多媒体技术以网络技术为依托已经能够实现远程医疗。在远程医疗系统中，利用电视会议的双向音频和视频功能，医生可以与病人面对面交谈，进行远程咨询和检查，进而实现远程会诊。这种会诊方式包括异地远程会诊和异地远程辅助治疗，有助于缩小不同地区医疗服务水平之间的差距。两地或多地的医生通过交互式共享病人的各种资料，医学专家能够为千里之外的病人提供诊疗服务，并为当地医生提供参考意见，从而有效减小地区之间的医疗水平差异。

协助远程医疗如图 1-22 所示。

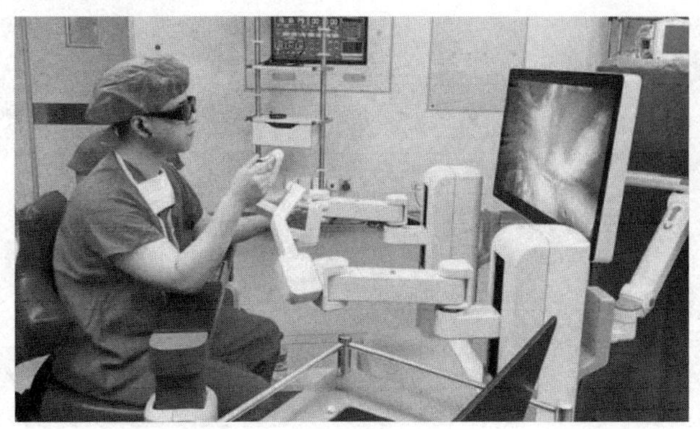

图 1-22　协助远程医疗

1.2.3　多媒体技术在娱乐领域的应用

随着人们生活水平的提高和精神生活质量的提升，大众娱乐日益普及，个性化娱乐已成为众多人的迫切需求。多媒体技术的不断发展，使其在娱乐领域的应用越发广泛和深入，为人们带来更加丰富多彩的娱乐体验。

1. 游戏

电子游戏已成为人们生活中不可或缺的娱乐方式，随着其不断发展，受众群体也越来越广泛。多媒体技术可以将游戏制作得更加逼真和有趣，通过不断创新视觉效果、声音效果及操控方式，为玩家营造出更加真实的游戏世界。图 1-23 所示的 VR(virtual reality)游戏可以让玩家身临其境地体验游戏场景，增加游戏的沉浸感。与此同时，多媒体技术助力下的各种游戏直播、电竞比赛等项目逐渐崭露头角，成为人们竞相追逐的新潮流。

图1-23　VR游戏

2. 影视

多媒体技术在影视领域同样得到了广泛的推广和应用。电影、电视剧等作为人们娱乐、放松的重要手段，其制作水平随着多媒体技术的发展得到了显著提升。在视觉效果方面，多媒体技术让影视作品的特效更加逼真、精美，满足观众对视觉享受的需求，如还原古老的历史场景、创建神奇的科幻世界等，如图 1-24 所示。在音效创作方面，多媒体技术使得环境声音更加真实，增强了情感传达的效果，进一步丰富了观众的感受和体验。

图1-24　球幕影院

3. 音乐

多媒体技术在音乐领域的应用具有重要的意义，其可以直接影响音乐的形态、风格和感染力。借助多媒体技术，音乐人可以整合乐器、音效、人声、自然声音等多种声音元素，从而创造出更加丰富多彩的音乐作品，如图 1-25 所示。同时，多媒体技术为音乐作品提供了更多的传播渠道和广泛的传递方式，如音乐流媒体和在线音乐平台等，这在促进音乐产业的发展和繁荣方面发挥了重要作用。

图1-25　整合音乐

4. 广告

多媒体技术与我们的日常生活息息相关，特别是在广告领域，如显示屏广告(见图 1-26)、平面印刷广告、公共招贴广告。多媒体技术广泛应用于广告制作的多个环节，包括创意构思、故事板设计、后期制作等。在电视广告制作中，常见的电脑特效、三维动画、CG 制作等都属于多媒体技术的范畴。多媒体技术的应用，使广告制作的效率和品质得到了大幅提升。除了广告制作，多媒体技术在广告宣传中同样扮演着重要角色，目前几乎所有的广告媒介都可以运用多媒体技术，如电视台、网络媒体、户外广告等。

图1-26　显示屏广告

1.2.4　多媒体技术在通信领域的应用

通信对一个国家的经济发展、科技进步和综合国力有重大影响。现代通信技术正朝着通信数字化、通信业务多媒体化、通信个人化及网络智能化的方向发展。多媒体技术在通信领域的应用，使得电话、电视、摄像机等电子产品能够与计算机融为一体，形成新一代的应用产品。在多媒体时代，用户对于通过网络实现图像、语音、动画和视频等多媒体信息的实时传输有着极大的需求，这方面的应用非常广泛，如视频会议、视频点播、网络直播及各种多媒体信息在网络上的传输等。

1. 视频会议

视频会议系统产品是近年来将视频图像、语音等多媒体信息数字处理与数字通信技术相结合的最新成果。该产品已在军事领域、政府机构、贸易公司、医疗单位乃至家庭中广泛使用。计算机多媒体视频会议系统综合处理和传输了文字、图像、音频和视频等多种媒体信息，这使身处异地的与会者能够如同面对面坐在一起讨论，如图 1-27 所示，不仅可以借助多媒体形式充分交流信息、意见、思想与感情，还可以使用计算机提供的信息加工、存储、检索等功能。

图1-27　视频会议

2. 视频点播

随着数字技术的发展，多媒体数据解码技术已经成为视频播放中不可或缺的一部分。解码器运用多种算法，成功将数字信号转化为可视化的图像和音频，让观众可以在数字媒体设备上观看高质量的视频。随着计算机技术的发展，视频点播技术逐渐应用于局域网及有线电视网中，但音视频信息容量的庞大阻碍了视频点播技术的发展。而流媒体由于采用特殊的压缩编码方式，使得其特别适合在网上传输。视频点播服务器中存储着大量的压缩音频视频库，但它并不会主动将这些内容传输给任何用户，如图 1-28 所示，用户只需通过客户端的浏览器，按需点播收看所需的内容，并可控制播放的过程。

图1-28　点播系统

3. 网络直播

随着互联网技术的飞速发展，网络直播已逐渐成为互联网最热门的应用之一，越来越多的人选择通过网络直播分享自己的生活、展示自己的才华或发表自己的见解，如图 1-29 所示。同时，随着云计算、大数据、物联网等技术的飞速发展，网络直播也开始不断创新和升级，成为现代网络视频传输的重要形式之一。与传统的点播方式相比，网络直播具有实时性强、互动性高、用户体验感好等优点。流媒体技术在网络直播中的作用至关重要，它能够在低带宽环境下提供高质量的影音体验。随着流媒体技术的不断发展，网络直播已经广泛应用于体育、娱乐、教育等各个领域。

图1-29　网络直播

1.3　多媒体技术的发展

为了充分发挥计算机多媒体技术的积极作用，我们需要全面了解计算机多媒体关键技术的内容及其发展前景。这样，我们才能更科学、合理地将多媒体技术应用于具体的社会实践中，从而推动各行各业的健康、良性发展。

1.3.1　多媒体的主流技术

多媒体技术是高新技术应用发展的必然产物，它综合了计算机技术、通信技术和视听技术及多种信息科学领域的技术成果。多媒体技术涵盖了多项关键技术，包括多媒体数据压缩技术、多媒体数据存储技术、多媒体数据处理技术、多媒体数据库技术、超文本和超媒体技术、多媒体信息检索技术、流媒体技术、虚拟现实技术等。

1. 多媒体数据压缩技术

数据的压缩实际上是将原始的数据进行编码压缩的过程，而数据的解压缩是将压缩的编码还原为原始数据的逆过程，因此数据压缩方法也称为编码方法。

1) 数据压缩的概念

在处理音频和视频信号时，如果每一幅图像都不经过任何压缩直接进行数字化编码，那么其数据容量将是非常巨大的，现有的计算机存储空间和总线的传输速度都很难满足这样的需求。在多媒体技术发展的整个历程中，如何有效地保存和处理如此大量的数据一直是人们重点研究的课题。为了快速传输数据，提高运算处理速度和节省更多的存储空间，数据压缩成了关键技术之一。

2) 数据压缩的方法

根据解码后数据与原始数据是否完全一致进行分类，压缩方法可被分为有失真编码和无失真编码两大类，也就是常说的有损压缩和无损压缩。常用的有失真压缩编码技术有预测编码、变换编码、模型编码、混合编码等，常用的无失真压缩编码技术有哈夫曼编码、算术编码、行程长度编码等。目前，较流行的关于压缩编码的国际标准有静止图像压缩编码标准 JPEG(joint photographic experts group)和运动图像压缩编码标准 MPEG(moving picture experts group)。近年来，基于知识的编码技术、分形编码技术、小波编码技术等压缩技术也有很好的应用前景。

2. 多媒体数据存储技术

在信息技术时代下，各种网络蓬勃兴起，各类型数据呈现几何级数的增长。数据的规模、种类及存储形式等都以惊人的速度发展。面对海量的数据，如何在多媒体时代做好数据存储工作，已成为人们最关心的议题。

1) 多媒体数据的特点

多媒体技术的发展对存储系统提出了很高的要求，即存储设备的存储容量必须足够大，以满足多媒体信息的存储要求；存储设备速度要快，要有足够的带宽，以便高速传输数据，使得多媒体数据能够实时地传输和显示。因此，多媒体数据有以下两个显著特点。

- 多种形式：数据表现形式多种多样，且数据量庞大，动态的声音、视频和图像尤为明显。
- 实时性：多媒体数据传输具有实时性，声音和视频必须严格同步。

2) 存储、压缩技术的关系

一方面，多媒体信息的保存依赖于数据压缩技术；另一方面，则需要依靠存储技术。随着科技的进步，存储设备的变革一直在持续进行，人们先后使用的存储介质和设备有纸带穿孔、磁芯、磁带、磁盘、光盘及磁光盘等。随着多媒体技术的发展，光盘存储技术也逐步走向成熟，光盘存储器也从最初单一的 CD-ROM 存储器，逐步发展出 CD-RW、DVD-R、DVD-RW 等多种存储器类型。科学家通过实验证明了激光脉冲可以通过控制电子自旋来写入数据，这一发现极大地推动了激光存储技术的进步，从而有效解决了媒体信息的保存问题。同时，低成本、大容量的存储介质的出现也对多媒体技术的发展起到了积极的促进作用。

3. 多媒体数据处理技术

多媒体数据处理技术是一种综合处理文字、数据、图像、声音、视频、动画及各种感知、测量等信息的技术。它集合了数据的转化、存储和传输等多个环节。由于数字化信息的数量非常庞大，因此多媒体数据处理目前高度依赖处理器的能力、存储器的存储容量、通信传输的能力及这些系统的处理效率。多媒体数据处理技术涉及图像技术、音频技术和视频技术等多方面。

4. 多媒体数据库技术

多媒体数据库是由若干多媒体对象所构成的集合，这些对象按一定的方式组织在一起，可为其他应用共享使用。由于多媒体对象具有异构性，传统的数据库技术已不能满足多媒体信息管理的需求，因此必须研究现代多媒体数据库技术。现代多媒体数据库系统应能支持多种媒体数据类型及多个媒体对象的多种合成方式，能够为大量数据提供高性能的存储管理，同时保留传统的数据库管理系统功能。此外，它还应支持多媒体信息提取的功能，能为用户提供丰富而便捷的交互技术等。

5. 超文本和超媒体技术

超文本和超媒体技术是一种模拟人脑的联想记忆方式，将一些信息块按照需要用一定的逻辑顺序链接成非线性网状结构的信息管理技术。超文本技术以节点作为基本单位，形成网状结构，即非线性文本结构。随着计算机技术的发展，节点中的数据不再仅限于文字，还可以是图像、声音、动画、视频、计算机程序及其组合等。将多媒体信息引入超文本，就形成了超媒体。

6. 多媒体信息检索技术

多媒体信息检索是根据用户的要求，对文本、图像、声音、动画、视频等多媒体信息进行检索，以得到用户所需的信息。基于特征的多媒体信息检索系统有着广阔的应用前景，它将广泛应用于电子会议、远程教学、远程医疗、电子图书馆、地理信息系统、遥感和地球资源管理、计算机支持协同工作等领域。

7. 流媒体技术

传统的多媒体手段因数据传输量庞大，常常与现实中的网络传输环境产生矛盾，而解决这一矛盾的有效方法就是采用流媒体技术。所谓“流”，是指一种数据传输的方式，使用这种方式，信息接收者能够在接收到完整信息前就开始处理已收到的信息，这种边收边处理的方式很好地解决了多媒体信息在网络上的传输问题，人们无须长时间的等待，即可收听或收看到多媒体信息。流媒体技术的广泛应用，极大地推动了多媒体技术在网络上的普及和应用。

8. 虚拟现实技术

虚拟现实技术(VR)是一种能够高度逼真地模拟人在现实生活中视觉、听觉、动作等行为的交互技术。它为用户提供了一个真实反映操作对象变化与相互作用的三维图像环境，从而构成一个虚拟世界，如图 1-30 所示。虚拟现实技术通过计算机与先进的外围设备，能够模拟生活中的各种情境，包括过去与未来的事件。它与计算机技术、传感技术、机器人技术、人工智能及心理学等密切相关，是一种高度集成的、综合性极强的技术。理想的虚拟现实应具备人类所拥有的全部感知功能，是多媒体技术的高端阶段。

图1-30　虚拟现实

1.3.2　多媒体的发展前景

多媒体的应用已遍及社会生活的各个领域，随着社会信息化步伐的加快，多媒体的发展和应用前景将更加广阔。多媒体的发展对计算机硬件和软件的发展均产生了深远影响，推动了多媒体专用芯片、多媒体操作系统、多媒体数据库管理系统及多媒体通信系统等领域的显著进步与发展。总体来看，多媒体技术正在向着以下三个方向发展。

1. 多媒体技术集成化

在传统的计算机应用中，由于主要依赖于文本媒体，所以信息的表达通常仅限于“显示”。然而，在未来的多媒体环境中，各种媒体形式将共存，包括视觉、听觉、触觉、味觉和嗅觉等，此时，仅仅用“显示”已无法满足媒体信息的综合与合成。

1) 多媒体的同步与合成

各种媒体的时空安排和效应之间的同步与合成，以及它们之间相互作用的解释和描述等，都是信息表达的重要组成部分。随着影视声响技术的广泛应用，多媒体的时空合成、同步效果、可视化、可听化及灵活的交互方法等，已成为多媒体领域的主要发展方向。多媒体的同步与合成如图 1-31 所示。

图1-31　多媒体的同步与合成

2) 人机交互的高效性

随着多媒体交互技术的发展，多媒体技术在模式识别、全息图像、自然语言理解(语音识别与合成)和新的传感技术等基础上，利用人的多种感知和动作通道，如语音、书写、表情、姿势、视线、动作和嗅觉等，通过数据传输和特殊的表达方式，实现与计算机系统的自然、高效的交互。例如，通过感知人的面部特征并合成相应的面部动作和表情，人们能够以并行和非精确方式与计算机系统进行交互，从而提升人机交互的自然性和效率，最终实现以逼真输出为标志的虚拟现实体验。

高效的人机交互如图 1-32 所示。

图1-32　高效的人机交互

2. 多媒体终端的智能化和嵌入化

从早期的手机、电视等媒体终端，到如今的智能家居、智能手表等，智能终端的种类越来越多，功能也越来越丰富，它们已成为人们生活中不可或缺的一部分。智能终端一个重要的功能就是嵌入式智能终端的多媒体处理功能。

1) 智能化

多媒体计算机的硬件体系结构及软件不断优化，特别是通过将硬件设计、软件及算法相结合的方案，显著提升了其性能指标。多媒体终端设备日益智能化，增添了文字识别与输入、汉语语音的识别与输入、自然语言理解与机器翻译、图形识别与理解及机器人视觉和计算机视觉等智能功能。

多媒体终端的智能化如图 1-33 所示。

图1-33　多媒体终端的智能化

过去，CPU 芯片设计较多地考虑计算功能，主要用于数学运算及数值处理。然而，随着多媒体技术和网络通信技术的发展，CPU 芯片需要具有更高的综合处理图、文、声、像信息及通信的功能，因此可以将媒体信息实时处理和压缩编码算法融入 CPU 芯片中。

2) 嵌入化

嵌入化多媒体系统可广泛应用于人们生活和工作的各个方面。在工业控制和商业管理领域，它可以应用于智能工控设备、POS/ATM 机及 IC 卡等设备中。而在家庭领域，嵌入化多媒体则常见于数字机顶盒、数字式电视、网络冰箱及网络空调等消费类电子产品中。此外，嵌入化多媒体系统还在医疗类电子设备、多媒体手机、掌上电脑、车载导航器、娱乐、军事方面等领域有着巨大的应用前景。

多媒体终端的嵌入化如图 1-34 所示。

图1-34　多媒体终端的嵌入化

3. 多媒体技术网络化

计算机多媒体技术网络化的发展主要取决于通信技术的发展。随着网络通信等技术的发展和相互融合，多媒体技术逐步进入生活、科技、生产、企业管理、办公自动化、远程教育、远程医疗、检索咨询、交通、军事、文化娱乐及自动测控等领域。

1) 网络设备的发展

技术的持续创新和发展将推动服务器、路由器、转换器等网络设备的性能不断提升，同时用户端的硬件能力，如 CPU、内存、图形卡等，也将实现空前的扩展。随着计算和带宽的无限扩展，人们将改变以往被动地接受信息的状态，以更加积极主动的姿态参与眼前的网络虚拟世界。

网络设备的发展如图 1-35 所示。

图1-35　网络设备的发展

2) 全球一体化的信息时代

随着观念的不断革新与技术的不断发展和创新，多媒体技术正日益融入我们的生活中，未来将出现丰富多彩、耳目一新的多媒体现象，这将深刻改变人们的生活方式和思想观念。多媒体技术的发展使多媒体计算机形成更完善的协同工作环境，消除了空间和时间距离的障碍，为人们提供了更完善的信息服务。世界已逐步迈入数字化、网络化和全球一体化的信息时代。

全球一体化的信息时代如图 1-36 所示。

图1-36　全球一体化的信息时代

1.4　小结和练习

1.4.1　本章小结

本章介绍了多媒体技术的基本概念、多媒体技术在各个领域的应用，以及多媒体技术的发展情况，具体内容主要如下。

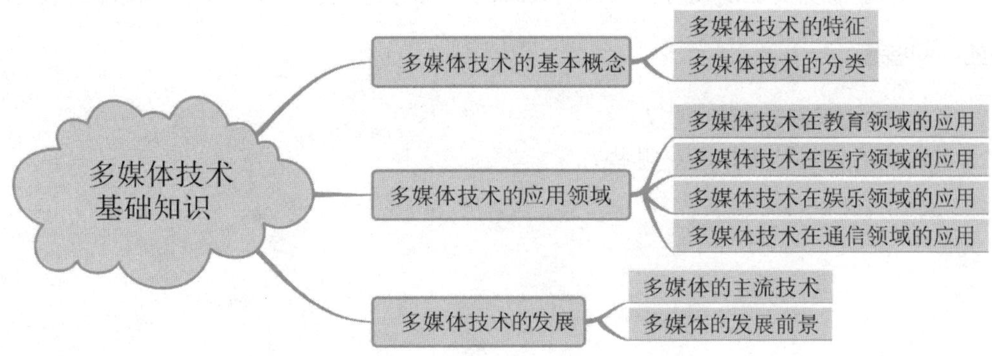

1.4.2　强化练习

一、选择题

1. 多媒体是指组合两种或两种以上媒体的一种信息交流和传播媒体，它不仅是多种媒体的有机集成，而且包含处理和应用它的一整套技术。以下不属于多媒体技术特征的是(　　)。

A. 多样性　　B. 交互性　　C. 线性　　D. 智能化

2. 多媒体处理技术指的是对文本、图像、音频、视频及动画的处理，多媒体集成技术涉及演示型、交互型和网页型等多种多媒体集成工具的应用。Animate 软件属于(　　)。

A. 图像处理技术工具　　B. 音频处理技术工具

C. 视频处理技术工具　　D. 动画处理技术工具

3. 超文本和超媒体技术是一种模拟人脑的联想记忆方式，将一些信息块按照需要用一定的逻辑顺序链接成(　　)的信息管理技术。

A. 有序结构　　B. 无序结构　　C. 非线性网状结构　　D. 特定结构

二、填空题

1. 多媒体处理技术是处理文字、数据、图像、声音、视频、动画及各种感知、测量等信息的技术，它集合了________、________和________。

2. 计算机多媒体视频处理技术包括________、________、________等，主要有会声会影、Sony Vegas、Adobe Premiere 等视频处理软件。

3. 多媒体技术将音像技术、计算机技术和通信技术紧密地结合，日益渗透到不同行业的多个应用领域，主要包括________、________、________、________。

三、判断题

1. 通过多媒体技术，患者可以查询及修改自己的健康数据和病历信息。(　　)

2. 目前只有电视台、网络媒体、户外广告等可以运用多媒体技术。(　　)

3. 现代通信技术已走向通信数字化、通信业务多媒体化、通信个人化、网络智能化的发展趋势。(　　)

4. 流媒体技术实现了高带宽环境下提供高质量的影音效果。(　　)

5. 理想的虚拟现实应该具有一切人所具有的感知功能，是多媒体技术的高端阶段。(　　)

四、问答题

1. 多媒体的主流技术有哪些？
2. 多媒体的处理技术指的是哪些？

第2章 文本数据技术及应用

■ 学习要点

多媒体制作技术中，文本是常见的素材之一。文本输入的方法有很多，除了最常用的键盘输入，还可以使用网络搜索、OCR扫描识别、语音输入等方法。本章通过对文本数据获取设备、编辑方法及格式转换等理论方面知识的了解，明确其获取方法和处理过程。同时通过网上搜索辩论赛信息、OCR识别印刷品、语音录入部门简介、制作公益活动口号、在线制作联谊会标题及制作PDF便携新文档等多个实验介绍文本数据技术的具体应用，希望读者能够举一反三，将其灵活运用到教育教学中。

- 认识常见文本数据获取设备。
- 掌握获取文本数据的方式。
- 理解艺术字的多种表现形式。
- 掌握文档格式的转换方法。

■ 核心概念

文本数据获取方式　　文本数据合理使用　　艺术字表现形式　　文档格式转换

■ 本章重点

- 获取文本数据技术
- 处理文本数据技术

2.1　获取文本数据技术

文本数据是多媒体作品中进行信息交流的主要载体，主要形式有字母、数字和符号等。随着信息时代的蓬勃发展，人们对于文本信息获取的需求也越来越高，因此，掌握获取文本数据技术尤为重要，它可以帮助人们快速准确地获取到需要的文本信息。

2.1.1　文本数据获取设备

文本是传递多媒体作品内容的重要媒体元素之一，在获取文本数据时，需要依赖一定的设备支持。常用的文本数据获取设备有键盘、手写板、智能手机、扫描仪等。

1. 键盘

键盘是最常用也是最主要的输入设备，通过键盘可以将英文字母、汉字、数字、标点符号等输入计算机中。键盘根据功能和使用场合不同，可分为普通键盘、游戏键盘、笔记本键盘和机械键盘等类型，如图 2-1 所示。在购买键盘时，应从其功能、特色、用途及舒适度等方面综合考虑，以便选择最适合自己的键盘。

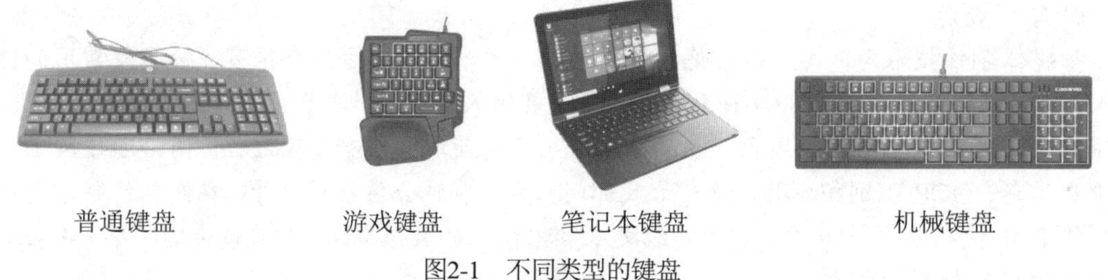

普通键盘　游戏键盘　笔记本键盘　机械键盘

图2-1　不同类型的键盘

2. 手写板

手写板是一种用于记录和识别人们手写笔迹的设备，它通过手写笔中的特殊传感器来捕捉录入者手写输入的位置、方向和速度，并将这些信息传递给计算机，从而生成相应的文本信息。手写板一般由两部分组成，一部分是与计算机相连的写字板，另一部分是在写字板上写字的笔，如图 2-2 所示。此外，手写板上还配有连接线，另一头连接在计算机端。手写板主要分为电阻式和感应式两种类型。电阻式手写板在书写时必须与板面充分接触，这某种程度上限制了手写笔代替鼠标的功能。感应式手写板又分为“有压感”和“无压感”两种，有压感的手写板能灵敏地感应到手的用力大小，从而改变笔画的粗细和颜色的深浅；而无压感手写板在书写时，笔画的粗细是均匀的，不会因为手的用力大小而发生变化。使用手写板输入文本时，要注意手写板与手写笔的位置，同时应保持手写板的干燥和清洁，以免影响手写效果。

图2-2　手写板输入文字

3. 智能手机

在使用智能手机编辑短信或进行微信聊天时，往往需要输入文字，如图 2-3 所示。此时，可以利用智能手机自带的输入法输入文字，也可以在手机上下载安装其他输入法软件，通过触摸输入法左上角的键盘键，切换成相应的输入法，即可输入文字。使用智能手机输入文本时，需要选择合适的输入法，同时，可利用一些常用的快捷键来提高输入效率。

图2-3　智能手机输入文字

4. 扫描仪

使用扫描仪对纸质文本进行扫描，将图像传输到计算机上，然后利用 OCR 软件对图像进行分析和处理，从而有效识别并提取其中的文字内容，如图 2-4 所示。这些识别出的文字可以保存为文本文件，从而方便用户进行后续编辑和处理。扫描仪在提取文字时有一定的局限性，例如，当原始文档的质量不佳时，扫描提取的文字可能会出现错误，或者文档中包含有特殊符号时，提取文字的效果也会受到影响。

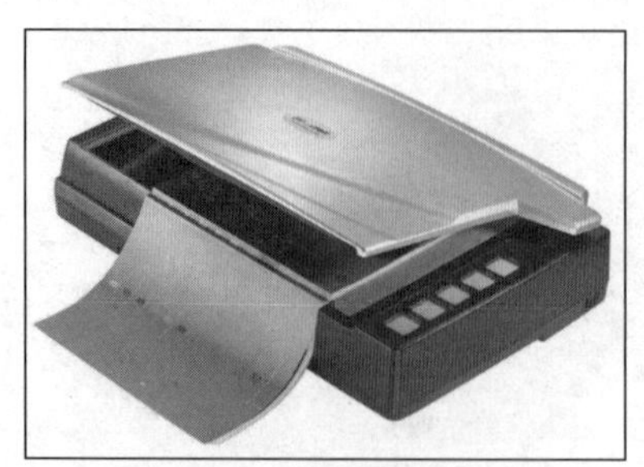

图 2-4　扫描提取文字

2.1.2　文本数据获取方式

文本是传递多媒体作品内容的重要媒体元素之一，计算机中对于文本的获取方式主要有键盘输入、网上下载，以及手写输入、OCR 扫描、语音输入、QQ 屏幕识图等。

1. 键盘输入获取文本

键盘输入，又称人工输入，是最常见的输入方式，通常是在文本编辑软件中，利用键盘，根据汉字的形状(即手写识别或图形界面中的字符选择，如五笔输入法)或发音(即拼音输入法)整体进行输入，再通过计算机的识别实现汉字的录入。常用的文字处理软件有 Word、WPS、记事本等。键盘输入出错率低，可以避免语音(尤其是在嘈杂环境下)输入中可能出现的识别错误，且容易修改，不需要其他录入设备，但需要耗费较多的时间。

2. 网上下载获取文本

通过网络我们可以快速搜索到需要的文本素材，方便、快捷，且获得的文本信息全面、详尽，但需要对搜索的结果进行筛选和甄别，同时，只有在不侵犯版权的情况下，才可以将搜索到的文本复制到文字处理软件中进行编辑处理。

3. 手写输入获取文本

手写输入通常使用专用笔或手指在指定区域内书写文本。在书写过程中，系统通过各种方法记录笔或手指的运动轨迹，并将其识别为文本。手写输入能让用户以自然的手写方式进行文本输入，比传统的键盘输入法更容易掌握。对于不习惯使用键盘或中文输入法的人来说，手写输入非常实用，因为它无须学习输入法。此外，手写笔还可用于电路设计、图形设计和自由绘画等。其优点是符合人类书写的习惯，可以快速输入一些生僻字；缺点是需要对用户的书写进行识别，识别率不高，输入速度较慢。

4. OCR扫描获取文本

OCR 扫描输入是通过扫描仪将纸质文档转换为数字格式的输入方式，它可以将纸质文档中的文字图像信息转换为数字格式。在扫描过程中，扫描仪通过检测纸上打印字符的明暗模式来确定其形状，然后用字符识别方法将其翻译成计算机文字，最后存储到计算中。目前，OCR 扫描技术广泛应用于对印刷品文本的识别，其优点是可以节省时间和人力，提高工作效率，减轻工作负担；缺点是必须要有原文稿，后期还要靠人工进行核对、编辑。

5. 语音输入获取文本

语音输入，也称为嘴巴打字、麦克风输入法。它简便、易用，是一种自然语言处理技术，可以将语音信号转换为电子信号并转化为文本。语音输入解放了人们的双手，可以在不用打字的情况下完成很多操作，如写作、阅读等均可以通过语音输入来实现。随着科技的不断进步，现在的智能手机、iPad 及语音翻译软件等都支持语音输入文本技术。语音输入的优点是能快速输入文字，无须手动打字，同时也能减少眼部疲劳，大大提高了工作效率；缺点是语音识别受话筒质量、人的语音语调等因素的影响，即使录入者发音清晰，也无法完全避免被误判的可能性。

6. QQ屏幕识图获取文本

当人们需要获取文章中的文本内容，但又无法复制时，可以使用 QQ 屏幕识图的方法来获取文本信息。QQ 屏幕识图可以快速地获取文本，无须手动输入，节省了大量的时间和精力。使用 QQ 屏幕识图获取文本的步骤是，首先登录 QQ，其次使用屏幕识图快捷键 Ctrl+Alt+O，就会出现截图界面，然后直接截图想要识别的内容就可以将其识别为文本，最后复制或下载、编辑、翻译即可。

2.2　处理文本数据技术

处理文本数据技术是指利用计算机相关软件对文本进行处理、操作和转换的过程。它涉及文本数据的合理使用、艺术字的表现形式和文本格式转换等任务。文本数据的处理是信息技术领域不可或缺的部分，它使得多媒体作品更加清晰、美观，可以更好地与人们进行有效的信息交互。

2.2.1　文本数据的合理使用

多媒体作品中包含了大量的文字信息，是人们获取知识的重要来源。因此，在多媒体作品中使用文本的基本和主要原则就是简洁、精确、有感染力。

1. 文本简洁，突出重点

多媒体作品中的文本内容应尽量简明扼要，以提纲形式为主。在使用文本表达概念、原理、事实、方法等学习内容时，要充分考虑屏幕的容量，合理安排要表达的内容，语言精练，用词贴切，以最少的文本表达尽可能多的信息。文本简洁效果对比如图 2-5 所示。

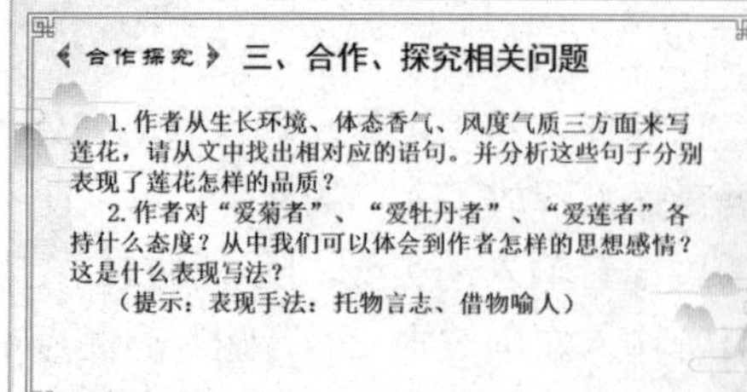

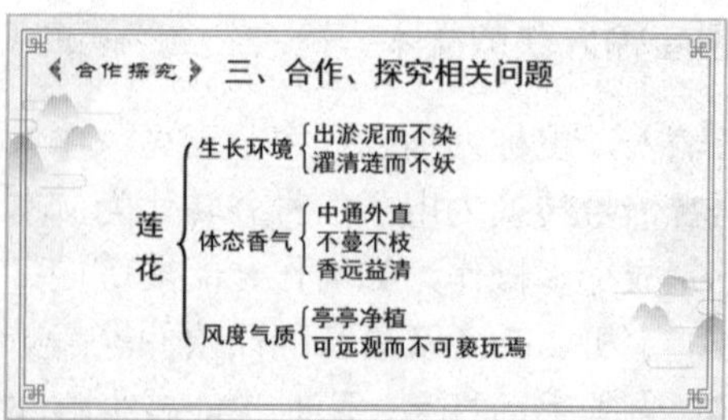

图2-5　文本简洁效果对比

2. 字体设置，疏密有间

多媒体作品中文本内容的字体不宜过多，字号不能太小，可适当增加行距和段落间距，让作品画面层次分明。字体的设置要适合作品主题，常用的字体有宋体、黑体和隶书，以及一些艺术字体，可根据需要选择使用。对于文本内容中关键性的标题、结论、总结等，要采用不同的字体、字号、字形和颜色加以区别。文本字体效果对比如图 2-6 所示。

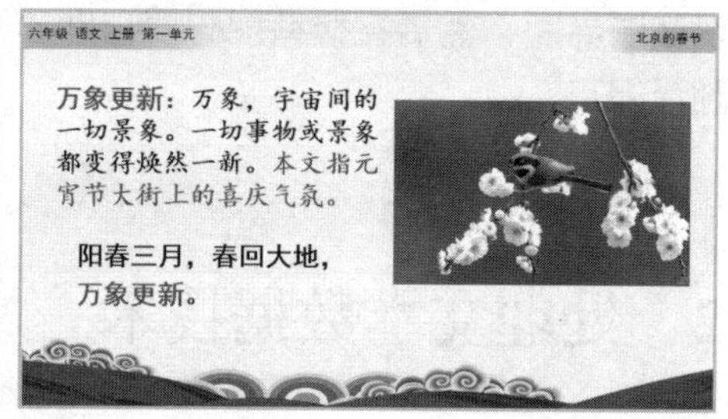

图2-6　文本字体效果对比

3. 文本背景，搭配合理

多媒体作品中文本背景应搭配合理。文本和背景颜色搭配的基本原则是：醒目、易读、不易产生视觉疲劳；色彩区分度应较大，明暗度适宜，即浅色背景要配以深色文本，而深色背景应适当配以浅色文本来烘托，如白/蓝、白/黑、黄/黑等颜色的搭配。文字和背景搭配效果对比如图 2-7 所示。

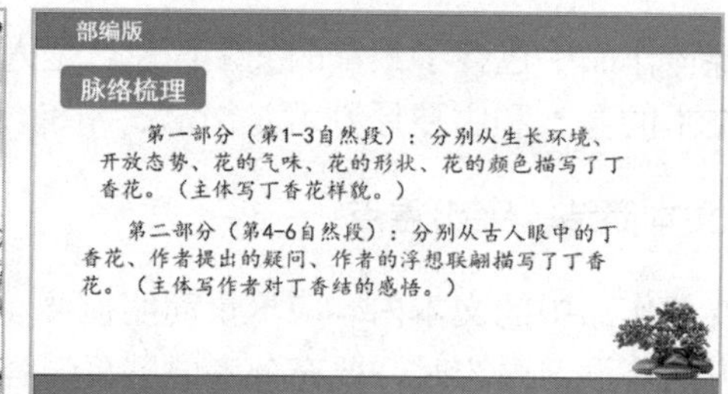

图2-7　文字和背景搭配效果对比

2.2.2　艺术字的表现形式

在多媒体作品中，借助艺术字可以让文本更加美观、有趣、富有个性，增强屏幕的吸引力，激发学习者的学习兴趣。艺术字为创造的情境与表现的对象服务，不同的主题和内容，应根据需求和效果采用不同类型的艺术字来表现。

1. 艺术字类型

艺术字以普通文字为基础，具有美观有趣、易认易识、醒目张扬等特点，是一种富含图案或装饰意味的字体变形。常见的艺术字类型有手写艺术字、平面艺术字、立体艺术字、手绘艺术字和草体艺术字等。

- 手写艺术字：是一种能让多媒体作品看起来更加亲切、温暖、有人情味的艺术字。其线条比较柔和、自然，可以给人们带来轻松愉悦的感觉。手写艺术字的形式多种多样，有草书、行书、楷书等。图2-8所示的多媒体作品封面标题“古代建筑艺术”采用的就是手写艺术字类型。

图2-8　手写艺术字效果图

- 平面艺术字：是一种比较简洁、现代的艺术字。它的样式规范，线条简单、流畅，可以让多媒体作品界面看起来更加干净、整洁并具现代化。图2-9所示的多媒体作品标题“青春不散场，回忆不留白”采用的就是平面艺术字类型。

图2-9　平面艺术字效果图

- 立体艺术字：是一种看起来比较立体、有质感的艺术字，它的线条粗细比较明显，可以让文本看起来更加真实、有层次感，也更加有视觉冲击力。在使用立体艺术字时，注意不要过度夸张，以免影响整体效果。图2-10所示的多媒体作品标题“中秋团圆”采用的就是立体艺术字类型。

图2-10　立体艺术字效果图

- 手绘艺术字：是一种比较有个性、有创意的艺术字。它通常由手绘组成，可以让文本看起来更加有趣。设计手绘艺术字需要有一定的绘画功底，或者可借助一些辅助工具来完成。图2-11所示的多媒体作品标题“一路向前，未来可期”采用的就是手绘艺术字类型。

图2-11　手绘艺术字效果图

- 草体艺术字：是一种比较特殊的艺术字。它的线条比较曲折、奔放，让文本看起来更有活力和张力。设计草体艺术字需要有一定的书法功底，或者可借助一些辅助工具来完成。图2-12所示的多媒体作品“中国书法文化”采用的就是草体艺术字类型。

图2-12　草体艺术字效果图

2. 使用艺术字注意事项

在多媒体作品中恰当地应用艺术字，不仅能让学习者在学习过程中获得美的感受，更能在美的熏陶中增加情趣，有助于学习者更好地感知和理解学习内容。因此，使用艺术字时应注意以下几点。

- 避免艺术字颜色太复杂：在进行艺术字设计时，一幅画面中的艺术字文本颜色不宜过多。因为过多的颜色会延长学习者的反应时间，增加出错的可能性，并且容易引起视觉疲劳。图2-13所示的艺术字文本颜色运用得太多太杂；图2-14所示的艺术字文本颜色则处理恰当。

图2-13　艺术字颜色太多太杂

图2-14　艺术字颜色处理恰当

- 注重艺术字颜色的对比性：设计多媒体作品的艺术字颜色时，要注意活动与非活动中的对象颜色应不同。活动中的艺术字颜色要与非活动中的艺术字颜色形成对比，例如，若以暖色调作为活动背景，则艺术字颜色应选择冷色调；反之，若以冷色调作为活动背景，则艺术字颜色应选择暖色调。图2-15所示的多媒体作品中的艺术字颜色与背景颜色相近，标题对象不突出；而图2-16所示的艺术字颜色与背景颜色对比强烈，标题对象突出。

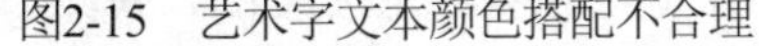

图2-15　艺术字文本颜色搭配不合理

图2-16　艺术字文本颜色搭配合理

- 注重艺术字颜色基调的统一性：艺术字颜色基调统一，指的是同一个多媒体作品的艺术字风格基本统一。艺术字颜色基调的统一，对于烘托主题思想、表现环境氛围、构建特定情景有重要作用。图2-17所示的多媒体作品“读书日”中的艺术字标题颜色基调一致，风格统一。

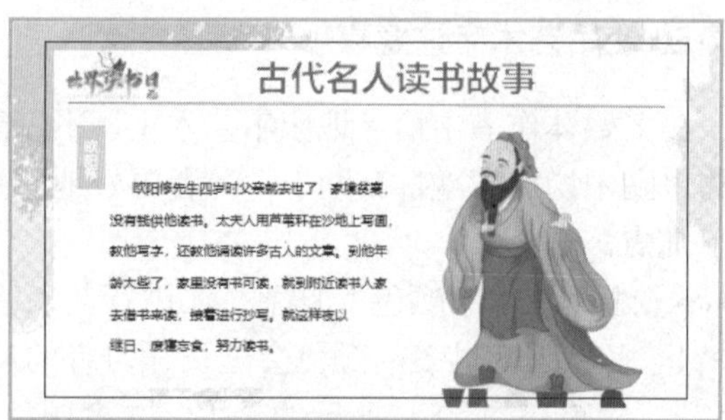

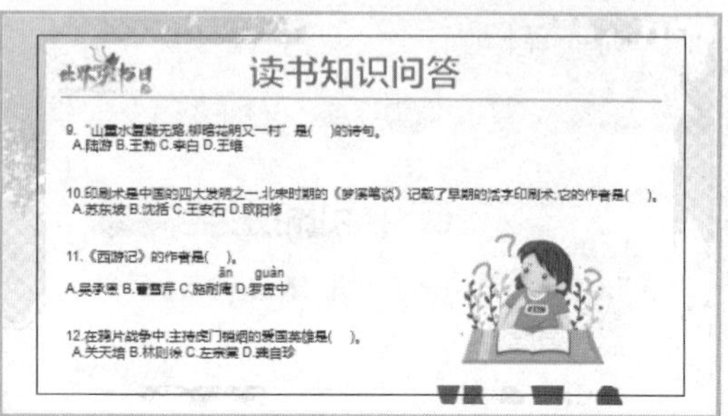

图2-17　艺术字色彩基调统一

2.2.3　文本格式转换

文档转换是将文档从一种格式转换为另一种格式的过程，该过程可以通过软件工具来实现。文档的格式有多种，常见的有文本文档、图像和视频等。文档格式转换可以实现将不同格式的文件转换为一种更容易浏览和处理的格式，并保持源文档的正确性。

1. 使用软件自带格式转换功能

Microsoft Office 是一款常用的办公软件，它自带了各种文档格式转换功能，能将 Word、Excel、PPT 等文档格式转换为 PDF、HTML、XML 等多种格式。打开需要转换格式的文档，执行“文件→另存为”命令，选择需要转换的格式，再单击“保存”按钮，即可完成转换。

2. 使用在线格式转换工具

如果计算机中没有安装 Microsoft Office 办公软件，或者需要转换一些特殊格式的文档，则可借助在线转换工具。目前，网上有多种在线转换工具可供选择，常见的有 Zamzar、CloudConver 和 Online-Convert 等。

- Zamzar：一款在线文件转换工具，支持各种格式的转换，包括文档、音频、视频和图像等，用户可以根据需求直接在线完成文件格式转换。
- CloudConver：一款功能强大且免费的云端文件格式转换工具，其显著特点就是支持极其丰富的文件格式，几乎覆盖所有常见的文件类型。
- Online-Convert：一款免费的在线格式转换工具，支持文档、音频、视频、图像等多种格式的转换。使用时，只需上传待转换的文档，选择要完成转换的格式，然后等待转换完成即可。

3. 使用专业的转换软件

当需要处理大量的工作文档或学习资料，并需要高效地转换格式时，可以考虑使用一些专业的转换软件，如 Adobe Acrobat、ABBYY FineReader 等。这些软件功能强大，支持多种格式的转换，并且可以进行批量转换。

本章实验

实验2-1　网上搜索辩论赛信息

实验目的

在制作多媒体作品时，标题、概念、说明等内容都需要用文本来进行描述和表达。而通过网络搜索下载获取的文本素材，需要进行加工处理以满足制作需求。本实验的目的是通过网络搜索辩论赛信息，掌握利用网络获取文本数据的方法。

网上搜索辩论赛信息

实验条件

- 计算机已接入因特网；
- 会进行网页浏览的基本操作；
- 能够对所需的文本信息进行保存操作。

实验内容

本实验是通过打开“百度”搜索引擎，根据辩论赛主题，在文本框中输入关键字“辩论赛大学生自主创业利与弊”，搜索与辩论赛主题相关的文本信息，并将其保存，以掌握从网上获取文本数据的方法，效果如图 2-18 所示。

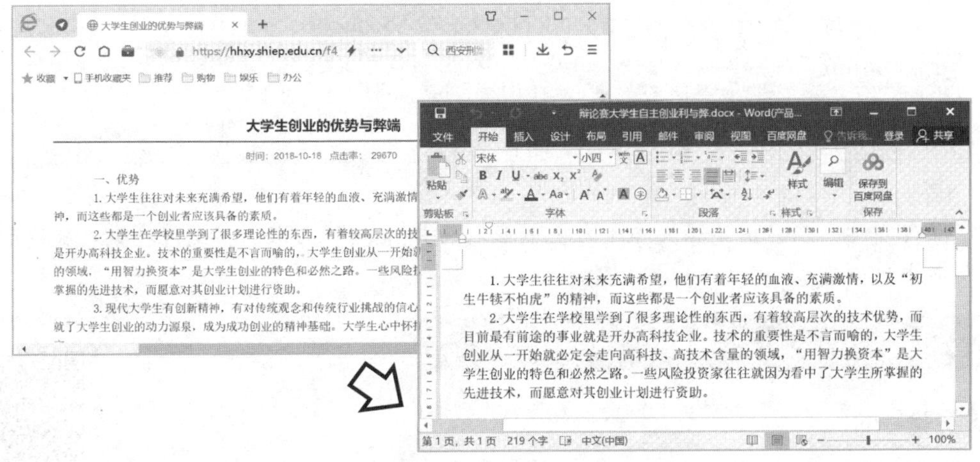

图2-18　网上获取辩论赛信息效果图

实验步骤

01 搜索文本 打开浏览器，进入“百度”(https://www.baidu.com/)网站，按图 2-18 所示操作，搜索并浏览“辩论赛大学生自主创业利与弊”的相关信息。

02 复制文本 浏览网页内容，按图 2-19 所示操作，选中并复制文本。

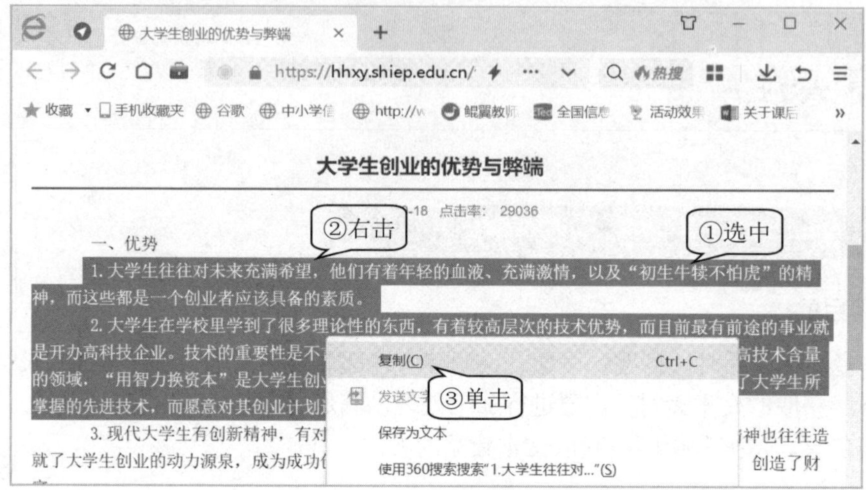

图2-19　复制文本

03 粘贴文本 新建一个 Word 文档，按图 2-20 所示操作，先粘贴文本，再设置文本格式。

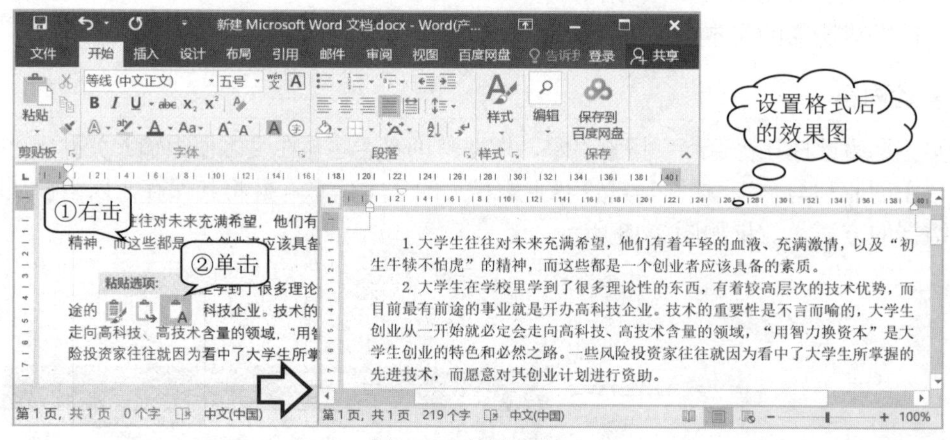

图 2-20　粘贴文本

04 保存文件 以“辩论赛大学生自主创业利与弊.docx”为名，将文件存储在指定的文件夹中。

实验2-2　OCR识别印刷品信息

OCR 识别印刷品信息

实验目的

当需要使用印刷品中的文本内容时，可以先通过网络查找的方式进行搜索，若对搜索的文本素材不满意，可以利用手机 QQ 软件中的 OCR 扫描功能获取文本信息，这样可以节约大量的时间。本实验的目的是利用 QQ 软件中“扫一扫”功能，扫描获取印刷品中的文本信息，掌握利用 OCR 扫描技术识别纸质文本内容，获取文本数据的方法。

■ 实验条件

- ➢ 具有拍摄功能的智能手机，会使用手机完成扫描操作；
- ➢ 计算机中已安装 QQ 软件；
- ➢ 已掌握在手机端和计算机端登录 QQ 账号的基本操作。

■ 实验内容

本实验使用 OCR 扫描技术对印刷品中的内容进行扫描并提取相关文本信息。实验过程中需先在智能手机上登录 QQ 账号，再利用“扫一扫”功能识别书籍中的文本信息，并将其提取出来，然后存储在计算机中，效果如图 2-21 所示。

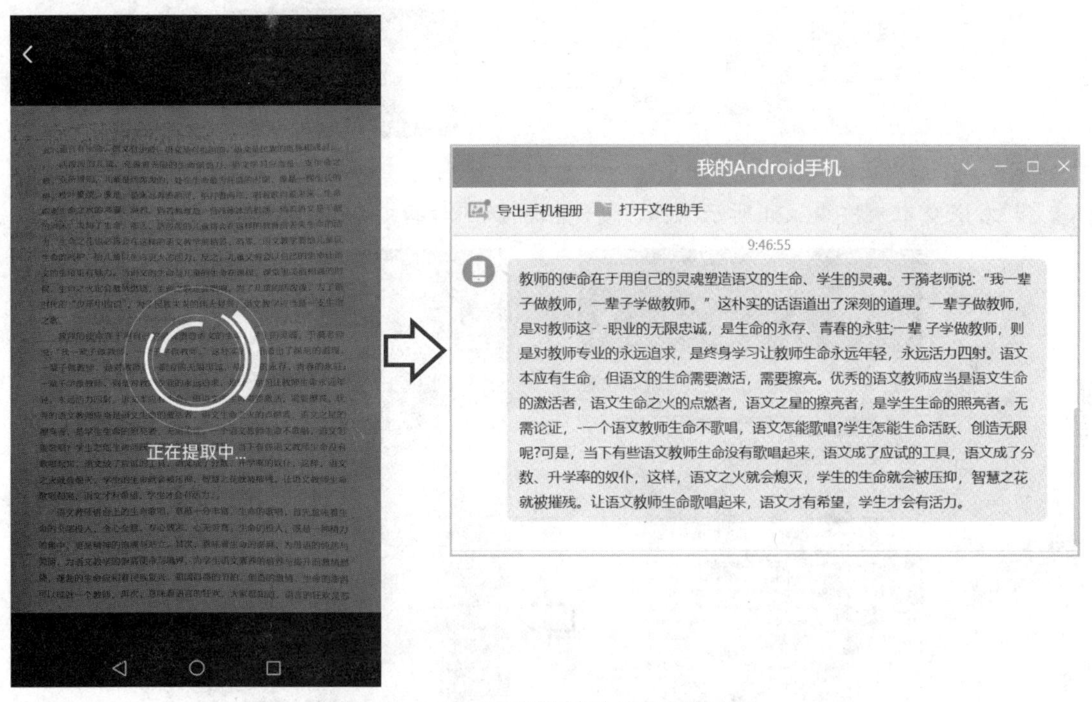

图2-21　OCR识别印刷品文本数据效果图

■ 实验步骤

01 选择命令　在智能手机上登录 QQ，按图 2-22 所示操作，选择“扫一扫”功能。

02 扫描文本　将智能手机的摄像头对准印刷品页面，按图 2-23 所示操作，扫描文本。

图 2-22　选择命令

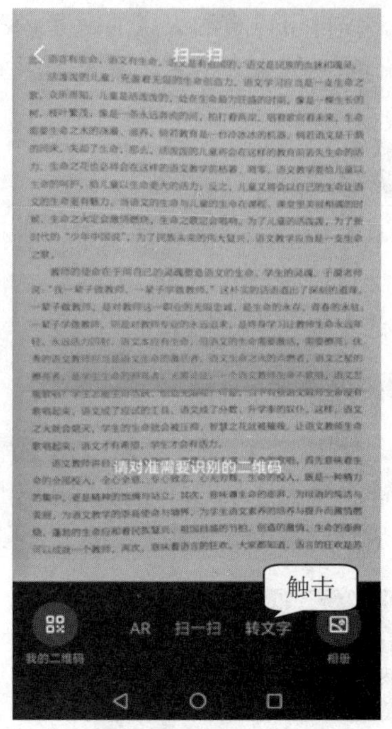

图 2-23　扫描文本

03 发送文本　按图2-24 所示操作，复制扫描识别后的文本，并将其分享给“我的电脑”。

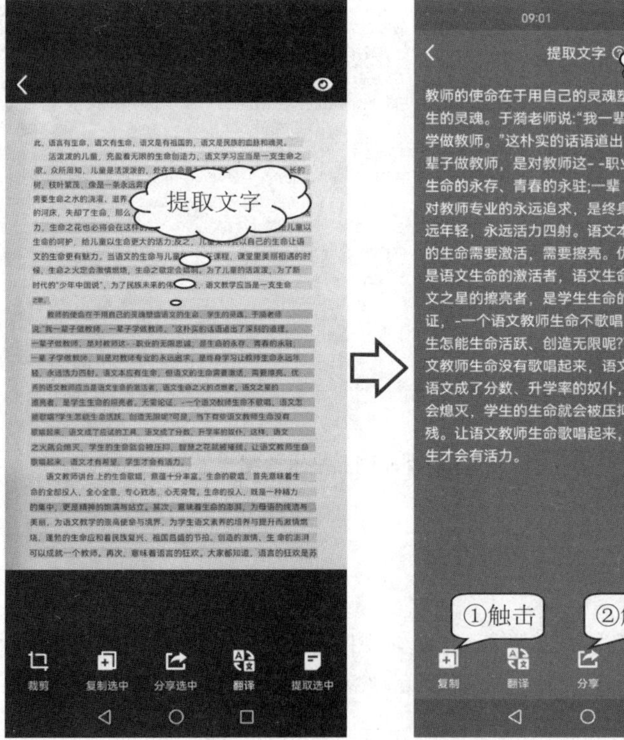

图2-24　发送文本

04 复制文本　在计算机上登录相同账号的QQ，复制文本数据后，粘贴到多媒体作品中保存即可。

实验2-3　语音录入学生会部门简介

■ 实验目的

在制作多媒体作品时，若需输入大量文本，为提高效率可采用语音输入，使用“讯飞输入法”软件中的语音功能，只需打开话筒，说话的同时即可实时生成文字。本实验的目的是利用“讯飞输入法”中的语音功能录入学生会部门简介，掌握语音输入获取文本数据的方法。

语音录入学生会部门简介

■ 实验条件

- 计算机中安装有“讯飞输入法”；
- 能够在计算机中进行新建文档、保存文档等基本操作。

■ 实验内容

本实验主要介绍利用“讯飞输入法”中的语音功能录入文本信息的方法。实验过程中需先下载和安装“讯飞输入法”软件，再利用语音功能录入学生会部门简介信息，以掌握语音输入文本的方法，效果如图 2-25 所示。

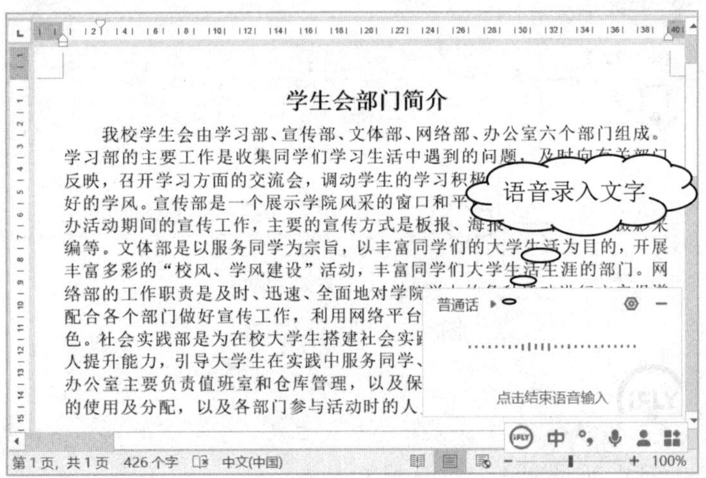

图2-25　语音录入学生会部门简介效果图

■ 实验步骤

01 安装运行软件　在互联网中搜索、下载、安装并运行“讯飞输入法”软件。

02 调整麦克风音量　右击任务栏“通知区”的🔊图标，按图 2-26 所示操作，将麦克风音量调至适当的位置。

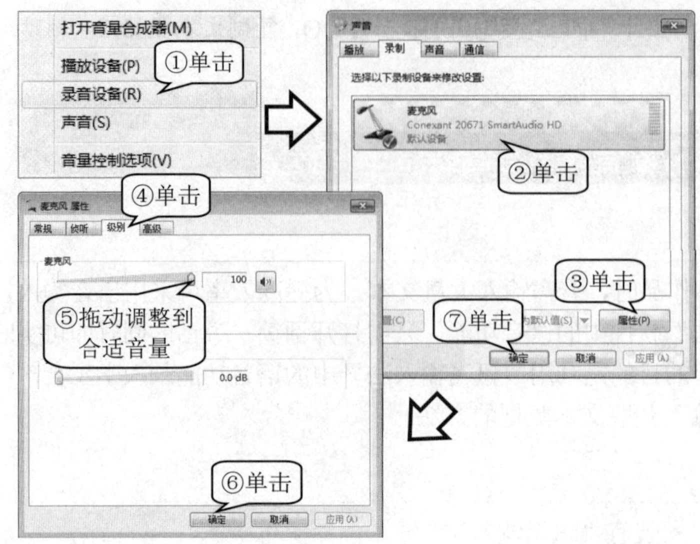

图2-26　调整麦克风音量

03 **语音录入文本**　新建一个Word文档，切换到“讯飞输入法”，单击“语音”按钮，按图2-27所示操作，语音录入学生会部门简介信息。

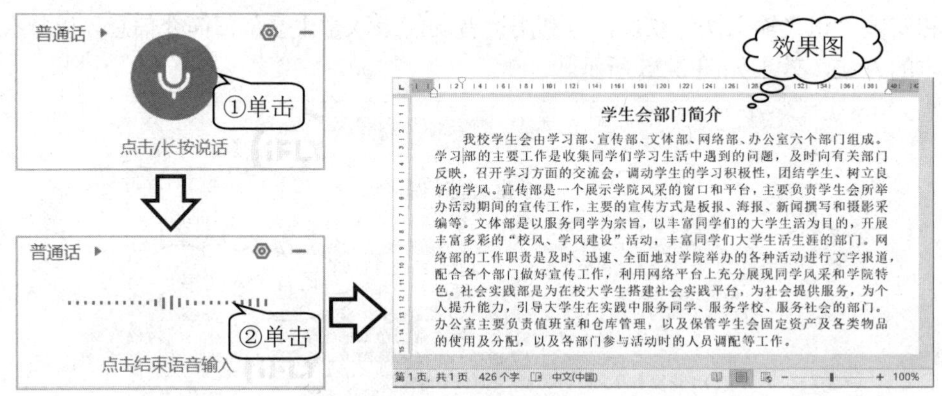

学生会部门简介

我校学生会由学习部、宣传部、文体部、网络部、办公室六个部门组成。学习部的主要工作是收集同学们学习生活中遇到的问题，及时向有关部门反映，召开学习方面的交流会，调动学生的学习积极性，团结学生、树立良好的学风。宣传部是一个展示学院风采的窗口和平台，主要负责学生会所举办活动期间的宣传工作，主要的宣传方式是板报、海报、新闻撰写和摄影采编等。文体部是以服务同学为宗旨，以丰富同学们的大学生活为目的，开展丰富多彩的“校风、学风建设”活动，丰富同学们大学生活生涯的部门。网络部的工作职责是及时、迅速、全面地对学院举办的各种活动进行文字报道，配合各个部门做好宣传工作，利用网络平台上充分展现同学风采和学院特色。社会实践部是为在校大学生搭建社会实践平台，为社会提供服务，为个人提升能力，引导大学生在实践中服务同学、服务学校、服务社会的部门。办公室主要负责值班室和仓库管理，以及保管学生会固定资产及各类物品的使用及分配，以及各部门参与活动时的人员调配等工作。

图2-27　语音录入文本

“讯飞输入法”默认使用普通话输入文本信息，如果需要使用方言、民族语言等录入文本信息，可以通过“语言”设置来调整。

04 **保存文本**　单击“保存”按钮，打开“另存为”对话框，以“学生会部门简介”为名，将文本数据存储到计算机中。

实验2-4　制作公益活动口号

■ 实验目的

在制作多媒体作品时，有时系统自带的艺术字字体较少，无法满足个性化设置的需求，此时可根据需求从网上查找并安装需要的字体，再添加艺术字，并将其设置为新的字体格式。本实验的目的是使用安装的新字体来制作爱心公益活动口号，以掌握安装新字体的方法。

实验条件

- 能够进行网络搜索和下载字体的基本操作；
- 已掌握插入艺术字的基本操作。

制作公益活动口号

实验内容

本实验主要介绍新字体的下载和载入方法。实验过程中需通过百度搜索并下载“迷你简卡通”字体，然后安装该字体。随后，在多媒体作品“爱心公益.pptx”中添加公益活动口号“爱心与你我同行”，并将该文本设置为新安装的字体格式，效果如图 2-28 所示。

图2-28　制作公益活动口号效果图

实验步骤

01 搜索字体　打开浏览器，在百度上搜索字体，选择“迷你简卡通”字体并下载。

02 安装新字体　找到“迷你简卡通.ttf”文件，按图 2-29 所示操作，完成字体的安装。

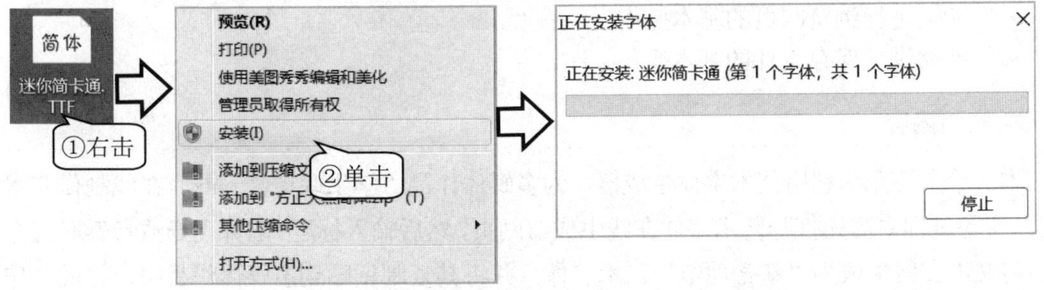

图2-29　安装新字体

将下载的新字体文件复制到系统“C:\Windows\Fonts”文件夹中，也可以完成安装。

03 设置新字体　打开多媒体作品“爱心公益(初).pptx”，按图 2-30 所示操作，为作品添加公益活动口号“爱心与你我同行”，并设置文本格式为“迷你简卡通”。

图2-30　设置新字体

04 保存文件　查看效果，以“爱心公益(终).pptx”为名，将文件保存到计算机中。

实验2–5　在线制作联谊会标题

实验目的

在制作多媒体作品时，需要对文本字体进行设计，以便呈现出不同的效果。通过在线制作艺术字，可方便、快捷地设计出个性化的字体效果。本实验的目的是利用艺术字体生成器在线制作联谊会标题，掌握在线制作艺术字的方法。

在线制作联谊会标题

实验条件

- 计算机接入因特网；
- 能够进行浏览网页的基本操作；
- 能够进行保存文件的基本操作。

实验内容

本实验主要介绍利用艺术字体生成器，为多媒体作品“学生联谊会.pptx”在线制作艺术字标题。实验过程中需先打开艺术字体在线生成器网页，然后输入标题“歌舞飞扬致青春联谊会”，最后将文本在线生成为“新蒂剪纸”艺术字体，并将其复制粘贴到多媒体作品中，完成制作后的效果如图 2-31 所示。

图 2-31 在线制作联谊会标题效果图

实验步骤

01 打开网页 在浏览器中输入“艺术字在线生成器”网址，并打开该网页。

02 设置字体 按图 2-32 所示操作，在文本框中输入文本“歌舞飞扬致青春”，在字体列表中，将文本的字体、像素、颜色、背景分别设置为“新蒂剪纸体、60、#FF7000、透明”，完成后单击“开始转换”按钮。

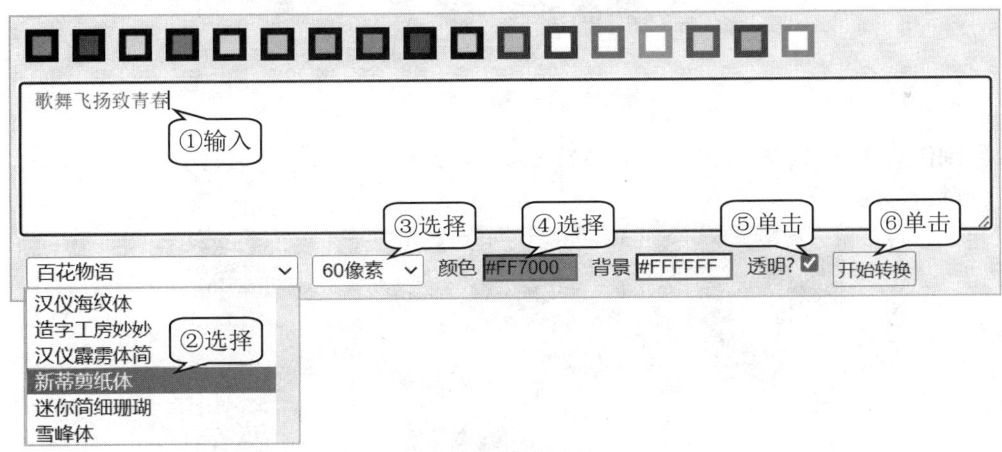

图2-32 设置字体

在线设置艺术字字体时，需要考虑作品整体画面的协调性和艺术性，力求平衡表现形式的合理性和设计的艺术性。

03 复制图片 按图 2-33 所示操作，复制艺术字图片。

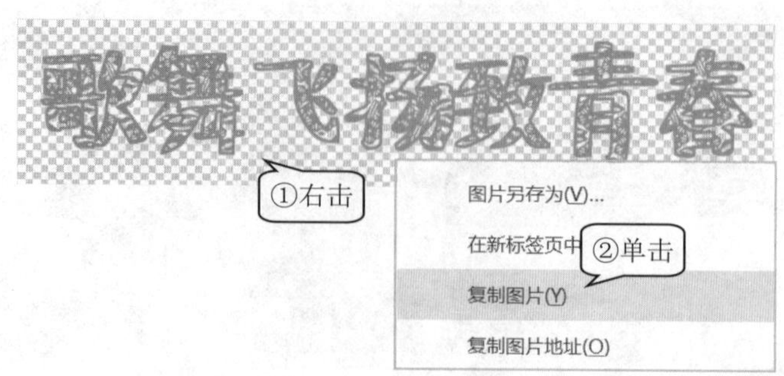

图2-33　复制图片

04 粘贴图片　打开多媒体作品“学生联谊会(初).pptx”，按图 2-34 所示操作，粘贴艺术字，并调整其大小和位置。

图2-34　粘贴图片

05 制作其他艺术字　按照上述同样的方法，在线制作艺术字“联谊会”，效果如图 2-35 所示。

图2-35　制作其他艺术字

06 保存文件　以“学生联谊会(终).pptx”为名，将文件保存到计算机中。

实验2-6 制作PDF便携新文档

■ 实验目的

在日常工作和学习中，人们经常需要处理各种文档，但不同的文档格式有时会给阅读带来不便，因此需要对文档格式进行转换。本实验的目的是利用迅捷 PDF 转换器，实现文档格式之间的转换，掌握文档格式转换的方法。

制作 PDF 便携新文档

■ 实验条件

- 已掌握输入文本的基本方法，并已录入完成“大学生创业心得体会.docx”文档；
- 计算机中安装有迅捷 PDF 转换器。

■ 实验内容

本实验主要介绍利用迅捷 PDF 转换器，将 Word 文档转换为 PDF 可携带文档的方法。实验过程中需先打开迅捷 PDF 转换器，然后在转换器中添加“大学生创业心得体会.docx”文档，最后利用转换器中的“Word 转 PDF”功能，将 Word 文档转换为 PDF 可携带文档，效果如图 2-36 所示。

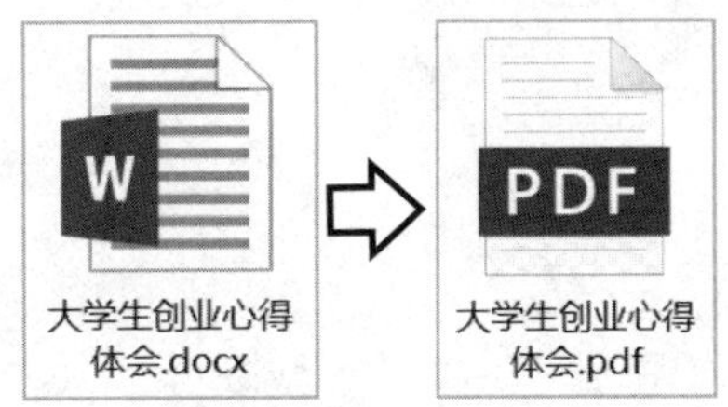

图2-36 Word文档转换PDF可携带文档效果图

■ 实验步骤

01 运行软件 在计算机中，下载、安装和运行“迅捷 PDF 转换器”软件。

02 转换文档 按图 2-37 所示操作，在转换器中将 Word 文档“大学生创业心得体会.docx”转换为 PDF 文档，并将其保存在相应的素材文件夹中。

图2-37 转换文档

迅捷 PDF 转换器不仅支持 PDF、Word、Excel、PPT 等多种文档格式间的相互转换，还能对 PDF 文档进行合并、拆分等处理。

03 查看效果 打开文档所在的文件夹，查看转换后的文档，效果如图 2-38 所示。

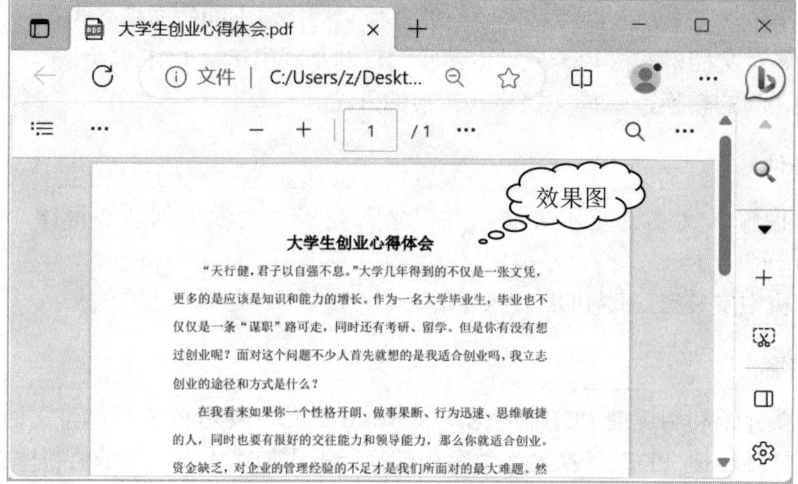

图2-38　查看效果

2.3　小结和练习

2.3.1　本章小结

本章介绍了多媒体技术应用中不可或缺的文本数据，包括文本数据的获取设备、获取方式和艺术字的使用方法，具体包括以下主要内容。

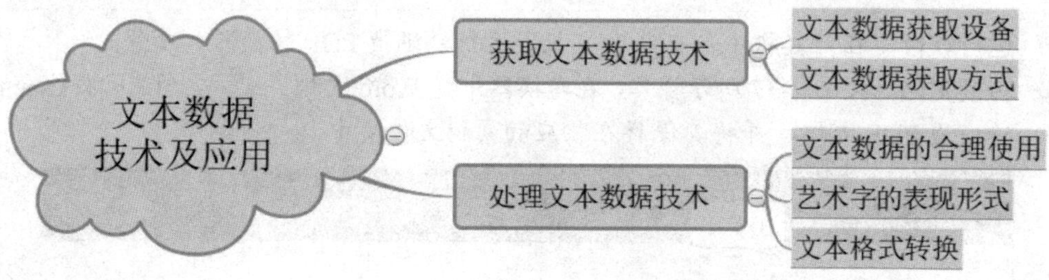

2.3.2　强化练习

一、选择题

1. 常见的文本数据获取设备有多种，在图 2-39 所示的设备中，不能获取文本数据的是(　　)。

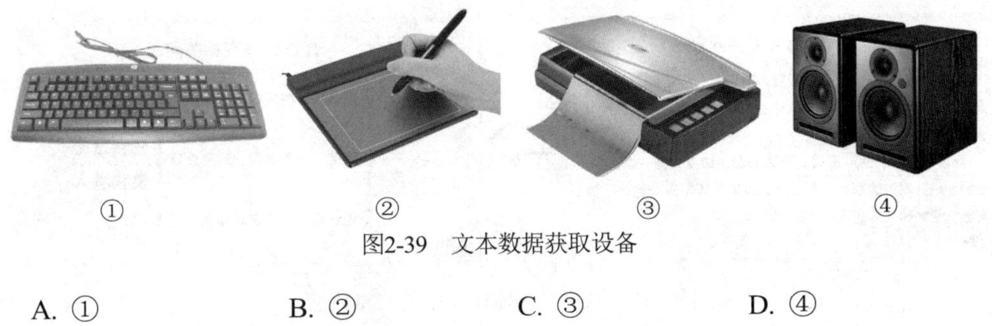

图2-39　文本数据获取设备

A. ①　　　　B. ②　　　　C. ③　　　　D. ④

2. 如图 2-40 所示，小余利用智能手机对纸质文档“大学生如何进行职业生涯规划”进行了拍照，并提取了文本信息，他使用的获取文本方式是(　　)。

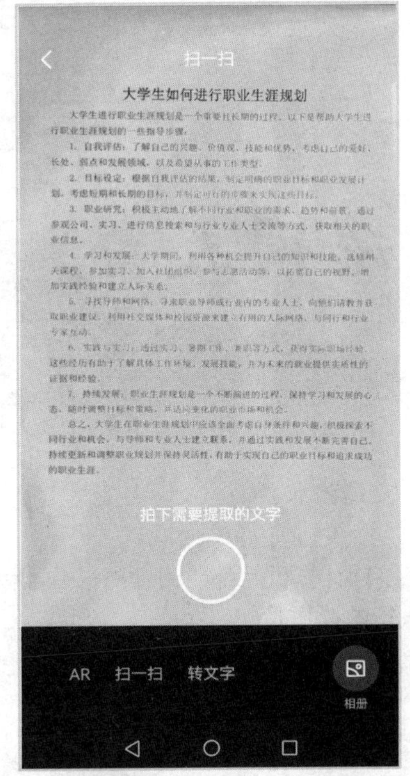

图2-40　利用智能手机提取文本

A. 键盘输入　　　　B. 手写输入　　　　C. OCR扫描输入　　D. 语音输入

3. 老周调整了多媒体作品“爱莲说.pptx”中的文本内容，如图 2-41 所示，调整后的文本(　　)。

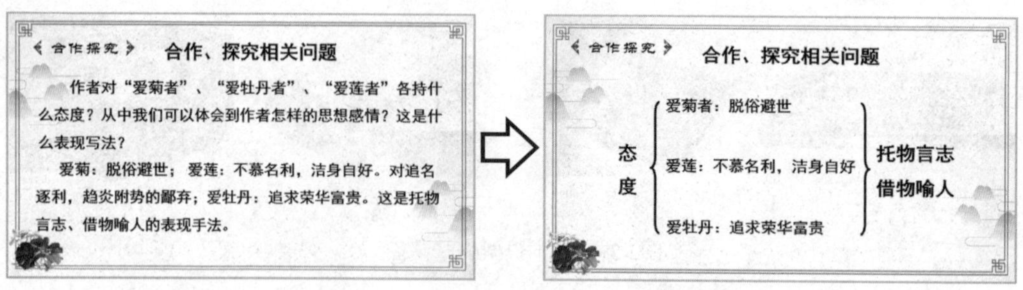

图2-41　调整多媒体作品中的文本内容

A. 更加简洁，突出重点　　B. 字符间距更加紧密

C. 背景搭配更加协调　　D. 段落行距间距紧密

4. 李敏制作"诗词大会.pptx"多媒体作品标题，如图 2-42 所示，标题文本使用的艺术字类型为(　　)。

图2-42　制作多媒体作品标题

A. 平面艺术字　　B. 立体艺术字　　C. 手绘艺术字　　D. 草体艺术字

5. 如图 2-43 所示，为了在不同计算机上都能阅读"书香阅读.pptx"多媒体作品，老王对其进行了文档格式转换，他执行的操作是(　　)。

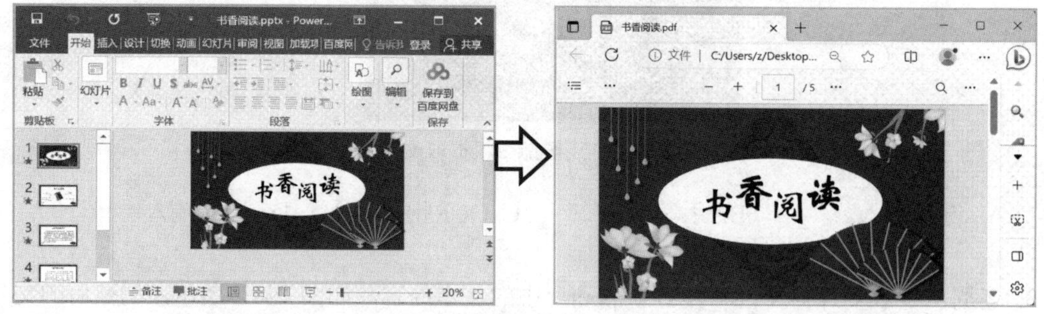

图2-43　转换多媒体作品的文档格式

A. 将Word文档转换为PDF文档　　B. 将PPT文档转换为PDF文档

C. 将PDF文档转换为Word文档　　D. 将PDF文档转换为PPT文档

二、判断题

1. 文本数据进行信息交流的主要载体有字母、数字和符号等形式。　　(　　)

2. 在获取文本数据过程中，常用的设备只有键盘和扫描仪。　　(　　)

3. OCR 扫描技术能识别印刷品、各类证件或表格中的文本信息。　　(　　)

4. 语音输入是较简便、易用的输入法，能快速输入文字，不受任何因素的影响，从而减少眼部疲劳，提高工作效率。　　(　　)

5. 迅捷 PDF 转换器，只能将 Word、Excel、PPT 文档格式转换为 PDF 文档格式，不能将 PDF 文档格式转换为 Word、Excel、PPT 文档格式。　　(　　)

三、问答题

1. 常用的文本数据获取设备有哪些？输入文本时需要注意什么？

2. 文本数据的获取方式有哪些？优缺点是什么？

3. 采用 OCR 识别印刷品中的文本，需要经过哪几个步骤？

4. 如何合理使用多媒体作品中的文本内容？

5. 常见的艺术字类型有哪些？使用艺术字应注意的事项有哪些？

第3章 图像数据技术及应用

■ 学习要点

图像是人类表达信息的重要来源之一，在制作多媒体作品时，图像数据也是应用最多的素材。图像不仅能直接、丰富地传递视觉信息，直观展现教学内容，准确表达信息，还能很好地帮助人们理解和记忆知识内容。本章将介绍与图像数据相关的基本概念、获取图像数据的不同方式，以及运用图像处理软件加工处理各种图像数据的方法，揭开运用计算机处理图像数据的神秘面纱。

- 了解图像数据的基本概念。
- 了解图像设计的基本原则。
- 认识常见图像数据获取设备。
- 掌握获取图像数据的方式。
- 掌握批量修改图像尺寸、绘制图像和修复图像的应用方法。
- 掌握裁剪图像、调整图像、合成图像、设置图像特效等处理图像的方法。

■ 核心概念

图像文件格式　　图像设计原则　　获取图像　　处理图像

■ 本章重点

- 图像数据的基础知识
- 图像数据的获取技术
- 图像数据的处理技术

3.1 图像数据的基础知识

图像数据是多媒体作品中的主要呈现方式，其可以表达丰富的信息，具有文本、声音所无法比拟的优点。图像是客观对象的一种表示，它包含了被描述对象的有关信息，是人类社会活动中最常见的信息载体。

3.1.1 图像的基本概念

图像是对客观对象的一种生动、相似的描述，是人们最主要的信息来源之一。通常，我们利用数码相机、扫描仪等输入设备获取的实际景物图片都是图像。

1. 图像数字化

图像在现实生活中种类繁多，称呼各异。例如，照相机拍摄的图像称为“照片”，数学领域的图像则称为“图形”，书本杂志上的图像通常被称为“插图”，而画家创作的图像，根据其风格不同，可被称为“油画”或“水彩画”等。

从多媒体技术的角度来看，这些图像都是模拟图像，只有先将真实的图像通过数字化转换为计算机能够识别和存储的格式，才能在计算机中存储和处理，这一过程称为图像的数字化。图像的数字化需要经过采样、量化与编码等处理，按照一定的空间间隔，自左至右、自上而下提取画面信息，并按照一定的进度对样本的亮度和颜色进行量化的过程，如图 3-1 所示。

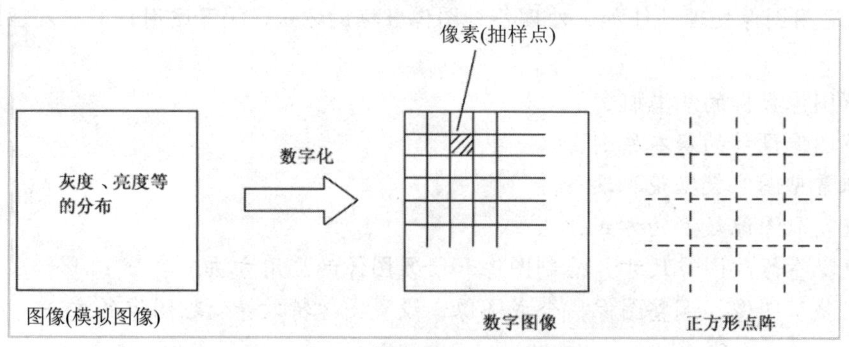

图3-1 图像数字化过程

- 采样：是对图像的空间坐标进行离散化处理，即将一幅连续的图像在空间上分割为$M×N$个网格，每个网格用一个亮度值来表示，一个网格称为一个像素。
- 量化：是将采样点上连续的亮度变化区间转换为特定的数码值的过程。在此过程中，离散图像样本中的每个像素都会被数字化为若干位二进制信息(0或1)。完成量化后，图像就被表示为一个整数矩阵，其中每个像素具有两个属性：位置和灰度。位置通常由所在的行和列表示。
- 编码：采用一定的格式来记录数字数据，并应用一定的算法对这些数字数据进行压缩，以减少存储空间，提高传输效率。

2. 图像色彩原理

色彩感觉是美感中最普遍性的表现形式。人的视觉对色彩具有特别的敏感性，而图像与色彩也密不可分，其是构成图像的重要组成部分。

色彩中不能再分解的基本色称为原色，这些原色可以混合生成其他颜色，但其他颜色却不能还原出原色。例如，图 3-2 所示的红、绿、蓝三种颜色，将它们按一定比例混合可生成各种其他颜色，而这三种颜色中的任意一色都不能由另外两种颜色混合生成，色彩学上将这三种独立的颜色称为三原色。

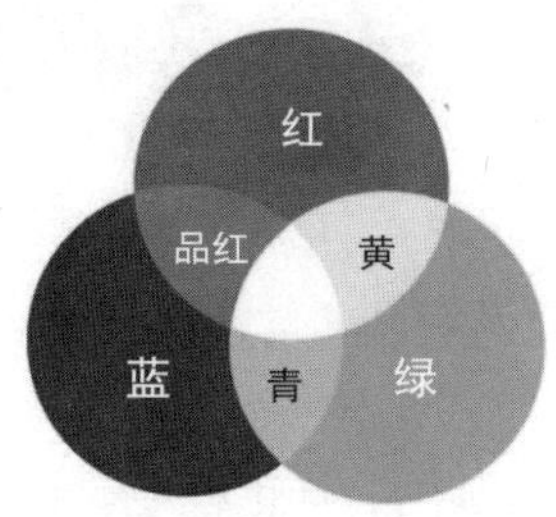

图3-2　三原色

3. 成色原理

基于三原色原理，除了三原色本身，其他任何色彩都可通过三原色以不同比例混合生成。色彩的混合分为加法混合和减法混合两种方式，此外，色彩在视觉感知过程中也可能发生混合，称为中性混合。

- 加法混合：是指色光的混合。当两种以上的光混合在一起时，光亮度会相应增强，混合后色光的总亮度等于参与混合的各色光亮度之和。如果只通过两种色光的混合就能产生白色光，那么这两种光就是互为补光，如图3-3所示。

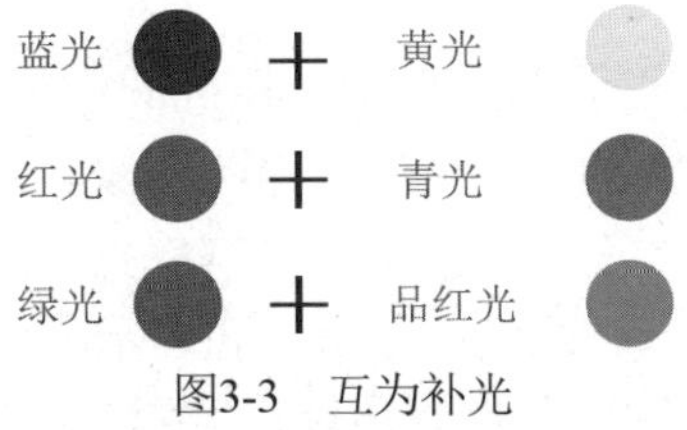

图3-3　互为补光

- 减法混合：主要是指色料的混合。减法混色利用了滤光原理，即在白光中滤去不需要的彩色，留下所需的颜色。如果两种颜色混合后能生成灰色或黑色，那么这两种色就是互补色，如图3-3所示。三原色按一定的比例混合，生成的色可以是黑色或黑灰色。在减法混合中，参与混合的色越多，亮度越低，纯度也会有所降低。
- 中性混合：是基于人的视觉生理特征所产生的视觉色彩混合，它并不改变色光或发光材料本身的属性，因此混色效果的亮度既不会增加也不会减少。中性混合的常见方式有色盘旋转混合与空间视觉混合两种。

4. 色彩三要素

人们对颜色的描述称为 HSB 颜色空间，从人的视觉感官角度出发，只要是彩色都具有色相(H)、纯度/饱和度(S)和明度(B)三个属性，如图 3-4 所示。

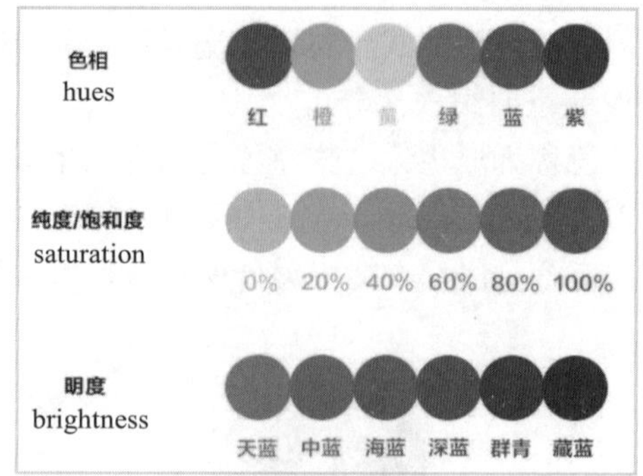

图 3-4　色彩三要素

- 色相(hues)：是指色彩呈现的面貌，通常由颜色名称标识。对色相的调整实际上就是实现不同颜色之间的转换。
- 纯度/饱和度(saturation)：是指颜色的鲜艳程度。调整饱和度就是调整图像的鲜艳程度，饱和度越大，图像越鲜艳。当彩色图像的饱和度为0时，就会变成一个灰色的图像。
- 明度(brightness)：是指颜色的明暗程度。调整明度就是调整图像的亮度，亮度的范围为0～255。

3.1.2　位图与矢量图

在计算机中，图像数据可分为位图和矢量图两类。位图是以像素点阵方式记录图像内容，也被称为图像。矢量图是用数学方式记录图像内容，也被称为图形。

1. 位图

位图由许多小方块组成，这些小方块称为像素(pixel)。每个像素的位置和颜色值都需要详细记录，因此，位图通常需要较大的存储空间。位图图像的像素之间没有内在联系，且其分辨率固定不变。当在屏幕上放大这些图像或进行低分辨率打印时，其中的细节将会丢失，并可能出现锯齿状的边缘，如图 3-5 所示。图像的分辨率和表示颜色及亮度的位数越高，图像质量就越高，图像的存储空间也越大。图像文件在计算机中的存储格式有 jpg、bmp、tif 等。

图3-5　图像放大前后

2. 矢量图

矢量图是图像的抽象表现，它反映了图像上的关键特征，如直线、圆、弧线、矩形和图表等的大小和形状，同时，也能以更复杂的形式表示图形中的光照、材质等特征。矢量图形一般由计算机绘制而成，常用的绘图软件有 CorelDRAW 和 AutoCAD 等，绘制的图形可以被任意移动、缩放、旋转和弯曲，而清晰度不会发生改变，如图 3-6 所示。矢量图形文件的存储格式有 3ds(用于 3D 造型)、dxf(用于 CAD)、wmf(用于桌面出版)等。

图3-6　图形放大前后

3.1.3　图像参数

图像参数就是图像自身的数值信息，包括图像分辨率和颜色深度等，在学习图像处理技术之前，需要了解与之相关的一些概念。

1. 图像分辨率

分辨率是指单位长度内所包含的像素点数量，通常以“像素每英寸”(pixel/inch，ppi)为单位，如图 3-7 所示。分辨率是影响图像质量的重要因素，与图像处理有关的分辨率有图像分辨率、显示器分辨率和打印机分辨率等。

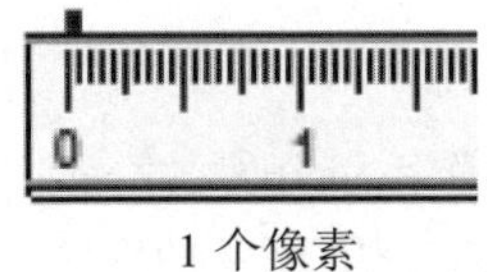

1 个像素　　1 英寸内有 8 个像素，即 8ppi

图3-7　分辨率

- 图像分辨率：即图像中每个单位长度上显示的像素数目，通常以“像素/英寸”(ppi)来表示。相较于相同打印尺寸的低分辨率图像，高分辨率图像包含的像素更多。图像分辨率的大小直接影响图像的清晰度，分辨率越高，则清晰度越高，图像占用的存储空间也越大，在工作中所需的内存也越多。在制作图像时，可以根据需要设置适当的分辨率。例如，在屏幕上显示的图像，分辨率可以设置低一些；而打印输出的图像，则分辨率就需要设置高一些。
- 显示器分辨率：是指在显示器中，每个单位长度显示的像素或点的数目，通常以“点/英寸”(dpi)来衡量。显示器的分辨率依赖于显示器尺寸与像素设置，个人计算机显示器的典型分辨率通常为96dpi。

- 打印机分辨率：与显示器分辨率类似，打印机分辨率也以“点/英寸”(dpi)来衡量。如果打印机分辨率为300～600dpi，则图像的分辨率最好为72～150ppi；如果打印机的分辨率为1200dpi或更高，则图像的分辨率最好为200～300ppi。

2. 颜色深度

图像深度也称图像的位深，是指描述图像中每个像素的数据所占的二进制位数。图像的每个像素对应的数据通常可以是1bit或多位字节，用来存储该像素点的颜色、亮度等信息。因此数据位数越多，所对应的颜色种数也就越多。

目前，图像的深度有1bit、2bit、4bit、8bit、16bit、24bit、32bit和36bit等多种类型。当图像的深度为1bit时，它只能表示两种颜色，即黑色与白色，或者亮色与暗色，这种图像通常称为单色图像；当图像的深度为2bit时，则能表示4种颜色，这样的图像就是彩色图像了。自然界中的图像通常至少需要256种颜色来表现，所对应的图像深度为8bit。而要想达到彩色照片级别的效果，图像深度则需要达到24bit，即所谓的真彩色。

3.1.4　图像文件格式

图像文件格式是计算机存储一幅图的格式与对数据压缩编码方法的体现。不同的软件所保存的图像格式各不相同，常见的图像文件格式有BMP、JPEG、GIF、TIFF、PNG和PSD等，如图3-8所示。例如，计算机中“画图”软件保存的图像文件格式为BMP。通常，使用图像处理软件可以识别和使用这些图像文件，并可以实现文件格式之间的相互转换。

版画.bmp

油画.jpg

水墨画.gif

素描画.tif

水粉画.png

图3-8　图像文件格式

1. BMP格式

BMP(bitmap，位图)是Microsoft公司为Windows操作系统开发的一种与硬件设备无关的位图格式文件，它使用广泛，常见于计算机中的墙纸、图案、屏幕保护程序等图像的存储。由于BMP格式不支持文件压缩，所以该格式的文件通常占用较大的存储空间。BMP文件的图像深度有1bit、4bit、8bit和24bit几种。BMP文件在存储数据时，图像的扫描顺序是从左到右、从下到上。

2. JPEG格式

JPEG(joint photographic expert group，联合照片专家组)是由一个软件开发联合会组织制定的一种有损压缩格式，该格式是较常用的图像文件格式，其文件后缀名为“.jpg”或“.jpeg”。JPEG格式能够将图像压缩在很小的储存空间内，是一种很灵活的格式，具有调节图像质量的功能，允许用不同的压缩比例对文件进行压缩，支持多种压缩级别。JPEG格式压缩的主要是高频信息，对色彩的信息保留较好，适用于互联网，是目前网络上较流行的图像格式之一。

3. GIF格式

GIF(graphics interchange format，图形交换格式)是一种压缩的 8 位图像文件，分为静态和动态两种类型。GIF 文件的数据是一种基于 LZW 算法的连续色调的无损压缩格式，文件较小，因此，在使用网络传送文件时，速度要比其他格式的文件快得多。GIF 文件不属于任何应用程序，目前几乎所有相关软件都支持它，并且在 Web 页中也应用广泛。

4. TIFF格式

TIFF(tag image file format，标签图像文件格式)是由 Aldus 和 Microsoft 公司为桌面出版系统研制开发的一种适用于印刷和输出的图像文件格式。TIFF 格式具有高度的灵活性和可变性，它定义了四类不同的格式：TIFF-B，适用于二值图像；TIFF-G，适用于黑白灰度图像；TIFF-P，适用于带有调色板的彩色图像；TIFF-R，适用于 RGB 真彩色图像。

5. PNG格式

PNG(portable network graphics，便携式网络图形)是互联网上常用的最新图像文件格式。PNG 能够提供比 GIF 小 30%的无损压缩图像文件，文件较小，并支持图像透明。此外，它还提供了 24bit 和 48bit 真彩色图像支持及其他诸多技术性支持。然而，由于 PNG 是较新型的图像格式，目前并不是所有程序都支持用它来存储图像文件，而像 Photoshop 这样的专业软件不仅可以处理 PNG 图像文件，还可以使用 PNG 图像文件格式进行存储。

6. PSD格式

PSD(photoshop document，photoshop 支持)是 Photoshop 图像处理软件的专用文件格式，其文件扩展名为.psd。PSD 支持图层、通道、蒙板和不同色彩模式的各种图像特征，它是一种非压缩的原始文件保存格式。扫描仪不能直接生成 PSD 格式的文件。尽管 PSD 文件有时容量较大，但由于它可以保留所有原始信息，因此在图像处理中，对于尚未制作完成的图像，选用 PSD 格式保存是最佳的选择。因大多数的图像格式都不支持图层、通道、矢量元素等特性，所以如果希望能够继续对图像进行编辑，则应将图像以 PSD 格式保存。

3.1.5 图像设计原则

图像设计是指利用各种图形元素来表达一定的信息和意义，以达到美学、功能和传播效果的综合目的。在图像设计中，需要遵循一些基本原则，如对称性、平衡性、简洁性、重复性、对比度、层次感和色彩运用等，以保证创造出更加美观、实用和有效的作品，设计者可根据不同的设计要求和情境进行选择和运用。

1. 对称性

对称性是指在图像设计中，将图像元素沿着某个轴线或中心点进行对称排列，使得整个设计看起来更加平衡、和谐。它是图像设计中较常用的原则之一。对称性可以分为水平对称、垂直对称和中心对称等，效果如图 3-9 所示。

图3-9 对称性

2. 平衡性

平衡性是指在图像设计中，各种图像元素的大小、形状、颜色和位置等要保持相对的平衡，以避免某个元素过于突出而导致视觉上的不平衡。平衡性可以分为对称平衡和不对称平衡，效果如图 3-10 所示。

图3-10 平衡性

3. 简洁性

简洁性是指在图像设计中，要避免过于复杂和烦琐的设计元素，保持简单明了和易于理解的设计风格，使得信息传达更加清晰和准确，效果如图 3-11 所示。

图3-11 简洁性

4. 重复性

重复性是指在图像设计中，对某个元素进行重复使用，以达到整个设计的统一性和一致性。重复性可以是相同的形状、颜色、纹理或字体等，效果如图 3-12 所示。

图3-12　重复性

5. 对比度

对比度是指在图像设计中，使用不同的颜色、大小、形状等元素，使得整个设计更加丰富多彩，突出主题和重点，效果如图 3-13 所示。

图3-13　对比度

6. 层次感

层次感是指在图像设计中，使用不同的大小、颜色、形状等元素，使得整个设计呈现出明显的前后层次感，从而使信息传达更加清晰明了，效果如图 3-14 所示。

图3-14　层次感

7. 色彩运用

色彩运用是指在图像设计中，运用不同的颜色和色彩组合，根据不同的设计主题和传播目的对色彩进行调整和变化，使得整个设计更加美观和吸引人，效果如图 3-15 所示。

图3-15　色彩运用

3.2　图像数据的获取技术

图像是制作多媒体作品时必不可少的素材，如背景、人物、界面、按钮等，是学习者非常容易接受的信息形式。一幅图往往可以胜过千言万语，能生动、形象、直观地展现大量信息，有助于学习者理解知识，比枯燥的文字更能吸引读者。

3.2.1　图像数据获取设备

多媒体作品在制作前期，素材的采集需要一定的硬件支持，特别是图像数据的采集需特定的设备来完成。常用的图像获取设备有智能手机、iPad、数码相机、扫描仪、可穿戴设备(如智能手表)等，如图 3-16 所示。

智能手机

iPad

数码相机

扫描仪

智能手表

图3-16　图像获取设备

1. 智能手机

智能手机作为我们生活中必不可少的设备之一，它的便捷之处在于能随时将人们遇到的美景拍摄下来，并通过传输数据线将照片和图片发送到计算机或其他存储设备中。此外，连接无线网的智能手机还能让我们在互联网上浏览、下载和分享图像。

2. iPad

iPad 可以进行数码照片的采集，其最突出的优点是操作简单、携带方便。当制作多媒体作品需要一些实景图片时，可以用 iPad 拍摄下来，然后上传到计算机中，等待后期加工处理。

3. 数码相机

数码相机又称数字式相机，其可以随时随地捕捉图像素材，不仅方便，而且图像质量高。常见的数码相机有单反相机、微单相机、卡片相机、长焦相机和家用相机等。数码相机的传感器是一种光感应式的电荷耦合器件或互补金属氧化物半导体。在图像被传输到计算机之前，通常会先将其储存在数码存储设备中。单反相机的优点是可以交换不同规格的镜头，且每个像素点能表现出更加细致的亮度和色彩范围，拍出的照片效果质量明显高于普通数码相机。

4. 扫描仪

扫描仪是多媒体作品制作过程中普遍使用的设备之一，它可以扫描图像和文字，并将其转换为计算机可以显示、编辑、存储和输出的数字格式。利用扫描仪可以将图片、照片、杂志封面、实物图像、课文中的插图和文字等扫描后，输入计算机中，并形成文件存储起来。常见的图像扫描设备有扫描仪、高拍仪和扫描笔等。

5. 可穿戴设备

随着科技的不断发展，可穿戴设备逐渐成为新的趋势，如智能手表、摄像头眼镜、健康监测带等设备都可以拍摄图像，并通过远程传输将图像数据存储到其他设备中。此外，还有许多设备具有图像识别功能，可以识别图像中的对象，给人们提供更多的帮助。

3.2.2 图像数据获取方式

多媒体作品制作中需要的图像素材可以从多种渠道获得，如使用数码相机、智能手机或无人机拍摄图像，从互联网上搜索下载图像，从计算机屏幕上直接截取图像，或者利用 OCR 扫描生成图像等，不能直接采集到的图像，还可以通过软件制作得到需要的图像素材。

1. 数码相机拍摄图像

数码相机是一种常用的影像采集设备，通过其镜头将对象的影像数据转换为数字信号存储在存储卡中，形成数字图像。如图 3-17 所示，随着相机技术的不断升级，现在市面上数码相机的拍照效果越来越好，可以拍出高质量的照片。数码相机的操作并不复杂，只需掌握基本的摄影知识就可以拍出理想的效果。拍摄完成后，人们可以使用数据线将照片素材导入计算机中。

图3-17　数码相机拍摄图像

2. 智能手机拍摄图像

随着智能手机的普及，使用其拍摄图像已经成为主流方法之一。如图 3-18 所示，智能手机的手持式操作方式使得拍摄更加方便、快捷。同时，智能手机配备的多样化滤镜和拍照模式也使得拍照效果更加丰富多样。只需掌握基本的摄影技巧，人们便可以随时随地将一些美好瞬间记录下来。

图 3-18　智能手机手持式拍摄图像

3. 无人机拍摄图像

随着无人机技术的飞速发展，如今使用无人机拍摄图像已成为一种越来越流行的方式。如图 3-19 所示，通过无人机，我们可以拍摄到一些难以到达的地方，如高空、深海、悬崖等，而且无人机搭载高清相机，可以拍摄出非常精美的图像。但是，在使用无人机拍摄时，我们必须遵守国家的相关法律法规并注意一些安全问题，还要掌握相关的专业技巧。

图3-19　无人机拍摄图像

4. 网上搜索下载图像

互联网是一个资源的宝库，我们可以从中得到很多有用的图像，用于制作多媒体作品。如图 3-20 所示，使用搜索引擎查找图像时，只需在搜索框中输入关键词，并选择“图片”选项，即可浏览到与该关键词相关的所有图片。此外，我们也可以根据文件类型、尺寸等条件进行筛选，以找到符合需求的图片。除了搜索引擎，我们还可以从专门的图像网站上下载图像，或者到与多媒体作品制作内容相关的网站上去查找。

图3-20　网上搜索图像

5. 直接截取图像

当我们使用计算机播放视频时，有时会发现屏幕上的某些画面正是我们所需要的素材，但这些画面并不是以图像文件的形式存在。此时，我们可以使用截图的方法，将屏幕上显示的内容截取下来，并保存为图像文件。常用的截图方法有使用 Print Screen 键进行全屏截图、使用 Alt+Print Screen 键进行窗口截图，以及使用专门的截图软件、QQ 截图功能或微信截图功能等。图 3-21 所示是使用 QQ 截图功能，在拍摄的“石佛山风景”视频中捕获需要的图像。

图3-21　QQ截图

6. OCR扫描生成图像

如图 3-22 所示，我们可以借助扫描仪，通过扫描方法获取印刷品或较平扁实物的图像。与数码相机拍照相比，扫描图像的方法可以有效避免镜头畸变，从而能够更真实地体现印刷品或实物的原貌。

图3-22　扫描仪扫描印刷品

3.3　图像数据的处理技术

在实际使用中，获取的图像素材往往难以直接满足需求，因此需要使用图像处理软件对图像素材进行进一步的处理。Photoshop 就是一种专业且常用的图像处理软件，适用于不同水平的用户，它不仅可以绘制图像、批量修改图像尺寸，还可以对图像进行修复、裁剪、调整、合成及设置特效等操作。

3.3.1　绘制图像

Photoshop 是一款由 Adobe 公司开发的图像处理软件，它可以用来创建和编辑图像，也可以用来绘制图像。绘制图像是 Photoshop 的基本功能之一，而使用绘图工具则是绘画的基础。合理选择并熟练使用绘图工具，就能绘制出完美的图像。

1. 认识Photoshop窗口组成

Photoshop 的窗口包括菜单栏、工具属性栏、工具箱、编辑窗口及常用面板等，如图 3-23 所示。

图3-23　Photoshop窗口组成

- 菜单栏：为整个环境下的所有窗口提供菜单控制，包含文件、编辑、图像、图层、选择、滤镜、视图、窗口和帮助9个部分。
- 工具属性栏：用来显示工具栏中所选工具的一些选项，不同的工具包含的选项各不相同。
- 工具箱：工具箱中的工具可以用来选择、绘画、编辑及查看图像。拖动工具箱的标题栏，可移动工具箱。单击工具图标，可选中相应工具，此时属性栏会显示该工具的属性。单击工具右下角的小三角符号按钮，可打开隐藏的工具组，选择并应用相关的其他工具。
- 编辑窗口：是Photoshop的主要工作区，用于显示图像文件。编辑窗口带有自己的标题栏，提供了当前打开文件的文件名、缩放比例、颜色模式等基本信息。如果同时打开了多个图像，则可通过单击图像的形式进行窗口切换，也可使用Ctrl+Tab组合键进行切换。
- 常用面板：可通过“窗口”→“显示”来显示面板，按Tab快捷键，自动隐藏命令面板、属性栏和工具箱，再次按该快捷键时，可显示以上组件。使用Shift+Tab快捷键，可隐藏控制面板，保留工具箱。

2. 了解工具箱中的常用工具及功能

在 Photoshop 的工具箱中，众多工具各有其独特功能和使用方法，我们理解了这些常用工具的具体用途和操作技巧后，即可在实际应用中快速地选择恰当的工具来制作或处理相应的图像。

Photoshop 工具箱中的常用工具及功能如表 3-1 所示。

表3-1　Photoshop工具箱中的常用工具及功能

图标	名称	功能
	移动	移动图层或选定的区域
	选框	选择区域，对想要修改或编辑的图片内容进行选择
	裁剪	将图像裁切成所需要的大小
T.	文字	使用鼠标选取文字工具后，在图层中单击鼠标，视图中会出现闪动的光标，此时即可输入文字符号
	橡皮擦	如果绘制的图像有错需要进行修改，可以用橡皮擦工具擦去图像，并填入背景色
	画笔	在使用画笔工具或其他绘图工具时，必须在选项栏中进行设置，然后再进行操作
	污点修复画笔	使用图像的其他区域或图案来修补当前选中的区域，在修补的同时保留图像原来的纹理、亮度、层次等信息
	仿制图章	可以使用仿制图章工具将图像中其他部位的像素复制到某个部位，该工具能够保存源图像的像素
	前景色和背景色	单击前景色可以打开拾色器选取各种各样的颜色来进行绘制、填色和描边等操作。后面的颜色块就是背景色

3.3.2 批量处理图像

批量处理图像是提高工作效率，确保处理结果的一致性，并减少潜在错误的有效方法。通过灵活运用批量处理图像的方法，可以为人们带来更高效的图像处理体验，实现更加专业的图像编辑效果。Photoshop 软件可以通过录制和播放动作，将相同的操作应用于多个图像，从而批量处理图像。

1. 批量处理图像的方法

对大量图片进行相同操作时，如果逐个编辑每张图片，不仅费时费力，还容易出现错误。使用批量处理图像技术，人们只需选择要处理的图片，设置处理参数后，执行批处理操作，就可以快速完成大量图像的处理，不仅能提高工作效率，还能减轻工作负担。

- 批量动作：通过录制操作动作并在多个图片上批量执行，如调整大小、应用滤镜、添加图层效果、更改图像模式等。
- 图像处理动作：使用动作窗口，记录修改图像的整个动作，实现自定义批量处理功能。
- 批量导出：通过批量导出功能将多个图像保存为指定的格式和大小等，提高导出效率。

2. 批量处理图像的优点

批量处理图像不仅能将大尺寸的图像批量转换为小尺寸的图像，从而节省存储空间，还能对图像批量进行其他相同的操作，如调整亮度/对比度、改变格式、添加水印等，从而保持图像的一致性和统一性。

- 提高工作效率：批量处理图像能够同时处理多张图片，节省大量重复性的工作时间。
- 保持一致性：批量处理可以确保多张图像保持一致的风格和规格，从而增强整体视觉效果。
- 减少错误：自动化处理避免了手动操作可能产生的错误，从而提高图像处理的准确性。

3. 批量处理图像的应用

灵活运用批量处理图像技术，可以为用户提供高效的图像处理体验，大大提升工作效率，使得图像处理更加轻松、便捷。

- 网站图像优化：将网站需要使用的图像批量调整大小，并进行压缩，从而提高网页加载速度。
- 社交媒体发布：在社交媒体上发布图像时，通过批量处理，可确保图像符合不同平台的要求。
- 广告海报制作：批量处理可以在短时间内生成不同尺寸的广告海报，提高广告宣传效果。

3.3.3 修复图像

使用 Photoshop 软件处理图像时，有时选取的图像会存在一些问题，如图像上有多余的文字、照片上有污点、图像上有不需要的物品等，需要对其进行修复。修复图像常用的工具有“仿制图章工具”“修复画笔工具”“污点修复画笔工具”和“修补工具”。

1. 仿制图章工具

仿制图章工具就像一个“复印机”，可以对图像的某一局部区域进行采样，并将它复制到另外一个区域中。使用仿制图章功能时，首先单击“仿制图章工具”按钮，然后将其放在图像中需要复制的区域。接着，按住 Alt 键并单击鼠标，从图像中设定取样点，取完样后，松开 Alt 键和鼠标，然后将鼠标移动到需要复制的目标区域上，再单击并拖动鼠标，即可复制出取样点的图像。按图 3-24 所示操作，使用仿制图章工具复制出同样的水杯，将其与原来的水杯摆放在一起后，看不出有明显的边界。

图 3-24　仿制图章工具的使用效果图

2. 修复画笔工具

修复画笔工具可以用于修正图像中的瑕疵。使用时，按住 Alt 键并单击鼠标以选择取样位置，然后单击需要去除的瑕疵区域，即可去除瑕疵。在工具箱中单击“修复画笔工具”按钮，再在如图 3-25 所示的工具选项栏中选取用于修复图像的来源，其中，“取样”可以使用当前图像的像素，“图案”可以使用某个图案的像素。

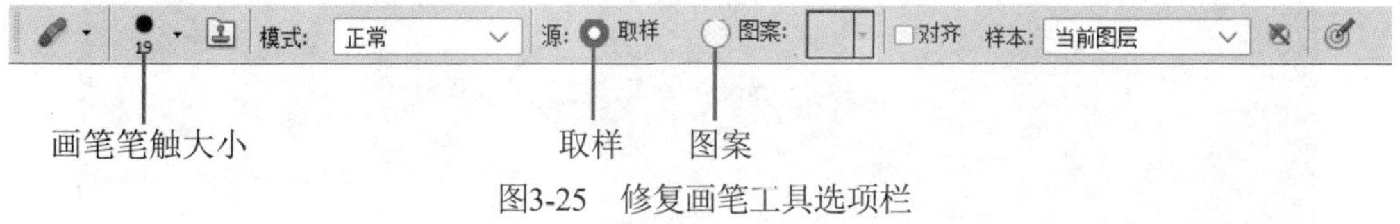

图3-25　修复画笔工具选项栏

3. 污点修复画笔工具

污点修复画笔工具相当于“仿制图章工具”和“修复画笔工具”的综合应用，它不需要定义采样点，只需涂抹要消除的地方即可，适用于消除画面中的细小部分。在工具箱中单击“污点修复画笔工具”按钮，设置画笔笔触大小，再在如图 3-26 所示的工具选项栏中选择修复类型为“近似匹配”后，单击图片中的黑色污点，污点中的颜色就会被周围像素颜色取代，即可轻松修复图像中的污点。

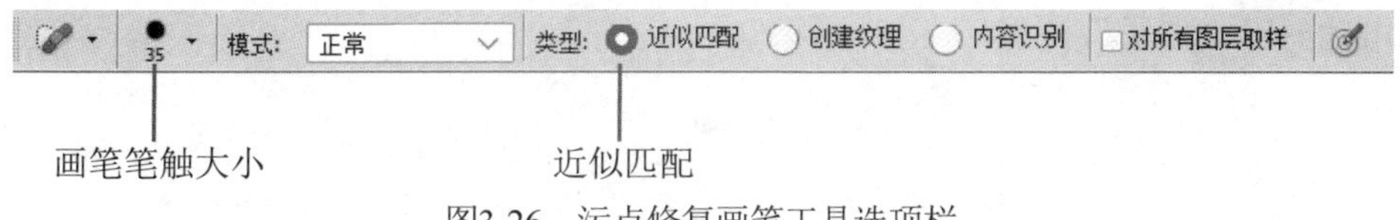

图3-26　污点修复画笔工具选项栏

4. 修补工具

修补工具可以利用当前图像中的像素或图案中的像素来修复选中的区域，适用于消除大面积的干扰元素。在工具箱中，单击“修补工具”按钮，再在如图 3-27 所示的工具选项栏中选择需要修补的区域，选取后的区域周围就会出现虚线，将其移动到合适的位置后，释放鼠标，即可完成该区域的修补。

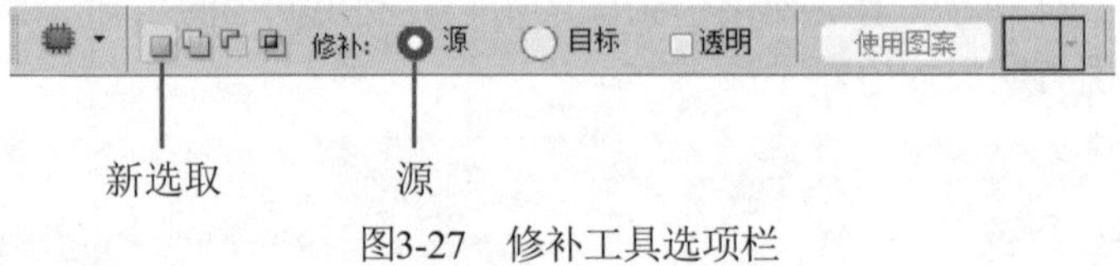

图3-27 修补工具选项栏

3.3.4 裁剪图像

在多媒体作品制作过程中，如果需要去除图像中多余的部分，可以使用裁剪工具。在 Photoshop 软件中，使用裁剪工具可以方便地裁剪图像中的特定区域，裁剪框四周的灰色部分即为裁减的区域，而保留的区域将会成为一个新的图像文件。

1. 自由裁剪图像

利用 Photoshop 软件中的裁剪工具，可以去除图像中的无用区域，从而提高图像的视觉效果。在 Photoshop 软件工具箱中单击“裁剪工具”按钮，再在如图 3-28 所示的图像中拖动裁剪框进行自由裁剪，确定需要保留的区域后，按 Enter 键，即可裁剪出所需的“梅花”图像。

图3-28 自由裁剪图像

2. 比例裁剪图像

Photoshop 软件不仅可以自由裁剪图像，还可以设置裁剪比例，即根据预设的高度和宽度来裁剪图像，使其符合人们的使用需求。在工具箱中单击“裁剪工具”按钮，再在工具属性框中分别设置如图 3-29 所示的图像的宽度，按住鼠标左键不放，拖动形成裁剪框后，按 Enter 键，即可裁剪出“粽子”图像。

图3-29　比例裁剪图像

3.3.5　调整图像

在使用图像素材时，我们可能会遇到一些问题，如拍摄的图像方向颠倒了，需要调整方向；或者图像存在亮度不合适、色彩暗淡等问题，需要对色彩进行进一步的设置等。借助 Photoshop 软件对图像素材的方向、大小、亮度/对比度等进行进一步的调整，可以使图像更美观，更加符合我们的需求。

1. 调整图像的方向和大小

调整图像的方向和大小通常是为了更好地展示图片，或者让图像在页面布局中更加合理。例如，可在 Photoshop 菜单栏中执行“图像”→“图像旋转”命令，对图 3-30 左图所示图像的方向进行调整，再根据实际需求，调整图片的大小，调整后的效果如图 3-30 右图所示。

图3-30　调整图像的方向和大小

2. 调整图像的亮度/对比度

对图像进行亮度/对比度调整，可以改善图像的整体效果，增强图像的细节和鲜艳度，使图像获得更好的视觉效果。例如，可在 Photoshop 菜单栏中执行“调整”→“亮度/对比度”命令，对如图 3-31 左图所示的图像的亮度和对比度进行调整，调整后的效果如图 3-31 右图所示。

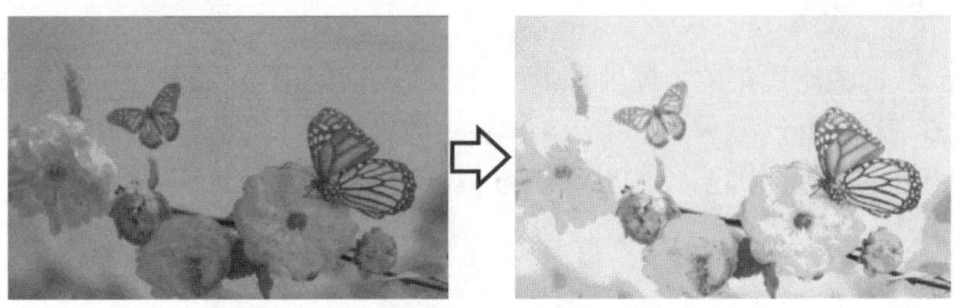

图3-31　调整图像的亮度/对比度

3.3.6 合成图像

合成图像是指将多幅图像巧妙地结合为一幅图像，以突出表达某个主题。在图像合成过程中，需要将各图像素材存放在不同的图层中进行独立处理，从而不影响其他图层，再将多个图层叠加在一起，构成一幅完整的图像。如图 3-32 所示，将“和平鸽”和“长城”合成为一个图像，并添加“中国腾飞”文字说明，最终形成一幅完整的宣传画作品。

图3-32 宣传画完成效果图

3.3.7 设置图像特效

在使用 Photoshop 软件处理图像时，可以利用滤镜功能为图像添加丰富多彩的特殊效果。Photoshop 软件中的滤镜种类丰富，功能强大，主要分为内置滤镜和外挂滤镜两类。内置滤镜可以直接使用，外挂滤镜则是以插件的形式添加到 Photoshop 软件中，必须单独安装后才能使用。

1. 滤镜的基础知识

Photoshop 软件的滤镜菜单中提供了多种滤镜，灵活使用这些滤镜，能够创建出丰富多彩的图像效果。在 Photoshop 软件中，单击菜单栏中的“滤镜”命令，会弹出一个下拉菜单，如图 3-33 所示。该下拉菜单中包含了 Photoshop 内置滤镜的全部命令，并可分为 5 个部分。

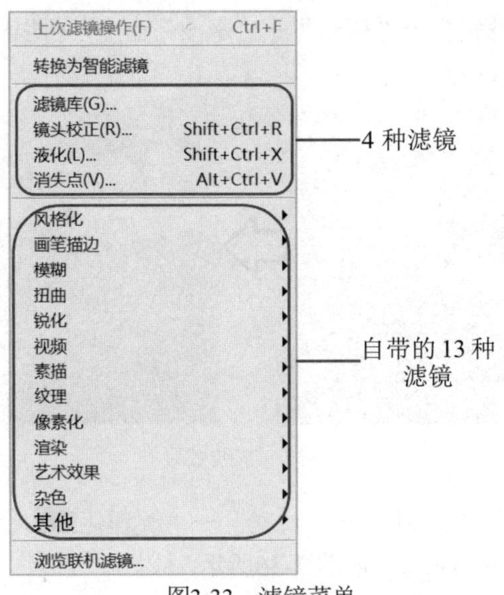

图3-33　滤镜菜单

- 上次滤镜操作：当没有使用滤镜时，该命令呈灰色不可用状态。当使用滤镜后，会显示操作过的滤镜名称。
- 转换为智能滤镜：智能滤镜是一种非破坏性的滤镜，相当于给图层添加样式一样，如果效果不理想，可以随时进行修改，十分方便。
- 4种滤镜：包括滤镜库、镜头校正、液化和消失点，每个滤镜的功能都很强大。
- 自带的13种滤镜：包括风格化、画笔描边、模糊、扭曲、锐化、视频、素描、纹理、像素化、渲染、艺术效果、杂色和其他，每个滤镜组都包括多个子菜单。
- 浏览联机滤镜：可以通过联网方式使用过滤器工具，以实现不同的视觉效果、颜色调整或特殊效果。

2. 滤镜的应用

Photoshop 软件中的滤镜有多种，通过应用这些滤镜，既能制作出奇妙的图像效果，又能领略 Photoshop 软件的强大功能。

- 场景模糊效果：选择“滤镜”→“模糊”→“高斯模糊”命令，可以使图像变得模糊，如图3-34所示。该效果适用于柔化图像边缘、减少污点和突出图像中的主体。

图3-34　场景模糊效果

- 水波效果：执行“滤镜”→“扭曲”→“水波”命令，可以制作出水波效果，如图3-35所示。

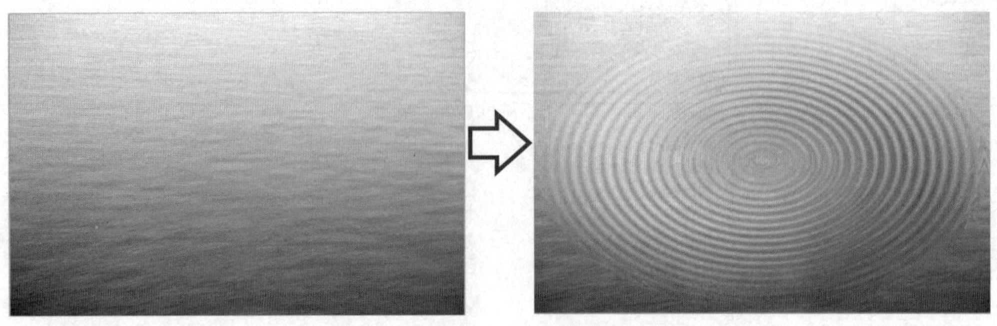

图3-35　水波效果

- 图像纹理效果：执行“滤镜”→“纹理”→“纹理化”命令，可以使图像产生各种纹理，呈现出纹理质感的效果，如图3-36所示。

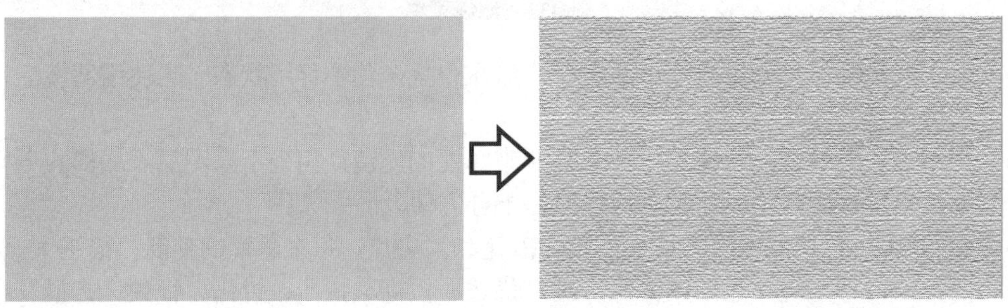

图3-36　图像纹理效果

本章实验

实验3-1　网上搜索齐白石作品

实验目的

随着网络技术的发展，人们可以使用网络搜索的方式来快速查找需要的图像。本实验的目的是了解图像的获取方式，掌握利用网络获取图像的方法。

网络搜索齐白石作品

实验条件

- 计算机已接入因特网；
- 能够进行浏览网页的基本操作；
- 能够进行对需要的图像文件保存的操作。

实验内容

本实验是通过打开“百度”搜索引擎，在“百度图片”中输入关键字“齐白石作品”，从网上搜索人民艺术家齐白石的相关作品图像并保存，掌握从网上获取图像素材的方法，效果如图 3-37 所示。

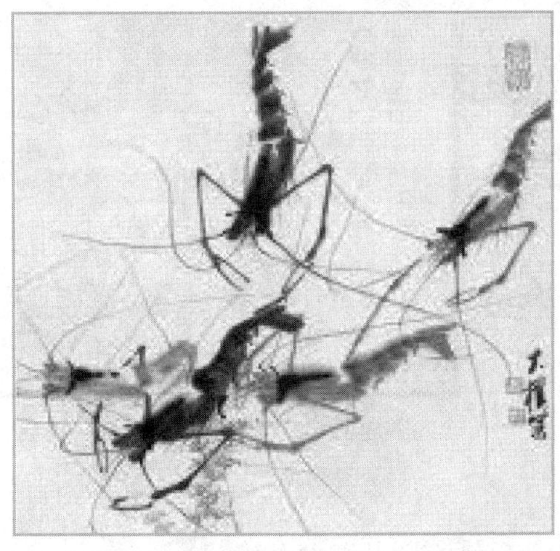

图3-37　网上搜索齐白石作品效果图

实验步骤

01 搜索图片　打开浏览器，进入“百度图片”(http://image.baidu.com)网站，按图 3-38 所示操作，搜索并浏览“齐白石作品”的相关图像信息。

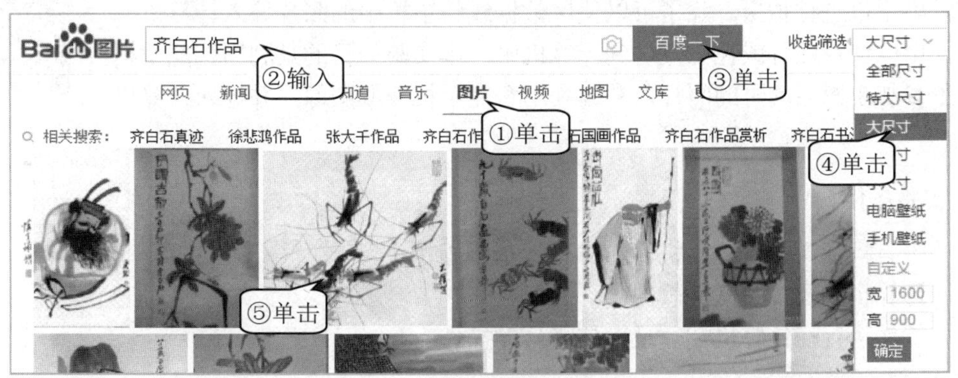

图3-38　搜索图片

选择图像时，为了获取清晰的图片，可选择尺寸稍大的图像，有利于提升图像的整体效果。

02 保存图片　右击图片，按图 3-39 所示操作，选择“另存为”命令，将搜索到的图像以“齐白石作品.jpg”为名，保存到计算机中。

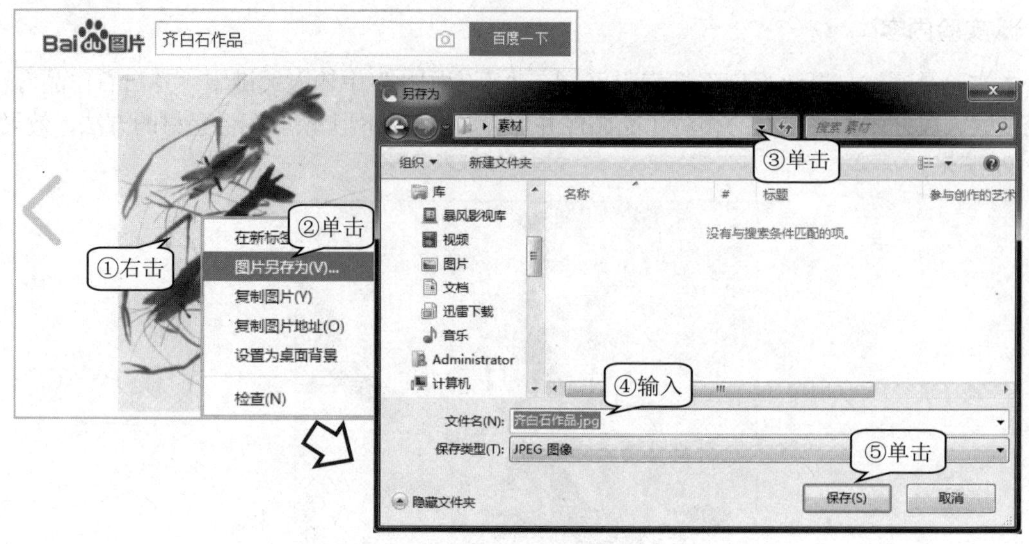

图 3-39 保存图片

实验3-2 青春志愿随手拍

实验目的

随着科技的发展和智能手机的普及，手机的拍照效果越来越好，人们已经习惯随时用手机进行拍摄。除了可以使用数据线将手机中的照片导入计算机，还可以使用微信将照片或视频发送到计算机中。本实验的目的是利用智能手机拍摄学生参加志愿活动时的照片，掌握利用智能手机获取图像，并导入计算机的方法。

青春志愿随手拍

实验条件

- 带有摄像头的智能手机，能够进行基本操作；
- 计算机中已安装微信软件；
- 能够进行在计算机端登录微信账号的操作。

实验内容

本实验主要介绍使用智能手机拍摄照片，并将拍摄的照片通过微信发送到计算机。实验过程中需先用手机拍摄学生志愿活动的相关图像素材，再将手机中的照片发送到微信“文件传输助手”中，查看并保存图像素材，效果如图 3-40 所示。

图3-40　青春志愿随手拍效果图

实验步骤

01 拍摄照片　按图 3-41 所示操作，用手机拍摄与学生志愿活动相关的照片。

图3-41　拍摄照片

02 发送手机照片　使用智能手机登录微信 App，按图 3-42 所示操作，将手机中的照片发送到“文件传输助手”中。

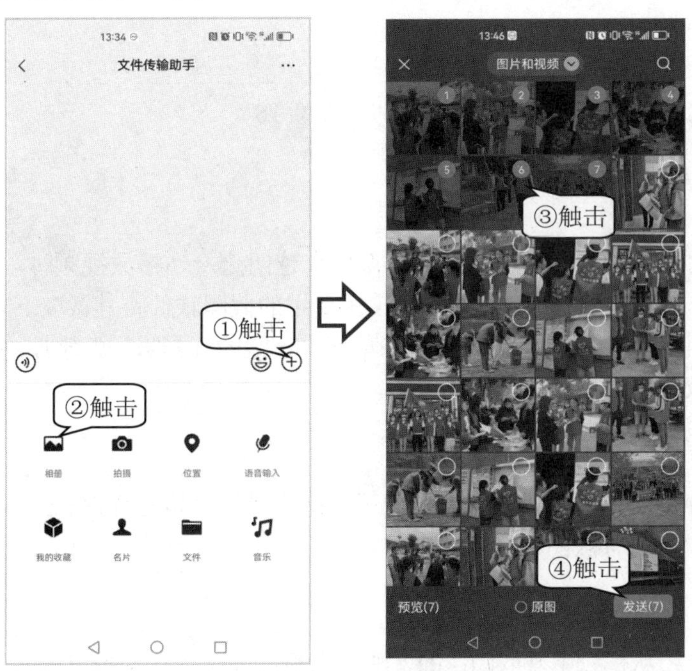

图3-42　发送手机照片

微信发送照片时，可以根据实际需求，同时选择多张照片一起发送。

03 查看照片 在计算机端登录相同账号，在弹出的窗口中，按图3-43 所示操作，保存并查看照片。

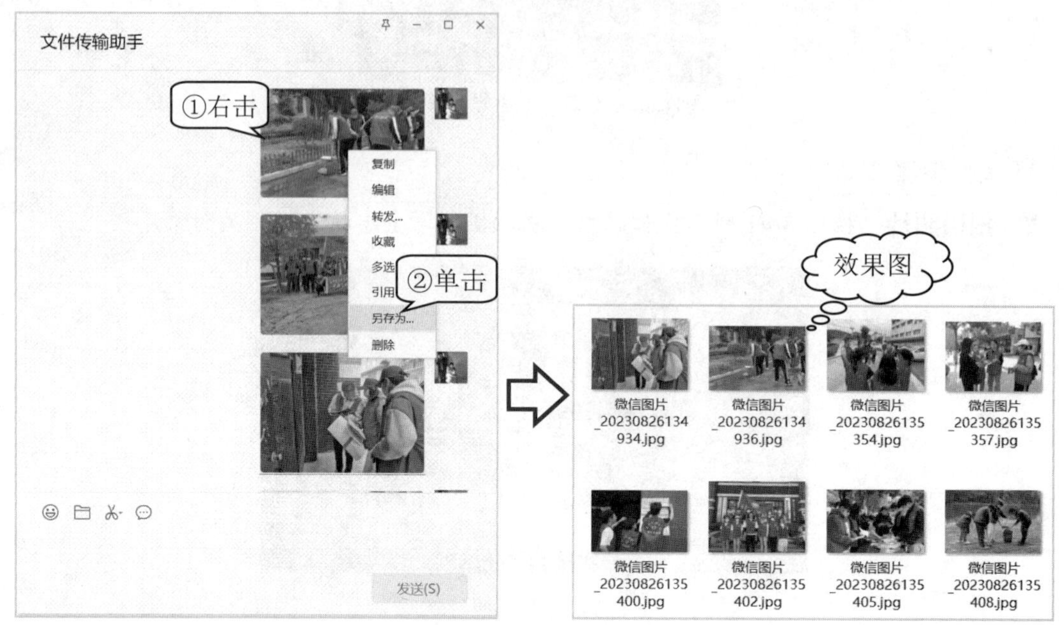

图3-43 查看照片

04 分类存放 打开照片所在的文件夹，查找需要的照片，并分类存储到相应的“图片素材”文件夹中。

实验3-3 捕获马儿奔跑精彩瞬间

实验目的

自媒体时代的到来，使人们拍摄视频变得越来越便捷。当播放视频时，屏幕上可能会出现一些让人感兴趣的画面，可使用专用的截图软件将其截取下来。本实验的目的是利用 Snagit 软件捕获马儿在草地上奔跑的精彩瞬间，掌握利用截图软件捕获图像的方法。

捕获马儿奔跑精彩瞬间

实验条件

- 计算机中安装有视频播放软件，能正常播放视频“马儿奔跑.mp4”；
- 计算机中安装有截图软件 Snagit。

实验内容

本实验主要介绍从视频中截取图像的方法。实验过程中，在播放“马儿奔跑”视频时，利用 Snagit 软件捕获需要的图像，并对图像进行编辑、加工和存储，掌握截取需要图像的技巧，效果如图 3-44 所示。

图3-44　捕获马儿奔跑精彩瞬间效果图

实验步骤

01 运行软件　在计算机中，双击 Snagit 图标，运行 Snagit 软件。

02 设置捕获选项　按图 3-45 所示操作，配置文件，准备捕获图像。

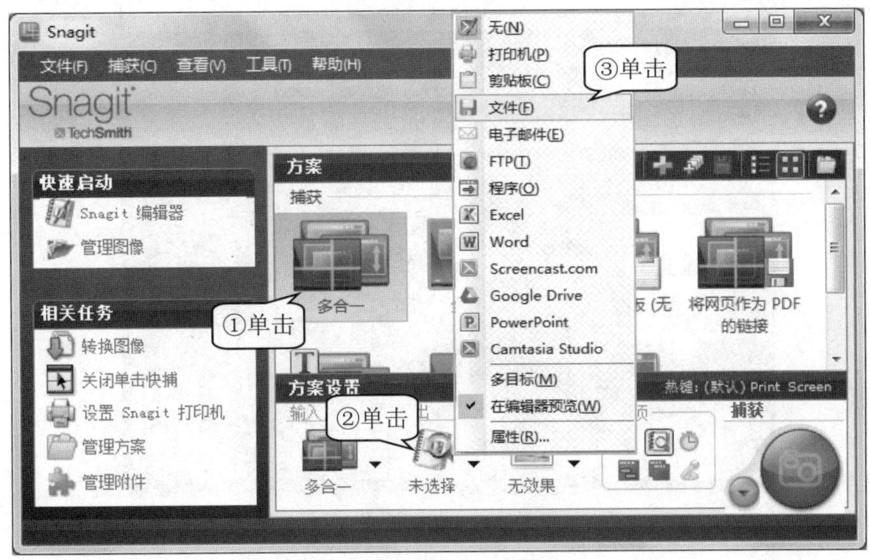

图3-45　设置捕获选项

03 截取图像　打开视频“马儿奔跑.mp4”并播放，当出现需要的画面时，按 Print Screen 键，在所需的画面上拖动出一个矩形框后，松开鼠标，出现如图 3-46 所示的 Snagit 编辑器。

图3-46　截取图像

Snagit 捕获图像时，可以截取整个屏幕或窗口，甚至是不规则窗口，也可以根据实际需求截取鼠标指针。

04 编辑图像　选择“图像”选项，按图 3-47 所示操作，在 Snagit 编辑器拖动图片边框控制点，裁剪图片。

图3-47　裁剪图像

05 保存图片　单击“保存”按钮，打开“另存为”对话框，选择保存位置并输入文件名“马儿奔跑精彩瞬间”，将截取的图像存储到计算机中。

实验3-4　批量修改运动会照片尺寸

实验目的

在制作多媒体作品时，通常会插入很多图片，但有时需要指定尺寸的图像，或者需要多张统一尺寸的图像，利用图像处理软件可以修改或批量修改图像尺寸。本实验的目的是利用 Photoshop 软件批量修改学生运动会照片尺寸，掌握批量修改图像尺寸的方法。

实验条件

- 计算机中安装有 Photoshop 软件；
- 计算机中有拍摄完成的学生运动会照片。

批量修改运动会照片尺寸

实验内容

本实验主要介绍利用 Photoshop 软件中的“批处理”功能，将学生运动会时拍摄的多张照片，调整为统一尺寸。实验过程中需先在 Photoshop 中打开一张照片，执行“窗口”→“动作”命令，新建动作，记录修改一张照片尺寸的完整动作，然后再执行“文件”→“自动”→“批处理”命令，将照片尺寸调整为 400×300 像素，效果如图 3-48 所示。

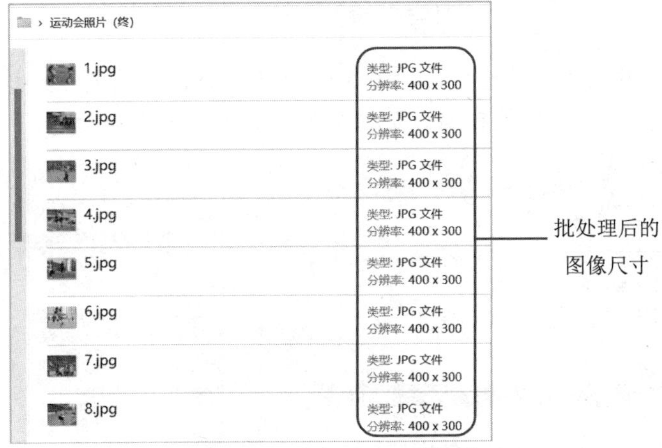

图3-48　运动会照片尺寸批处理

实验步骤

01 新建动作　运行 Photoshop 软件，打开“跳高.jpg”图片，按图 3-49 所示操作，新建“运动会照片”动作。

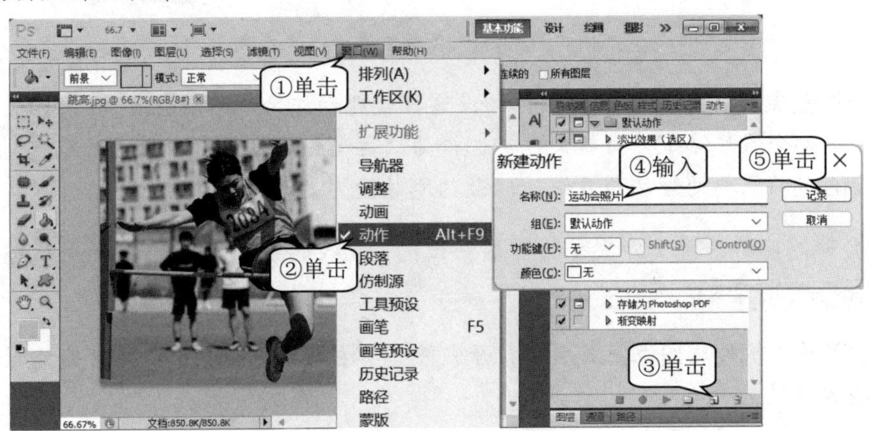

图3-49　新建动作

02 调整图像大小 按图 3-50 所示操作，将照片的宽度设置为“400”，高度设置为“300”。

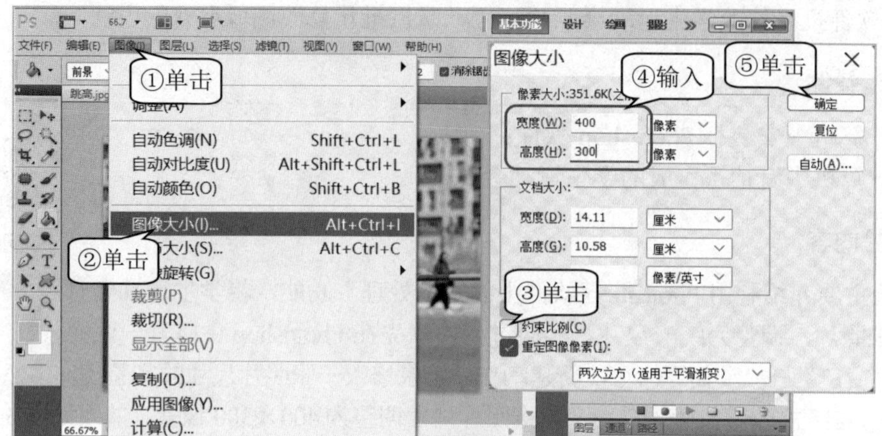

图3-50 调整图像大小

03 保存动作 图片尺寸修改好后，按图 3-51 所示操作，存储文件，并在右侧动作窗口中单击“停止播放/记录”按钮■，记录修改照片尺寸的整个动作。

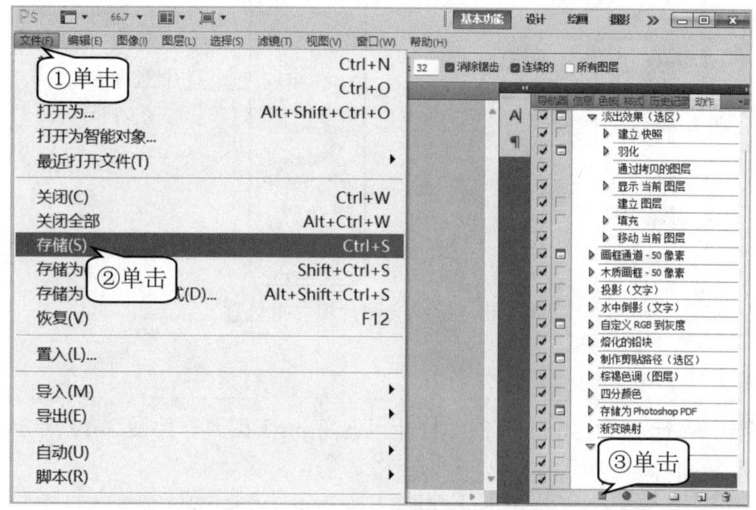

图3-51 保存动作

04 批处理图像 按图 3-52 所示操作，设置批处理动作为“运动会照片”，源文件夹选择为“运动会照片(初)”，目标文件夹选择为“运动会照片(终)”，单击“确定”按钮后，就会自动将需要处理的照片统一修改为刚才设置的尺寸。

批处理图像时，源文件夹是指需要修改的图像文件夹，目标文件夹是指批处理后需要保存的图像文件夹。

05 查看效果 批处理图像完成后，打开文件夹“运动会照片(终)”，即可查看批量处理后的图像效果。

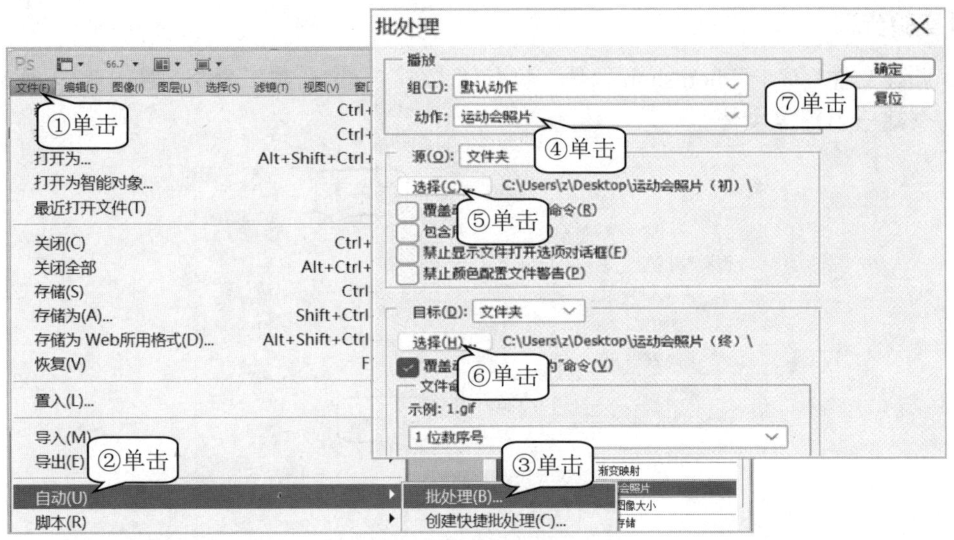

图3-52　批处理图像

实验3-5　绘制简单水果图像

■ 实验目的

Photoshop 软件提供了各种绘图工具，使用不同的工具，再配合工具箱属性栏中的选项，就能绘制出一些简单的图像。本实验的目的是利用 Photoshop 软件工具箱中的各种绘图工具绘制青苹果图像，掌握绘制图像的方法。

绘制简单水果图像

■ 实验条件

➢　计算机中安装有 Photoshop 软件；

➢　已了解了 Photoshop 工具箱中的常用工具及功能。

■ 实验内容

本实验主要介绍使用 Photoshop 软件绘制水果图标，并将图像存储在计算机中。实验过程中，利用选区工具绘制一个圆形选区后，再用渐变色进行颜色填充，最后利用画笔绘制一个果柄，完成青苹果图像的绘制，效果如图 3-53 所示。

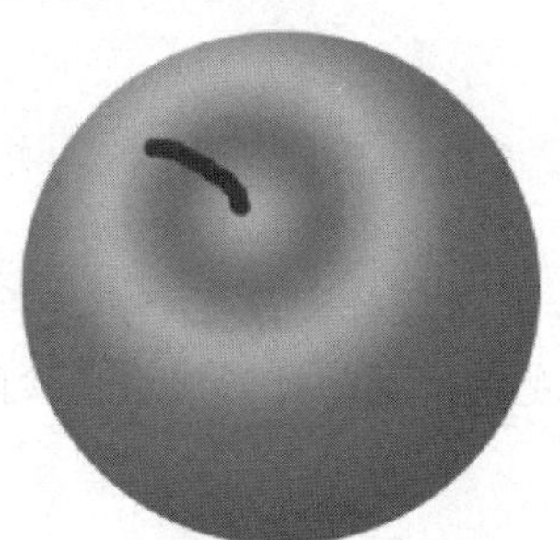

图3-53　绘制的青苹果图像效果图

实验步骤

01 新建文件 运行Photoshop软件，执行“文件”→“新建”命令，按图3-54所示操作，创建一个图像文件。

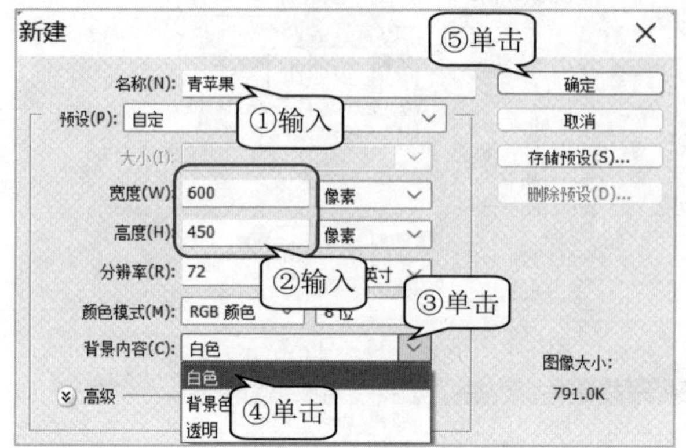

图3-54 新建文件

02 选择区域 按图3-55所示操作，在窗口中央绘制一个圆形选区，并将图层名称修改为“青苹果”。

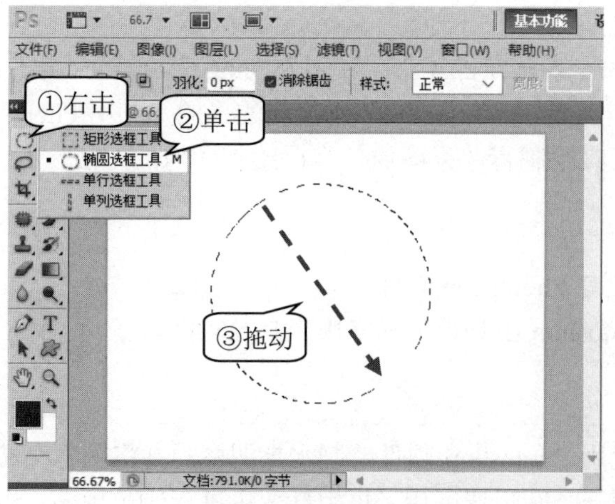

图3-55 选择区域

使用椭圆选框工具绘制圆形时，按住Shift键，并拖动鼠标，可以绘制正圆。

03 设置渐变工具 按图3-56所示操作，设置“渐变”工具。

04 设置色标 在打开的“渐变编辑器”对话框中，按图3-57所示操作，设置左端第一个色标的颜色与位置。

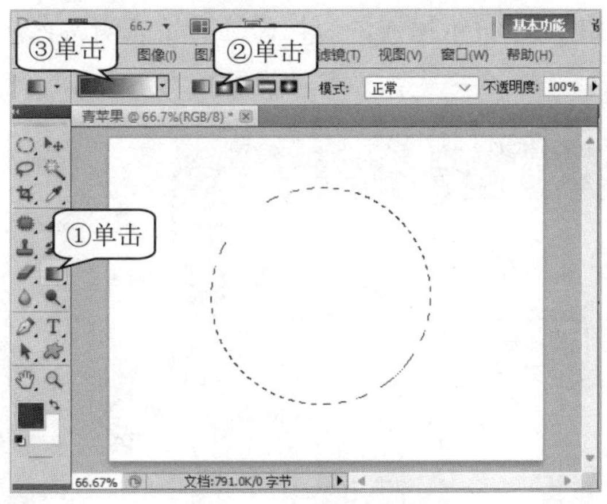

图3-56 设置渐变工具

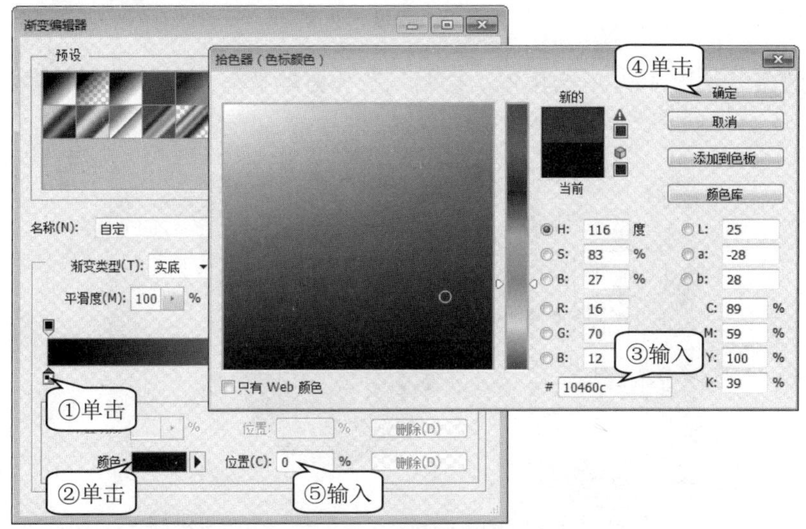

图3-57 设置第一个色标

05 **设置其他色标** 按照步骤 04 的操作方法，添加并设置其他各色标的颜色值与位置，效果如图 3-58 所示，设置完所有色标后，单击“确定”按钮。

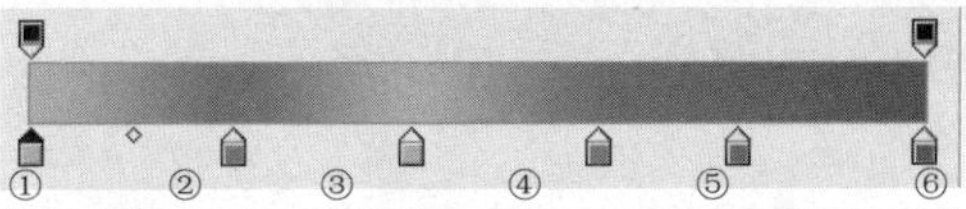

色标	颜色值	位置
①	#77B924	0%
②	#96D43B	23%
③	#CCF266	43%
④	#96D43B	63%
⑤	#8CCB2E	79%
⑥	#80BB28	100%

图3-58 设置其他色标

06 新填充选区 按图 3-59 所示操作，为椭圆选区填充渐变色。

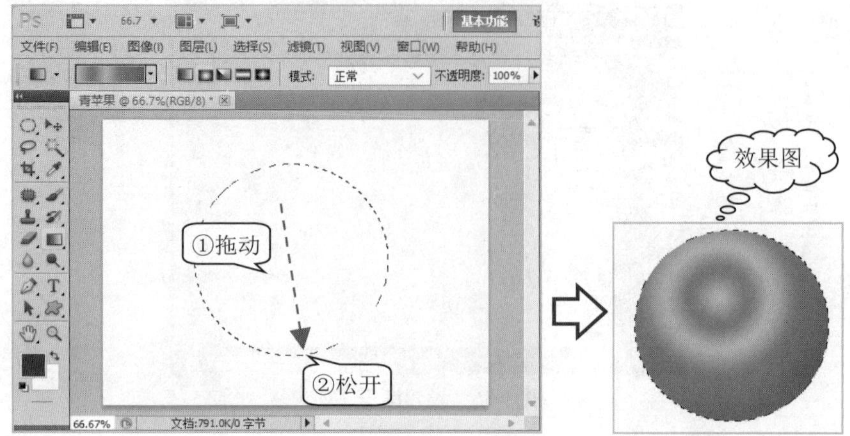

图3-59 新填充选区

07 绘制线条 按图 3-60 所示操作，绘制线条作为苹果柄。

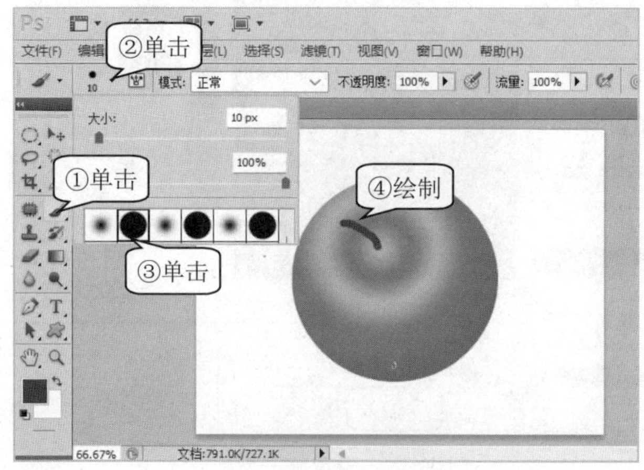

图3-60 绘制线条

08 保存文件 执行"文件"→"存储"命令，将文件存储为"青苹果.psd"。

实验3-6 消除墙面乱涂鸦

■ 实验目的

有时，拍摄的图片中会存在一些干扰元素，这些元素对于图片的观感会造成一定的影响，此时可以利用图像处理软件将其去除，使图片更加完美。本实验的目的是利用 Photoshop 软件中的图像修复技术消除乡村墙壁画中的乱涂鸦部分，掌握利用修补工具处理图像的方法。

消除墙面乱涂鸦

■ 实验条件

- 计算机中安装有 Photoshop 软件；
- 已掌握 Photoshop 软件的基本操作；

➢ 计算机中有拍摄完成的乡村墙壁画图片。

实验内容

本实验主要介绍使用 Photoshop 软件中的修复图像功能，去除乡村墙壁画图片中的乱涂鸦部分，让其更加美观。实验过程中，在 Photoshop 软件中打开需要处理的墙壁画图片，使用工具栏中的“修补工具”，将墙壁画中的乱涂鸦部分消除，然后完成修补，效果如图 3-61 所示。

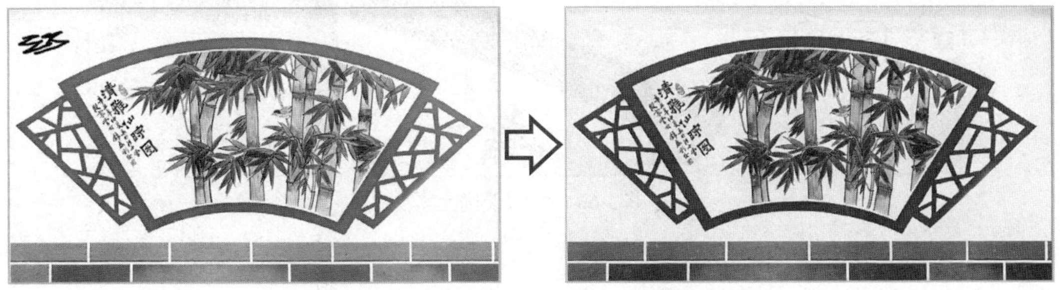

图3-61　墙面乱涂鸦消除后的效果图

实验步骤

01 打开文件　运行 Photoshop 软件，找到并打开图像素材文件“墙壁画乱涂鸦(初).png”。

02 放大图像　按图 3-62 所示操作，放大图像并移动浏览区域。

图3-62　放大图像

03 消除干扰元素　按图 3-63 所示操作，利用“修补”工具去除墙壁画图片中的乱涂鸦部分。

使用“修补工具”清除图像时，拖动的区域应与需要修补的区域颜色相接近，这样才能保证图像颜色过渡自然。

04 保存文件　查看图片处理后的效果，并以“墙壁画乱涂鸦(终).png”为名，保存到计算机中。

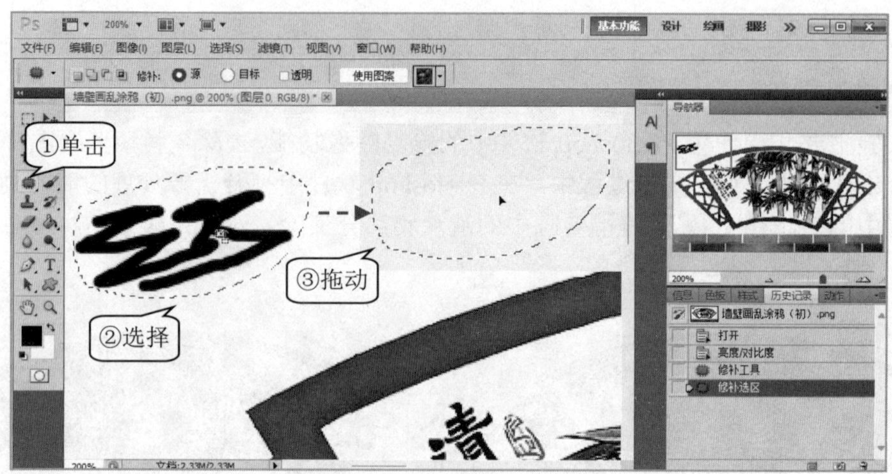

图3-63　消除干扰元素

实验3-7　裁剪校园美景图

实验目的

一般，拍摄的图像主旨不同，画面的取景范围和主体比例也会不同，如果想突出图像中的某个主体，我们可以通过图像处理软件进行适当的裁剪，仅保留主体部分，这样可让人们更清晰地看到重点内容。本实验的目的是利用 Photoshop 软件中的裁剪功能，裁剪掉图像中不需要的部分，掌握利用裁剪工具裁剪图像的方法。

裁剪校园美景图

实验条件

- 计算机中安装有 Photoshop 软件；
- 已掌握 Photoshop 软件的基本操作；
- 计算机中有拍摄完成的校园美景图片。

实验内容

本实验主要介绍使用 Photoshop 软件的裁剪功能，裁剪校园美景图片中不需要的部分，增加主体的画面比例，让图像主体更加突出。实验过程中需先在 Photoshop 软件中打开“校园美景图”，再使用工具栏中的“裁剪”工具，裁剪掉图片中的背景部分，以突出主体“杜鹃花”，效果如图 3-64 所示。

图3-64　校园美景图裁剪后的效果图

实验步骤

01 打开文件　运行 Photoshop 软件，打开图像素材文件“校园美景图(初).png”。

02 裁剪图像　按图 3-65 所示操作，单击“裁剪”工具，并拖动裁剪框，选择需要的裁剪区域后，按 Enter 键，完成裁剪。

图3-65　裁剪图像

使用裁剪工具裁剪图像时，可以输入裁剪宽度和高度的参数值，直接完成图像的裁切。

03 保存文件　以“校园美景图(终).png”为名，将文件保存到计算机中。

实验3-8　制作乌云压顶图片

实验目的

在多媒体作品制作过程中，有时需要让图像变得更明亮或更昏暗，使其产生特殊效果，以满足作品制作的需求。本实验的目的是利用 Photoshop 软件中的“调整亮度/对比度”功能，制作暴风雨来临前乌云压顶的情景，掌握调整图

制作乌云压顶图片

片亮度/对比度的方法。

实验条件

- 计算机中安装有 Photoshop 软件；
- 已掌握在 Photoshop 软件中打开文件的基本方法；
- 计算机中有拍摄完成的乡村风景图片。

实验内容

本实验主要介绍使用 Photoshop 软件“调整亮度/对比度”功能，对“乡村风景”图片的亮度和对比度进行调整，使其产生昏暗效果。实验过程中，在 Photoshop 软件中打开“乡村风景”图片，使用菜单栏中的“调整”命令，降低图像的整体亮度/对比度，呈现出乌云压顶的效果，如图 3-66 所示。

图3-66　乌云压顶图片效果图

实验步骤

01 打开文件　运行 Photoshop 软件，打开图片素材文件“乡村风景(初).png”。

02 调整亮度/对比度　按图 3-67 所示操作，执行“调整”→“亮度/对比度”命令，拖动滑块，将图片的亮度设置为“-90”，对比度设置为“-20”。

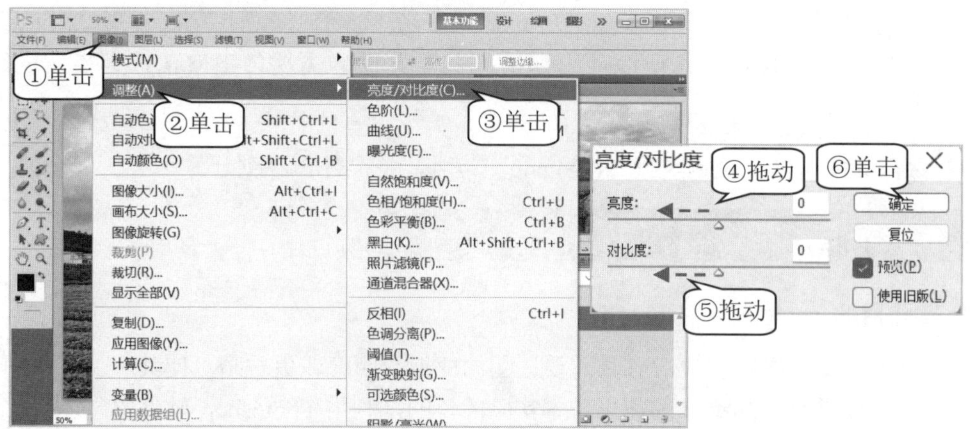

图3-67　调整亮度/对比度

Photoshop 中除了可以拖动滑块位置来调整图像的亮度/对比度，还可以通过手动输入参数值来完成图像亮度/对比度的调整。

03 保存文件 以“乌云压顶(终).png”为名，将文件保存到计算机中。

实验3-9 制作毕业留念照片

实验目的

在图像处理中，合成是一项非常重要的技术，通过将多个图像合并在一起，可以生成许多惊人的效果。使用 Photoshop 软件中的图像合成技术，通过图层操作、工具应用等，让图片更加精美，富有艺术感。本实验的目的是利用 Photoshop 软件，将三张图像融合为一张毕业留念照片，掌握合成图像的方法。

制作毕业留念照片

实验条件

- 计算机中安装有 Photoshop 软件；
- 已掌握 Photoshop 软件的基本操作；
- 素材文件夹包括毕业照、老鹰和草地背景图片。

实验内容

本实验主要介绍使用 Photoshop 软件将不同的元素合并在一起，制作出一个新的毕业留念照片。实验过程中，合成图像的主题应选择与毕业有关的图片素材，如学生、老鹰和草地等，然后通过使用图层、调整图层样式、添加文字等操作，将这些图片组合在一起，创造出完美的毕业留念照片，效果如图 3-68 所示。

图3-68 毕业留念照片效果图

实验步骤

01 打开文件 运行 Photoshop 软件，依次打开素材文件夹中的“草地背景.jpg”“毕业照.jpg”和“老鹰.jpg”图片。

02 使用魔棒工具 选择“毕业照”图像，按图 3-69 所示操作，选择“魔棒”工具，设置容差为“40”，选择图片背景区域。

图3-69 使用魔棒工具

在 Photoshop 软件中合成图像时，图像的质量和分辨率很重要，因此，需选择清晰度高且色彩鲜艳的图像，以确保合成后的效果更加逼真。

03 反选区域 执行“选择”→“反向”命令，选中学生主体区域。

04 复制图像 按图 3-70 所示操作，复制选区内的图像。

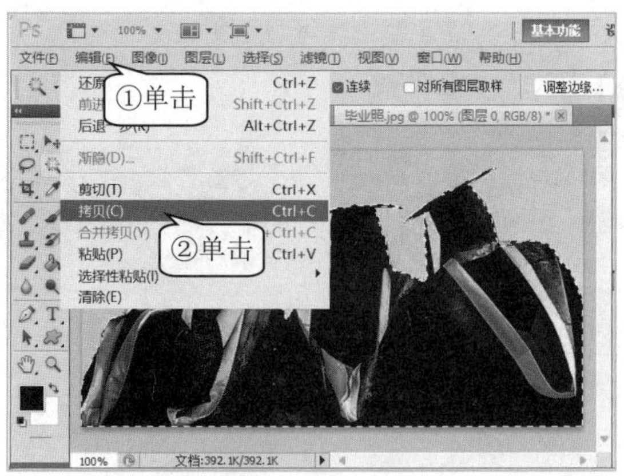

图3-70 复制图像

05 粘贴图像 关闭“毕业照”图像，返回“草地背景”图像窗口，执行“编辑”→“粘贴”命令，将复制的图像粘贴到当前图像中，移动至合适位置，并将图层重命名为“毕业生”。

06 抠取老鹰　选择"老鹰"图像，按照同样的方法，利用"魔棒"工具，抠取"老鹰"图像，粘贴到当前"草地背景"图像中，调整老鹰的大小和位置，并将图层重命名为"老鹰"，效果如图 3-71 所示。

图3-71　抠取老鹰

07 添加文字　按图 3-72 所示操作，输入文字"毕业快乐 鹏程万里"。

图3-72　添加文字

08 添加图层样式　按图 3-73 所示操作，设置图层样式为"渐变叠加"中的"橙黄橙渐变"。

09 保存文件　查看合成后的图像效果，并以"毕业留念照片.jpg"为名，将文件保存到计算机中。

图3-73　添加图层样式

实验3-10　制作太阳光晕效果

■ 实验目的

滤镜是图像处理中的重要工具之一，它可以有效地改善图像的色彩和对比度，从而获得更好的视觉效果。本实验的目的是利用 Photoshop 软件中的“滤镜”功能，为图片添加太阳光晕效果，掌握镜头光晕的制作方法。

制作太阳光晕效果

■ 实验条件

- 计算机中安装有 Photoshop 软件；
- 已掌握 Photoshop 软件的基本操作；
- 计算机中有图像素材“向日葵”图片。

■ 实验内容

本实验主要介绍使用 Photoshop 软件中的滤镜功能，制作太阳光晕效果，让图片变得更加生动、唯美。实验过程中，在 Photoshop 软件中打开“向日葵”图片，然后执行工具栏中的“滤镜”→“渲染”→“镜头光晕”命令，通过调整光晕大小和亮度等参数值，营造出阳光下唯美的向日葵景象，效果如图 3-74 所示。

图3-74　添加镜头光晕后的效果图

■实验步骤

01 打开文件 运行 Photoshop 软件，打开图像素材文件“向日葵(初).jpg”。

02 添加滤镜效果 按图 3-75 所示操作，为“向日葵”图像添加“镜头光晕”效果。

图3-75 添加滤镜效果

03 设置参数值 按图 3-76 所示操作，将镜头光晕的亮度设置为“145%”，镜头类型设置为“35 毫米聚焦”。

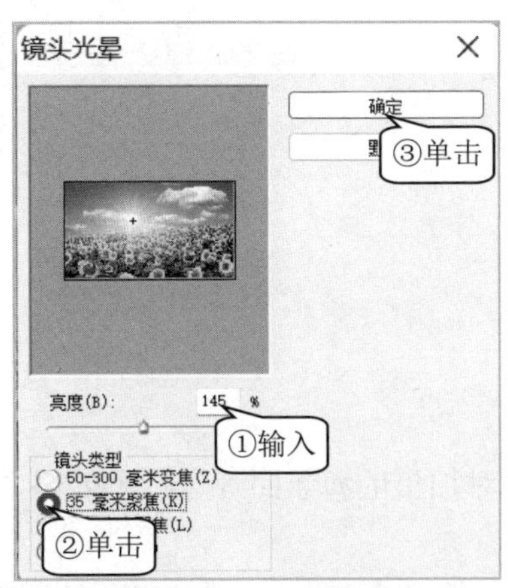

图3-76 设置参数值

通过适当调整光晕的亮度，可以使光晕效果更加明显或柔和，也可以使用模糊滤镜等工具来增强光晕的效果。

04 保存文件 执行“文件”→“存储为”命令，以“向日葵(终).jpg”为名，将文件保存到计算机中。

3.4 小结和练习

3.4.1 本章小结

本章介绍了多媒体技术所用到的图像数据基础知识和图像数据的获取与处理方法，具体包括以下主要内容。

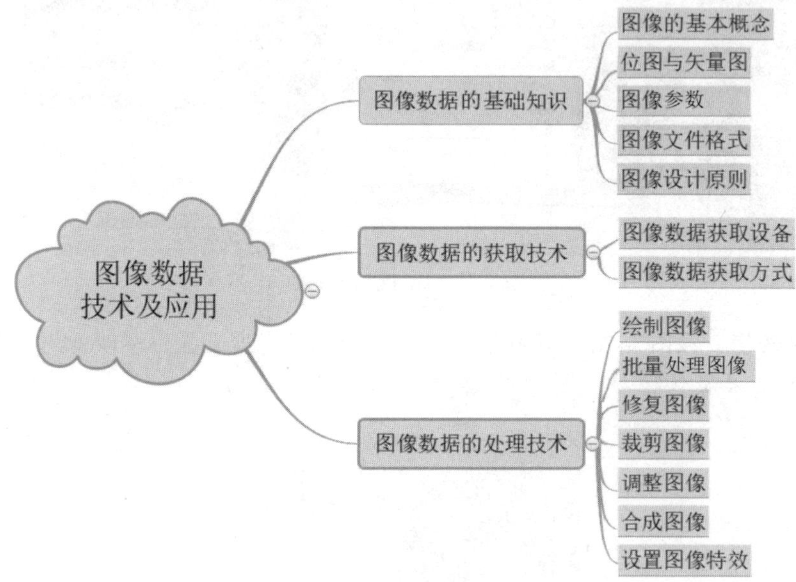

3.4.2 强化练习

一、选择题

1. 小王使用 Photoshop 软件对拍摄的海景照片进行了处理，如图 3-77 所示，他不可以使用的工具是(　　)。

图3-77　对海景照片的处理效果图

A. 仿制图章工具　B. 画笔工具　C. 修补工具　D. 修复画笔工具

2. 小王旅行时拍摄了照片，为了让照片更符合使用需求，使用Photoshop软件对照片进行了美化，效果如图3-78所示，他使用的工具是(　　)。

图3-78　照片美化效果图

A. 旋转　　B. 调整对比度　　C. 调整亮度　　D. 裁剪

3. 小周使用Photoshop软件中的“魔棒工具”对莲花图片进行了处理，如图3-79所示，执行“选择”→“反向”命令，并按Delete键后，删除的对象为(　　)。

图3-79　使用“魔棒工具”对莲花图片进行处理

A. 莲花对象　　B. 图片背景　　C. 文字对象　　D. 整张图片

4. 老张使用Photoshop软件对拍摄的动车图片进行了特效处理，如图3-80所示，他使用的命令是(　　)。

图3-80　动车图片特效效果图

A. 锐化→水波　　B. 纹理→纹理化　　C. 模糊→径向模糊　　D. 渲染→镜头光晕

5. 老李使用 Photoshop 软件对学校的综合实践活动照片进行了编辑，如图 3-81 所示，他进行的设置是(　　)。

图3-81　学校综合实践活动照片效果图

A. 投影　　B. 内发光　　C. 描边　　D. 外发光

二、填空题

1. 图像的数字化过程包括________、________和________三个过程。

2. 分辨率是影响图像质量的重要因素，与图像处理有关的分辨率有________、________、________和________。

3. 在图像设计中，避免过于复杂和烦琐的设计元素，保持简单明了和易于理解的设计风格，属于图像设计原则中的________原则。

4. 常见的图像数据获取设备主要有________、________、________、________和________。

5. 使用 Photoshop 软件的________技术，可以将多张图像修改为统一尺寸，从而节省时间，提高工作效率。

三、问答题

1. 什么是位图？什么是矢量图？两者之间有何异同点？

2. 为获得高质量的图像，选择图像时需要从哪些方面考虑？

3. 常见的图像文件格式有哪些？它们之间有哪些区别和联系？

4. 结合实际分析，说一说常见的图像数据处理技术有哪些？主要应用在哪些场合？

5. Photoshop 软件中有哪些滤镜效果？

第4章 音频数据技术及应用

■ 学习要点

声音在日常生活中无所不在，如歌曲音乐、人声语音和自然界中各种各样的声音等。声音不仅可以让人获得身心上的愉悦，更是人与人之间传递信息的一种重要方式。作为多媒体的重要组成要素，音频可以让多媒体作品更加生动出彩。在使用计算机对数字音频进行编辑处理时，需要经历“获取音频”和“加工处理”的过程，即先要通过技术手段获取音频信号，再利用音频编辑软件对音频数据进行加工处理，最终将其应用于多媒体作品的制作或信息的发布与传播中。

- 了解音频数据的基本概念。
- 了解音频的参数和指标。
- 认识常见音频数据的获取设备。
- 掌握获取音频数据的方式。
- 掌握音频剪辑应用的方法。
- 掌握声音特效处理的方法。

■ 核心概念

音频文件格式　　音频参数与指标　　音频获取方式　　音频处理技术

■ 本章重点

- 音频数据的基础知识
- 音频数据的获取技术
- 音频数据的处理技术

4.1 音频数据的基础知识

声音是由物体的振动所产生的，并通过一定的介质，如空气、颅骨等，进行传播的一种连续波。其中发出声音的物体被称为声源，声波所覆盖的范围称为声场。声源 1 秒内振动的次数叫频率，记作 f，单位是赫兹(Hz)。根据振动频率的大小，可以将声音分为低于 20Hz 的次声波和高于 20000Hz 的超声波，而人耳能够接收到的声音频率在 20～20000Hz 之间，人们将这个范围内的声音简称为“音频”。

4.1.1 音频的基本概念

声音包括响度、音调和音色三个要素，它们分别代表了声音的三种不同特征，具体描述如下。

1. 响度

响度又称音量，是指声音的强弱。它与声音振动的力度及传播的距离相关，声源振动的幅度越大，响度越大，声音传播的距离越远。响度的单位为 dB，即分贝。常见物体发出的声音响度如图 4-1 所示。

图4-1 常见物体发出的声音响度

2. 音调

人对声音频率高低的感知即为音调。如图 4-2 所示，同一响度的纯音，音调随频率的上升而上升，随频率的下降而下降。对于一定频率的纯音，2000Hz 以下的低频纯音的音调随响度的增加而下降，3000Hz 以上高频纯音的音调随响度增加而上升。

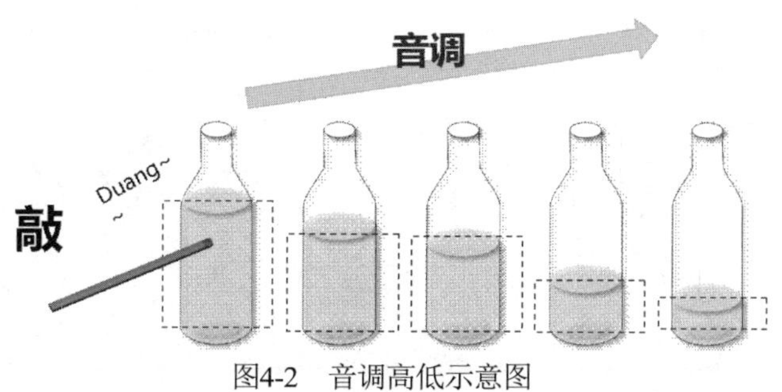

图4-2　音调高低示意图

3. 音色

声音的特色即为音色。例如，钢琴和小提琴的音色不同，人与人的音色也千差万别。不同的发声物体，由于材质和结构不同，发出的声音音色也就各不相同。如图 4-3 所示，通过观察不同乐器的声音波形图，可以更直观地发现不同声音的波形特点。

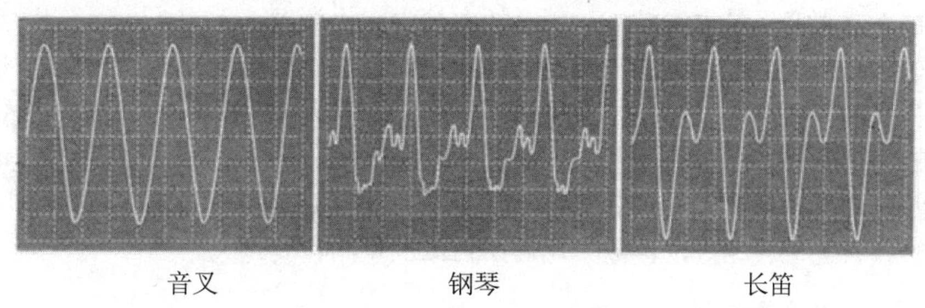

音叉　　钢琴　　长笛

图4-3　不同乐器的声音波形图

音色本质是由混入基音中的泛音决定的，声音除了一个基音，还叠加了许多不同频率的泛音，高频振动的泛音越丰富，音色就越饱满明亮，穿透性也就越强；反之，泛音越稀疏，音色也就越干涩尖锐。

4.1.2　音频的参数指标与格式

为了量化和描述数字音频信号的特性、质量和性能，人们制定了音频的参数、指标和格式规范，以进一步帮助用户合理选择需使用的数字音频文件，这在对音频的编辑、保存和分享过程中也具有重要的指导意义。

1. 衡量音频质量的参数

在模拟音频信号转换为数字音频信号的过程中，音频的质量会受到如音频采集设备的质量、环境的嘈杂程度、操作者的技能和经验的影响。为了更准确地描述音频质量，人们使用采样频率、量化位数和声道数来描述一段音频的效果。

- 采样频率。如图4-4所示，在模拟音频转换为数字音频时，每隔一段时间需要对声波的振幅进行一次记录，即为采样。每秒钟内采样的次数称为采样频率，用赫兹(Hz)来表示。采样频率越高，声音的质量也就越好，但是所占的内存也比较多。由于人耳的分辨率有限，所以并不能分辨出太高的采样频率的优劣。因此，常见的采样频率一般有22kHz、44.1kHz、48kHz和96kHz等几种。

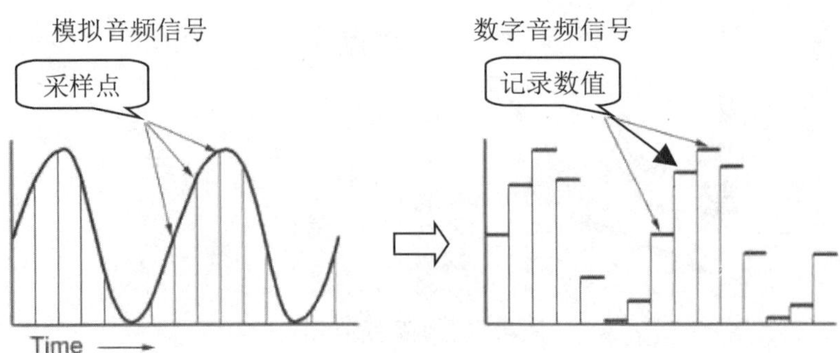

图4-4　采样过程

- 量化位数。量化位数是指用来描述每个采样点样值的二进制位数，用“位深度”来表示量化时使用的二进制位数，也称为量化精度。常见的量化位数有8位和16位，样本量化位数越多，声音还原的质量也就越高，所需要的存储空间也就越大；反之，量化位数越小，声音质量也就越低，所需的存储空间也就越小。
- 声道数。声道数是指记录声音波形的通道数，当声道数为1时，即为单声道，只有1路声音波形；当声道数为2时，即为双声道，每次生成两路声波数据，在播放时分别在独立的左声道和右声道中输出，从而获得更为立体的听觉效果；当声道数为4时，需要记录四路波形声音，即为环绕立体声，播放时会有更好的空间感。因此，声道数越多，音质和音色也就越好，但数字化后所占用的空间也就越大。

2. 评价声音质量的指标

多媒体系统经过加工处理后的声音信号的保真度，与加工处理过程中的频带宽度、声音信号的动态范围及信噪比密切相关。

- 频带宽度。频带宽度简称为“带宽”，是传送模拟信号时的信号最高频率与最低频率之差，单位为赫兹。通常根据频率范围可以将带宽分为4个等级，由高到低分别是CD-DA(激光数字唱片)、FM(调频广播)、AM(调幅广播)和电话，如图4-5所示。声音频率的范围越宽声音表现力就越好，信号层次就越丰富。

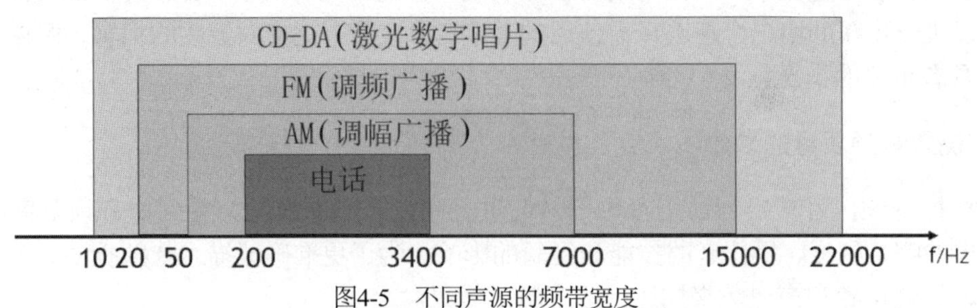

图4-5　不同声源的频带宽度

- 动态范围。动态范围是指音响系统重放时最大不失真输出功率与静态时系统噪声输出功率之比的对数值，单位为分贝(dB)，一般性能较好的音响系统的动态范围在100(dB)以上。在数字音频中，CD-DA的动态范围约为100dB，FM广播的动态范围约为60dB，数字电话的动态范围约为50dB，AM广播的动态范围约为40dB。

- 信噪比。信噪比是指音响设备播放时，正常声音信号强度与噪声信号强度的比值。信噪比通常以S/N表示，其中S表示有用信号的平均功率，N表示噪声的平均功率，信噪比值越大，声音质量越好。

3. 常见的数字音频格式

模拟音频进行数字化处理后，会以不同的格式存储在计算机中。格式是指数码信息的组织编排方式，不同的编码方式会产生不同格式的文件，常见的音频格式包括 MP3、WMA、WAV、MIDI 和 M4A 等。

- MP3格式。利用MP3(MPEG audio layer 3)的技术，可以将音乐以1∶10甚至1∶12的压缩率压缩为较小的文件，并能很好地保持原来的音质。MP3格式的文件可以在所有操作系统、音频播放器和多媒体设备上播放，应用广泛。这使得MP3成为在线音乐和音频传输的标准之一。
- WMA格式。它是由微软开发的音频文件格式，旨在提供高质量的音频压缩，并在Windows操作系统上广泛使用。WMA采用有损压缩算法，与MP3相似，通过去除原始音频信号的某些部分来缩减文件，但同时也带来了一定程度的音频质量损失。通常WMA文件较小，适用于在线流媒体和数字音频传输。
- WAV格式。WAV是一种常见的无损音频文件格式，它由微软和IBM共同开发。WAV文件以线性脉冲编码(PCM)格式存储音频数据，这种方式保持了音频样本原始的、未经压缩的形态，从而能够保持高质量的音频。WAV文件支持多通道音频，如立体声、5.1声道环绕声等，广泛应用于音频制作和电影制作中。
- MIDI格式。MIDI原指“数字化乐器接口”，是一个供不同设备进行信号传输的接口的名称。由于早期的电子合成技术规范不统一，直到MIDI 1.0技术规范的出现，电子乐器才都采用了这个统一的规范来传达MIDI信息，形成了合成音乐演奏系统。其优势在于MIDI文件可以包含多个音轨，每个音轨可以控制不同的乐器或声音。这使得MIDI非常适合多声部的音乐。
- M4A格式。M4A格式最初是由苹果公司开发的，并且在iTunes中广泛使用，其通常用于存储音乐、音效和语音录音。M4A文件通常使用AAC编码(有时也使用ALAC，即无损编码)，这是一种高效的有损音频压缩算法。AAC编码提供了相对较小的文件大小，同时保持较高的音频质量，因此M4A文件通常具有出色的音质。

4.2 音频数据的获取技术

计算机只能处理由 0 和 1 构成的二进制数据，因此，在声音被计算机编辑处理前，需要将其由模拟信号转变为数字信号，即利用数值来表示声波信息。使用计算机获取数字音频的方法通常有三种：第一种是借助录音设备采集获取声音；第二种是借助网络下载获取声音；第三种是从激光唱片或视频中提取声音等。

4.2.1　获取音频的硬件设备

音频的数字化实际就是通过采样和量化，对模拟信号进行编码，将其转化为由 0 和 1 组成的二进制数据文件。在此过程中，需要借助一定的硬件设备将声音先从波信号转换为模拟电信号，再由模拟电信号转为数字信号。

1. 麦克风

麦克风是一种声音传感器，它能够将声波转换为电信号。声波是由空气中的振动产生的压力波，当声波到达麦克风时，会导致麦克风内部的感知元件发生振动，这种振动可引起电路中电流的变化，继而将这种变化转化为电信号输出给下一级处理设备。

2. 声卡

声卡又称声音适配器，是计算机系统中的一个重要组件，用于处理和转换声音信号。它可以接收来自麦克风或其他音频源的模拟信号，并转换为数字信号，以便计算机处理和存储。此外，声卡也可以将数字信号再次转化为模拟电信号，并从其接口输出到其他声音还原设备上，如音响、耳机等，将声音播放出来。

3. 接口

不同型号和品牌的声卡提供了不同的音频接口，主要用于连接各种音频源(如麦克风和乐器)与计算机或录音设备。接口通常具有多个输入通道和输出通道，以便进行多声道录制和播放。常见的声卡接口功能如表 4-1 所示。

表4-1　常见的声卡接口功能

声卡接口类型	接口名称	功能简介
输入端口	Line In	线性输入端口允许用户将外部音频设备(如扬声器、有线电话等)连接到计算机的声卡上。用户可以通过该端口将外部音频信号传输到计算机进行处理和播放
	Mic In	麦克风输入端口允许用户将麦克风连接到计算机的声卡上，以便录制和捕捉声音。用户可以在该端口上使用麦克风进行语音通话、录音或语音识别等操作
	CD-ROM	CD-ROM 接口可以用于存储和播放音频、视频等多媒体，当计算机播放 CD 中的音乐时，可以通过此接口将信号传输至声卡中
输出端口	Line Out	线性输出端口允许用户将计算机内部的音频信号发送到外部音频设备，如扬声器、耳机等。用户可以通过该端口与外部音频设备进行交互，实现音频的输出和播放
	Speaker Out	用来输出经放大芯片放大的模拟音频信号，可直连耳机等功率较小的播放设备
	MIDI	MIDI 接口在音乐制作和演奏中扮演着至关重要的角色。通过 MIDI 接口，可以在各种乐器、合成器、计算机软件等设备之间进行通信和数据交换

4.2.2 获取音频的方式方法

随着信息科技的不断发展，多媒体在各行各业中的应用已屡见不鲜。一个引人入胜的多媒体作品，除了需要有清晰的图像画面、酷炫的动画效果，还要有恰如其分的背景音乐和旁白声音，以增强其感染力。随着技术的不断发展，获取优秀的音频素材方法也越来越简单，以下是常用和常见的获取音频的方式和方法。

1. 购买专业音效光盘

音效光盘或歌曲光盘又称激光唱片，它利用激光束扫描，并通过光电转换技术，精准重现语言和音乐。激光唱片具有动态范围大、重放噪声低、信号清晰及层次鲜明等显著优点。

2. 从音乐网站上下载音频素材

随着网络的不断发展，可以获取各种音频素材的网站不断涌现。这些网站不仅提供优美的背景音乐，还涵盖了丰富的音效素材，为多媒体作品的制作带来了极大的便利。常用的音频素材获取网站如表 4-2 所示。

表4-2 常用的音频素材获取网站

网站	网址	素材类型
熊猫办公	https://www.tukuppt.com/	背景音乐、特色音效
音效网	https://www.yisell.com/	背景音乐、特色音效
声音网	http://www.shengyin.com/	录音配音、背景音乐、特色音效
Free Music Archive	https://freemusicarchive.org/search	背景音乐

3. 利用录音设备录制音频素材

现在可用于录音的设备有很多，如手机、平板电脑、PC 等都带有录制音频的应用软件，只要在这些设备上插上麦克风等拾音设备，就能快速便捷地将声音采集到设备中。

4. 从音乐播放器上下载音频素材

音乐播放器已经成为大众倾听音乐的一种重要工具。海量的音乐素材不仅可以让听众获得身心上的愉悦，还可以用于多媒体作品的加工制作。

5. 从视频素材中提取音频

有些视频中的声音也可以作为多媒体作品制作的素材，利用视频编辑软件将原视频中的声音和画面进行分离后，再将声音作为单独的文件进行保存即可。

6. 利用音乐合成软件合成音频

电子合成音乐是通过电子设备创造出来的音乐，例如，借助音乐合成软件 Audition、库乐队等，可以快速便捷地创作合成高质量的音频素材。这些音乐是通过电子技术，利用合成器、效果器、计算机音乐软件等“乐器”所产生的电子声响，并按照一定规律合成的音乐作品。

4.3 音频数据的处理技术

通常，获取的音频需要进行编辑处理后，才能与多媒体作品的内容相得益彰。音频的编辑处理需要借助特定的软件工具，目前常用于音频编辑的软件有 Gold Wave、Adobe Audition、Audacity 和 FL Studio 等。

4.3.1 剪辑音频

剪辑音频就是对声音素材进行剪切、插入与合并的过程。这是音频处理中最常用的技术手段。通过剪辑音频，我们可以剔除原始素材中不理想或冗余的内容，也可以将多个声音片段组合起来，形成一个更加丰富的作品。

1. 剪切

剪切就是将一段音频素材剪裁拆分为多段素材。剪切时需要反复听取音频拆分处的内容，以免剪切后出现“剪”多了或“剪”少了的情况。图 4-6 所示是将一段音频素材剪切为两部分的效果，剪切后两段素材都能独立编辑。

图4-6　剪切音频

2. 插入

插入就是在一段音频素材中加入其他素材。如图 4-7 所示，在插入新的音频素材之前，需要先对插入点附近的音频进行剪切，然后将原素材中后续播放的内容拖动到轨道后方，为需要插入的素材提供足够的时长区域。插入音频后需要再次听取插入点前后的内容，然后进行调整，以避免两段音频衔接不流畅。

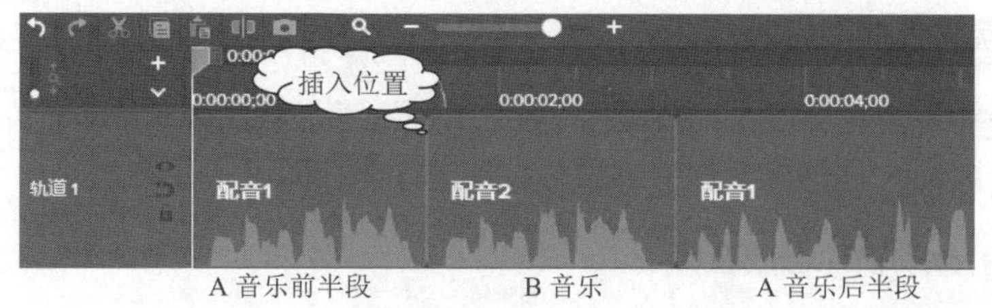

图4-7　插入音频

3. 合并

合并就是将两段以上的音频素材首尾相接，形成一段完整的新音频。在合并音频时需要注意音频片段的音量，并根据需要进行音量调整。不同音频片段的音量可能不同，因此，合并的音频片段具有不同的声道设置(如立体声、多声道等)，需要确保它们在混合时保持平衡。

4.3.2 声音降噪

在录制音频的过程中，可能会有环境杂音、电磁干扰、录音设备本身的噪声或其他来源引入的噪声干扰。为了保证音频的质量和清晰度，我们可以使用信号处理技术，对音频信号中的噪声和干扰进行减少或消除。目前，对于声音降噪的方法有以下几种。

1. 统计降噪

这种方法使用统计模型和信号处理算法，通过分析信号的统计特性来推断噪声成分，并对其进行降低或消除。常见的统计降噪方法包括谱减法(spectrum subtraction)和最小均方等。

2. 自适应滤波

自适应滤波根据输入信号的特性自适应地估计和调整滤波器的系数，以最大限度地减少噪声的影响。自适应滤波方法包括自适应噪声抑制技术(adaptive noise cancelling)和自适应线性预测(adaptive linear prediction)等。

3. 频域处理

频域处理方法将音频信号转换到频域，通过对频域表示进行操作来实现降噪效果。常见的频域处理方法包括快速傅里叶变换(fast fourier transform，FFT)和小波变换(wavelet transform，WT)等。

4. 深度学习降噪

近年来，深度学习技术在音频降噪领域取得了显著进展。利用神经网络模型，通过训练大量音频样本数据，可以学习和提取噪声特征，并对输入信号进行降噪处理。

4.3.3 增强人声

由于某些音频在前期录制或编辑的过程中存在背景声音大于人声的问题，导致听众难以听清人声的具体内容。因此，我们需要借助技术手段来提高音频中的人声音量。常用的方法有以下几种。

1. 混音器平衡调整

使用混音器可以控制不同音频源的音量平衡。通过适当调整人声信号与其他音频源(如背景音乐)之间的相对音量，可以使人声更为突出和清晰。

2. 均衡器调整

通过使用均衡器，可以增强或抑制音频信号中特定频率范围的能量。通过调整均衡器的设置，我们可以增加人声所在频段的能量，使其在混音中更加突出。

3. 频谱修复和降噪

通过使用降噪技术和频谱修复算法，可以减少或消除背景噪声，使人声更突出。这些技术可以识别和抑制不需要的噪声成分，并保留主要的人声信号。

4. 混响处理

适度地添加混响效果可以增强人声的饱满感和存在感。通过调整混响参数，可以改善人声的空间感，使其在音频中更为突出。

虽然音频处理的技术手段一直在突飞猛进，但是在噪声消除和增强人声的过程中，仍然可能因为背景声过于强烈、混音和重叠声音特别复杂、音频质量和录制条件较差等原因导致处理的结果不尽如人意，因此在录制音频和第一次编辑音频时就需要尽可能保证音频的质量，从而减少后期处理的难度。

本章实验

实验4-1 录制毕业祝福

■ 实验目的

录制毕业祝福

转眼间，大学生活已接近尾声。在这充满感慨的毕业季节，我们可以通过录制毕业祝福音频，将最真挚的期盼和美好的祝福传递给自己的同窗。本实验的目的是了解音频获取方式，掌握利用计算机录制音频的方法。

■ 实验条件

- 麦克风、耳机、音箱；
- 多媒体计算机；
- 计算机中安装有录音软件 Audition。

■ 实验内容

本实验是通过使用 Audition 软件录制一段美好的毕业祝福。实验过程中，需要将提前准备好的麦克风、耳机、音箱等设备与计算机正确连接，同时为了保证音频录制的质量，应尽可能选择一个安静的密闭空间作为录音场所。

■ 实验步骤

01 选择录制场所 为了保证音频录制效果，选择一个相对密闭安静的空间作为录制的场所，如无人的办公室、家中的书房等。

02 关闭无用软件 将计算机中与录制音频无关的软件关闭，如QQ、微信等聊天软件，以免消息弹窗和提示声音影响到音频的录制。

03 测试麦克风 将麦克风连接到计算机，右击桌面右下角的🔊图标，执行“打开声音设置”命令，按图 4-8 所示操作，以正常说话音量进行测试。

图4-8　测试麦克风

此处音量波动色块若在 1 至 4 格之间波动，则效果较好，否则进入步骤 04，对麦克风属性进行设置。

04 设置麦克风属性　若麦克风测试的效果不佳，可按图 4-9 所示操作，进行设置。设置完后继续进行测试，满意后，单击“确定”按钮，关闭对话框。

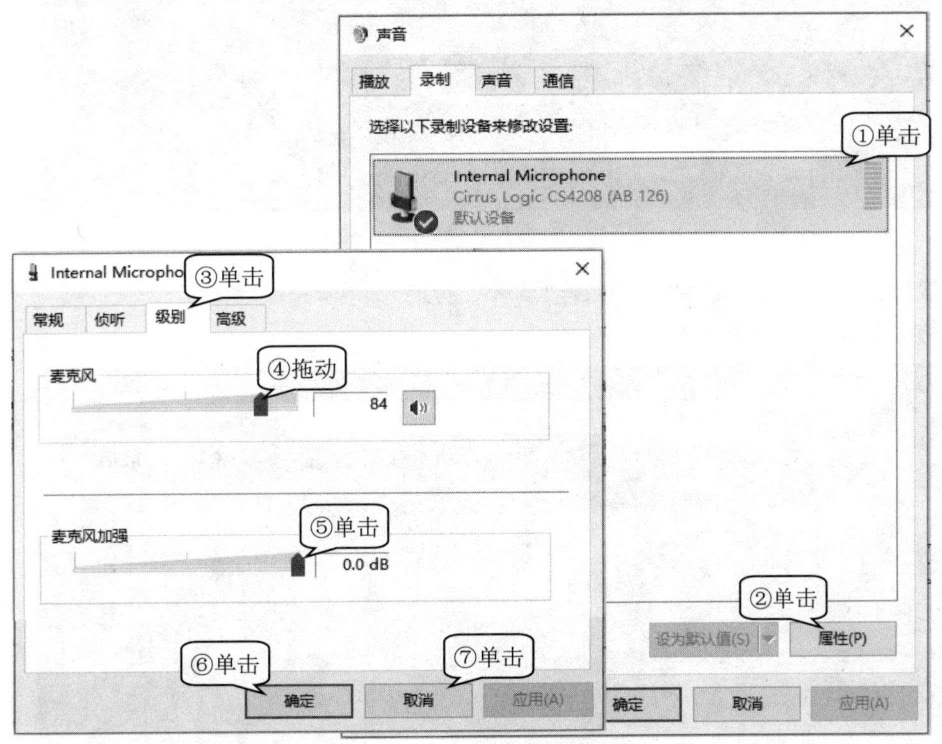

图4-9　设置麦克风属性

05 运行软件开启录音 打开安装好的Adobe Audition软件，并按图4-10所示操作，开启音频录制功能。

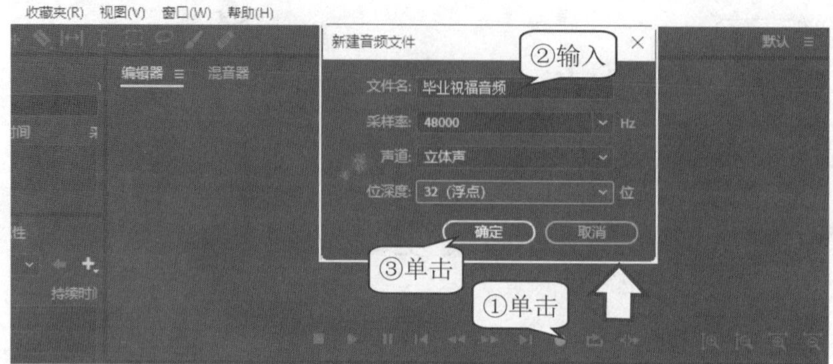

图4-10 运行软件开启录音

06 完成录音测试并播放 在录制完毕业祝福音频后，按图4-11所示操作，结束音频录制，并对录好的音频进行播放，试听录音效果。

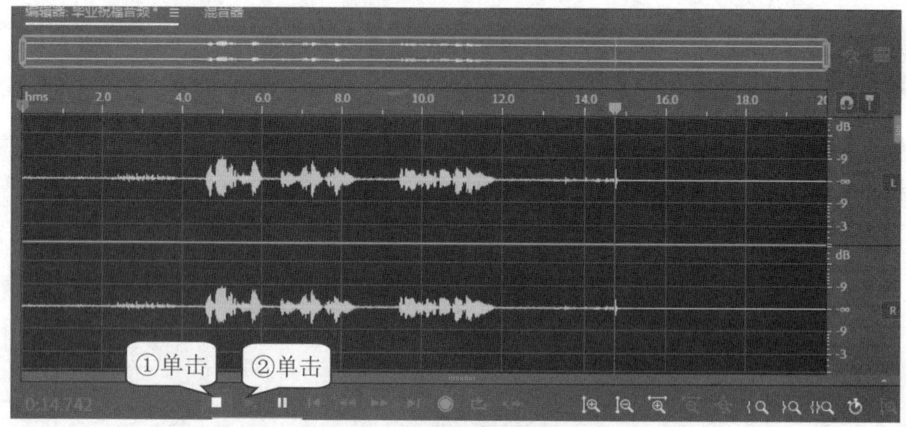

图4-11 关闭录制音频并测试播放

07 保存音频 执行“文件”→“保存”命令，按图4-12所示操作，以“毕业祝福音频.wav”为文件名，保存音频素材。

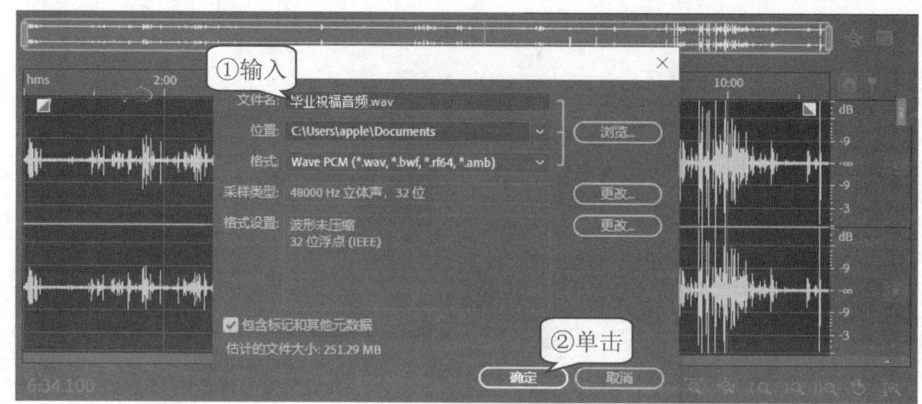

图4-12 保存音频

实验4-2　制作手机铃声

实验目的

个性动听的铃声可以让我们在使用手机的过程获得更好的使用体验，很多优秀视频的背景音乐都可以用于手机铃声。本实验的目的是掌握如何将视频中的音乐与画面进行分离，掌握利用计算机提取音乐的方法。

制作手机铃声

实验条件

- 耳机或音箱；
- 多媒体计算机；
- QQ 影音播放器、手机管理软件。

实验内容

本实验是通过使用 QQ 影音播放器将画面与音乐分离，最终得到音频文件。实验过程中，需提前准备好要分离音乐的视频素材，并将音箱等设备与计算机正确连接。

实验步骤

01 打开视频文件　双击打开 QQ 影音播放器，按图 4-13 所示操作，打开“灯火里的中国.mp4”视频。

图4-13　打开视频文件

02 转码压缩　按图 4-14 所示操作，打开“转码压缩”工具。

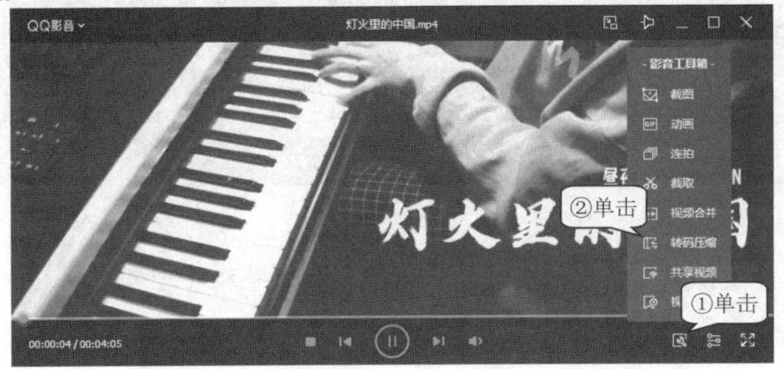

图4-14　打开转码压缩工具

03 获取纯音频 将"格式"设置为"纯音频"，按图 4-15 所示操作，将音频的"码率"设置为"192Kbps"，以保证得到的音频清晰悦耳，单击"开始"按钮，进行转码。

图4-15 获取纯音频

04 播放音频试听效果 等待转码结束后，打开"灯火里的中国.mp3"音频，按图 4-16 所示操作，试听声音效果。

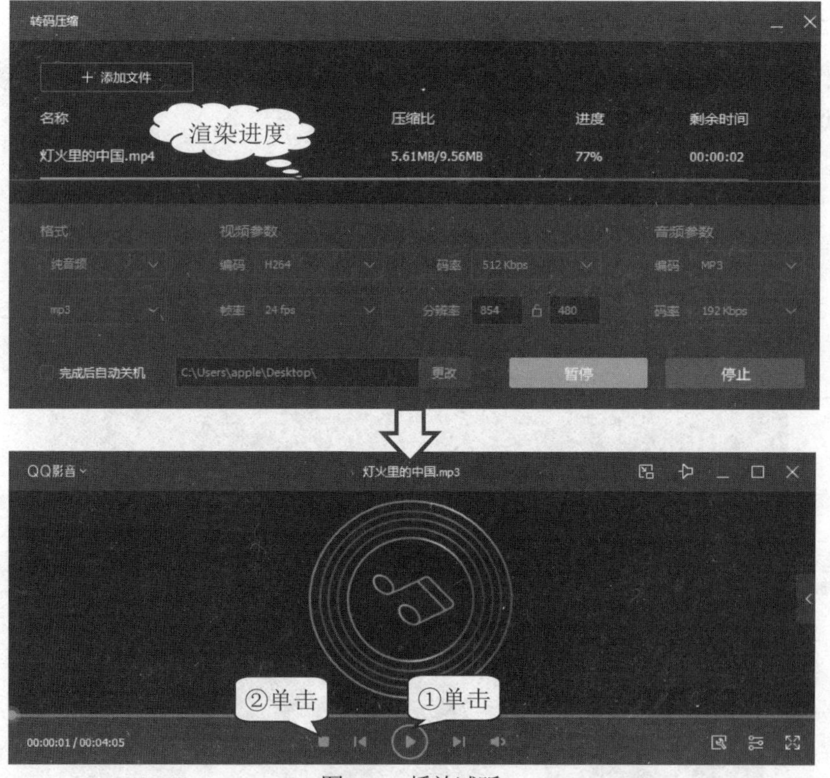

图4-16 播放试听

05 导入手机设置铃声 将手机与计算机连接，利用手机管理软件导入制作好的音频，并将其设置为手机的铃声。

实验4-3　高效趣配音

实验目的

随着语音合成技术的不断发展，越来越多的配音软件纷纷涌现，只需将配音文字输入软件中，就能根据需要快速获得不同声色的音频素材。本实验的目的是了解语音合成技术，掌握利用配音软件高效制作趣味配音音频的方法。

高效趣配音

实验条件

- 麦克风、耳机、音箱；
- 多媒体计算机；
- TTSMaker 配音软件。

实验内容

本实验是通过使用 TTSMaker 软件制作一段关于介绍黄山的音频。实验过程中，需要提前准备好关于介绍黄山的文字稿，并将麦克风、耳机、音箱等设备与计算机正确连接。

实验步骤

01 选择文本语言　打开 TTSMaker 软件，按图 4-17 所示操作，选择需要转换文本内容的语言种类。例如，若转换文本为中文，则选择“中文-Chinese 简体和繁体”。

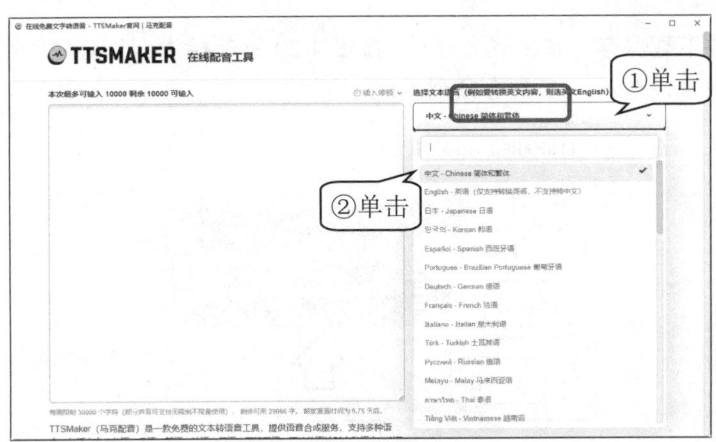

图4-17　选择文本语言

02 输入文本　按图 4-18 所示操作，将“黄山美景”文本内容粘贴到 TTSMaker 的文本框中，并在需要停顿的位置插入停顿等待的时间。

03 选择音色开始转换　TTSMaker 内置了多种不同音色的语音包，按图 4-19 所示操作，选择适合的音色，并对生成的音频进行参数设置后，便可将文字转化为声音文件。

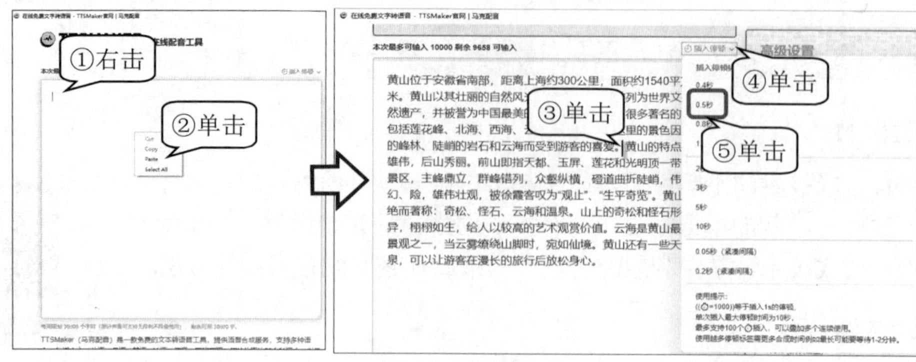

图4-18　输入文本

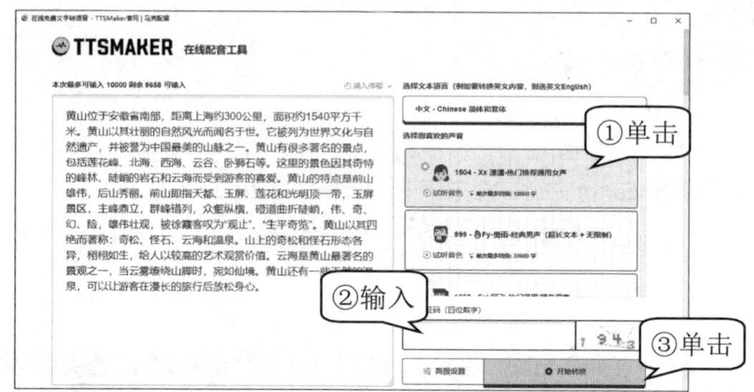

图4-19　选择音色开始转换

04 播放试听并下载保存　在下载文件前，按图 4-20 所示操作，播放试听生成的音频文件，确定音频效果满意后，下载音频到本地。

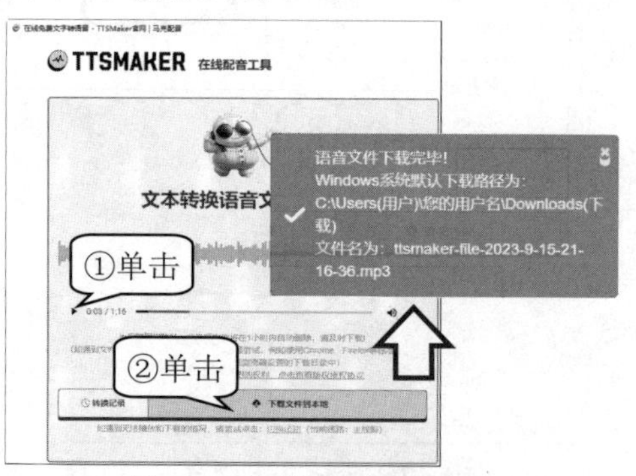

图4-20　播放试听并下载保存

实验4-4　调音师入门

■ 实验目的

调音师又称为音频工程师，是负责录音、混音、音频处理和声音设计等工作的专业人员。本实验的目的是通过对三段对立的音频进行简单的编辑处理，掌握利用音频编辑软件进行音频剪切、插入与合并的方法。

调音师入门

实验条件

➢ 耳机、音箱；
➢ 多媒体计算机；
➢ 音频编辑软件 Audition。

实验内容

本实验是通过使用音频编辑软件 Audition 对“物联网的概念.m4a”“物联网的结构.m4a”和“物联网的应用.m4a”三段音频文件进行编辑组合处理。实验过程中，需要提前准备好这三段音频素材文件，将耳机、音箱等设备与计算机正确连接。

实验步骤

01 新建项目　打开 Audition 软件，执行“文件”→“新建”→“多轨合成项目”命令，按图 4-21 所示操作，新建多轨合成项目。

图4-21　新建多轨合成项目

02 导入声音素材　在新建的多轨合成项目文件中，按图 4-22 所示操作，批量导入准备好的三段声音素材。

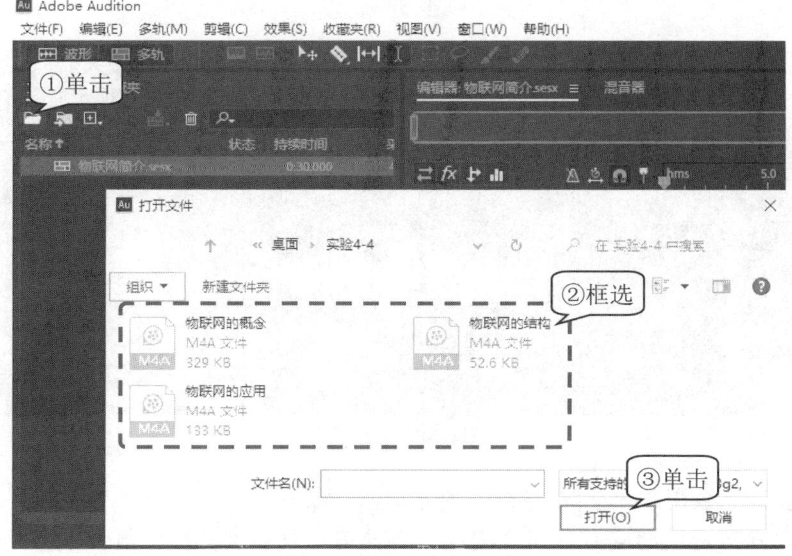

图4-22　导入声音素材

03 添加第一段声音素材 在新建的多轨合成项目轨道上，按图 4-23 所示操作，将第一段“物联网的概念.m4a”音频拖入轨道。

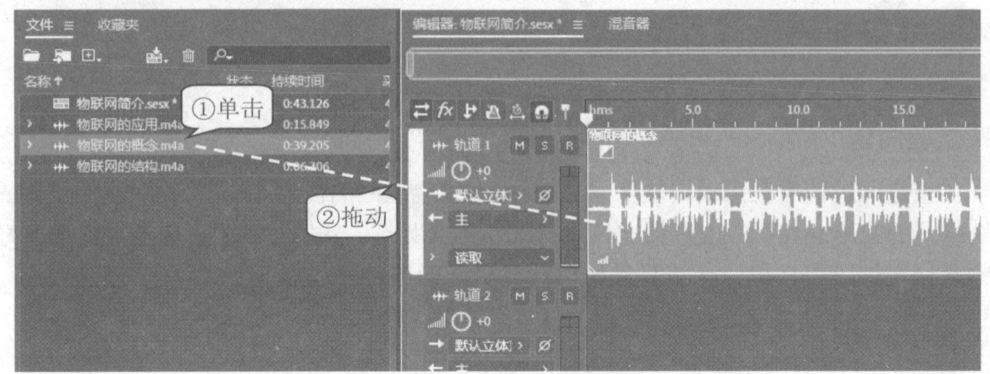

图4-23 添加声音素材

04 剪切音频 通过播放试听，确定剪切音频的时间点，按图 4-24 所示操作，在 0:15.02 时间点处使用“剃刀工具”将第一段“物联网的概念.m4a”进行剪切，再使用“移动工具”将剪切完的后半段音频向轨道后方移动。

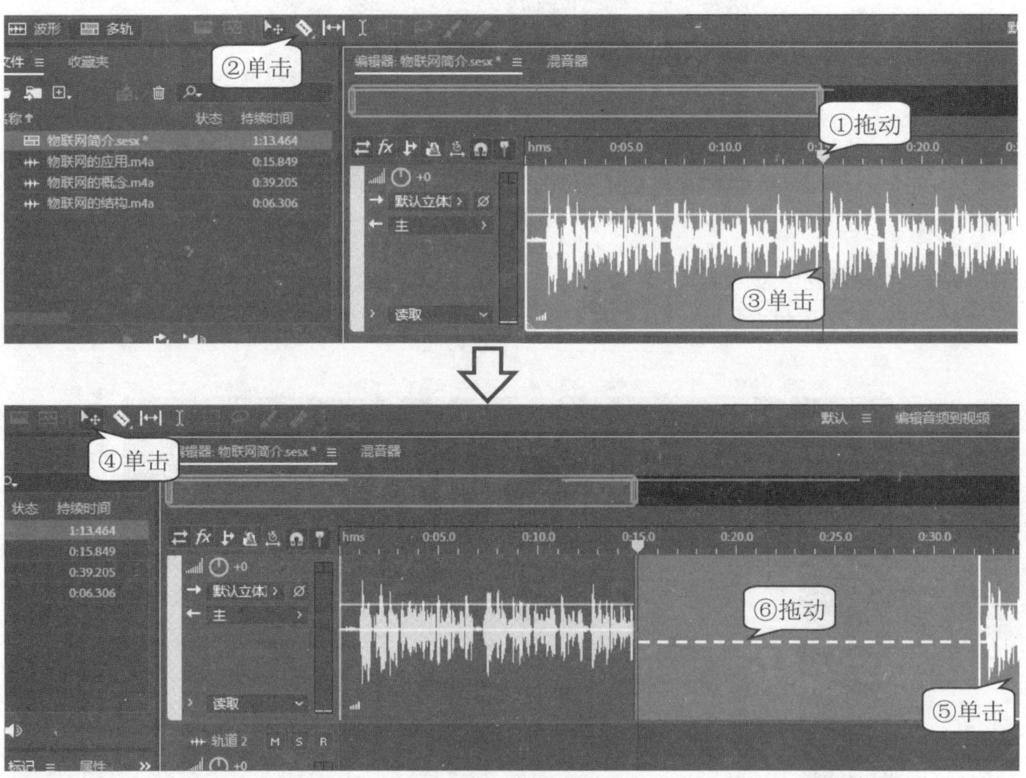

图4-24 剪切音频

05 插入音频 按图 4-25 所示操作，将第二段“物联网的结构.m4a”插入第一段音频素材剪切移动后形成的空白时间区间内，再使用“移动工具”将第一段音频的后半部分向前移动至第二段音频结尾处，保证中间再无空白区间。

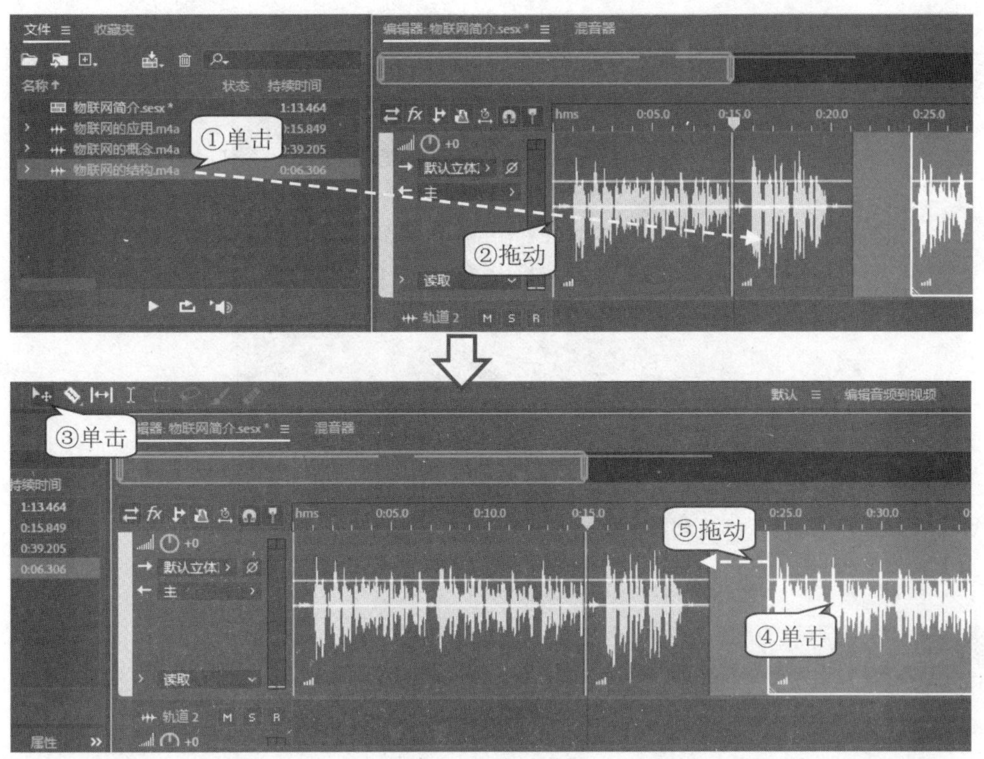

图4-25 插入音频

06 合并音频 通过移动时间滑块至当前音频结尾处新建的多轨合成项目轨道上，按图 4-26 所示操作，将第三段“物联网的应用.m4a”合并至结尾处，并通过“边缘控制”工具，将多余内容剔除。

图4-26 合并音频素材

07 播放测试导出项目 通过播放控制按钮试听编辑好的多轨合成音频，确认合适后，执行“文件”→“导出”→“多轨混音”→“整个会话”命令，按图 4-27 所示操作，将项目导出为.mp3 格式的音频文件。

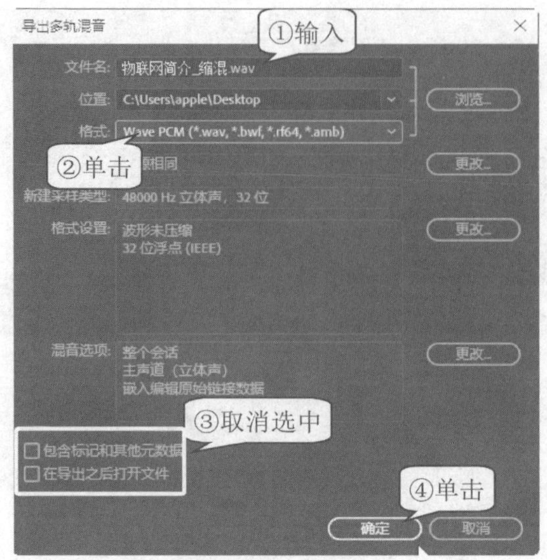

图4-27　导出项目

实验4–5　为合唱歌曲降噪

实验目的

校园里的录音设备可能比较简陋，因此，在录制合成歌曲时，不可避免地会混入一些走廊上学生们走动的声音。本实验的目的是通过对一段合唱歌曲音频进行简单的降噪处理，掌握利用音频编辑软件进行音频降噪的方法。

为合唱歌曲降噪

实验条件

- 耳机、音箱；
- 多媒体计算机；
- 音频编辑软件 Audition。

实验内容

本实验是通过使用音频编辑软件 Audition 对“唱支山歌给党听.m4a”合唱音频文件进行降噪处理。实验过程中，需提前准备好要降噪的音频素材文件，并将耳机、音箱等设备与计算机正确连接。

实验步骤

01 打开音频　打开 Audition 软件，执行“文件”→“打开”命令，打开“唱支山歌给党听.m4a”文件。

02 噪声采样　先试听噪声段落，在确定只是噪声的情况下进行噪声采样，按图 4-28 所示操作，采集噪声样本。

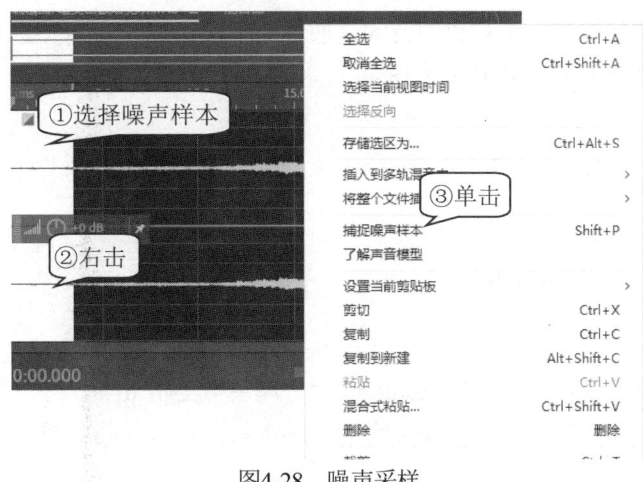

图4-28　噪声采样

降噪前先要对噪声样本进行采样，采样的效果直接影响后续的处理效果。在声音录制时，应先进行一小段空白录音，这样在后期处理中就可以有效地进行噪声采样了。

03 降噪处理　噪声采样结束后，选取整个声音文件，执行“效果”→“降噪/修复”→“降噪”命令，按图 4-29 所示操作，对整个声音素材进行降噪处理。

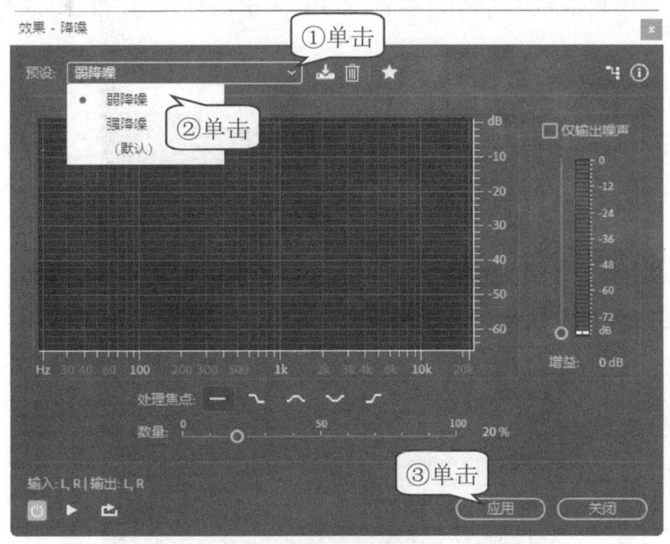

图4-29　降噪处理

04 导出文件　降噪完成后试听处理好的合唱音频，确认合适后，执行“文件”→“导出”→“文件”命令，将处理好的声音文件保存到本地计算机中。

实验4–6　润色旁白解说音频

■ 实验目的

当我们为微课配置旁白解说时，男士可能会觉得自己的声音不够浑厚磁性，女士可能会认为自己的声音不够清澈明亮。本实验的目的是通过对一段旁白解说音频进行润色加工处理，掌握利用音频编辑软件进行声音优化的方法。

润色旁白解说音频

实验条件

- 耳机、音箱；
- 多媒体计算机；
- 音频编辑软件 Audition。

实验内容

本实验是通过使用音频编辑软件 Audition 对“风雪似无情.m4a”旁白解说音频文件进行润色处理。实验过程中，需提前准备好要降噪的音频素材文件，并将耳机、音箱等设备与计算机正确连接。

实验步骤

01 打开音频 打开 Audition 软件，执行“文件”→“打开”命令，打开“风雪似无情.m4a”旁白音频文件。

02 设置混响 混响可以丰富音频的质感，使音频听起来更加自然和立体。执行“效果”→“混响”→“室内混响”命令，按图 4-30 所示操作，为“风雪似无情.m4a”音频设置混响效果。

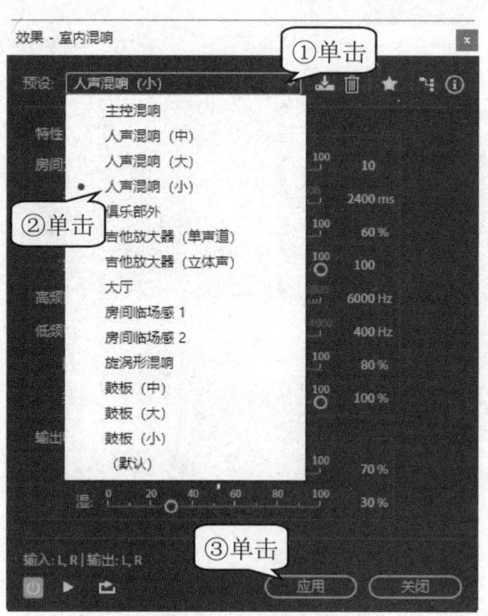

图4-30 设置混响

03 设置自适应降噪 Audition 软件中内置了许多智能分析算法，可对音频素材进行整体分析后，进行智能化的处理。执行“效果”→“降噪/恢复”→“自适应降噪”命令，按图 4-31 所示操作，降低音频中的噪声。

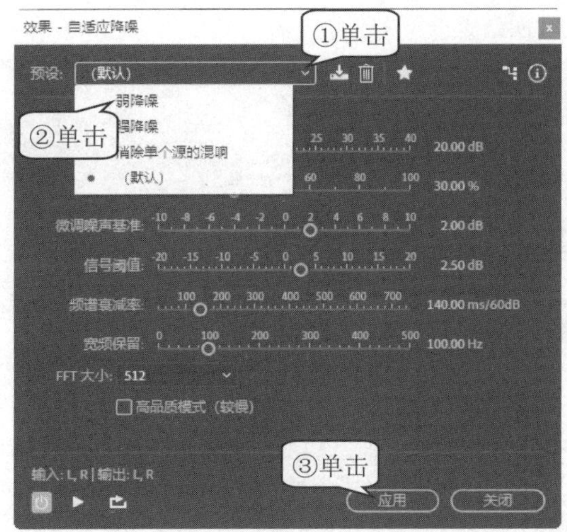

图4-31　设置自适应降噪

04 导出文件　降噪完成后试听处理好的合唱音频，确认合适后，执行“文件”→“导出”→“文件”命令，将已经处理好的声音文件保存到本地计算机中。

实验4–7　制作配乐诗朗诵

■ 实验目的

制作配乐诗朗诵

为了进一步增强诗朗诵的感染力，我们通常会为其选择一首风格相宜的音频作为背景音乐。本实验的目的是通过对诗歌朗诵音频进行配乐加工处理，掌握利用音频编辑软件进行背景音乐添加制作的方法。

■ 实验条件

- 耳机、音箱；
- 多媒体计算机；
- 音频编辑软件 Audition。

■ 实验内容

本实验是通过使用音频编辑软件 Audition 对“将进酒.m4a”诗歌朗诵音频文件进行添加背景音乐的处理。实验过程中，需提前准备好要降噪的音频素材文件，将耳机、音箱等设备与计算机正确连接。

■ 实验步骤

01 新建项目　打开 Audition 软件，执行“文件”→“新建”→“多轨合成项目”命令，新建多轨合成项目。

02 打开音频　打开 Audition 软件，执行“文件”→“打开”命令，打开“将进酒 48000 1.wav”和“背景音乐 48000 1.wav”音频文件。

03 添加音频至对应轨道　按图 4-32 所示操作，将两段音频文件分别放置在不同的轨道上，并对齐起始播放时间。

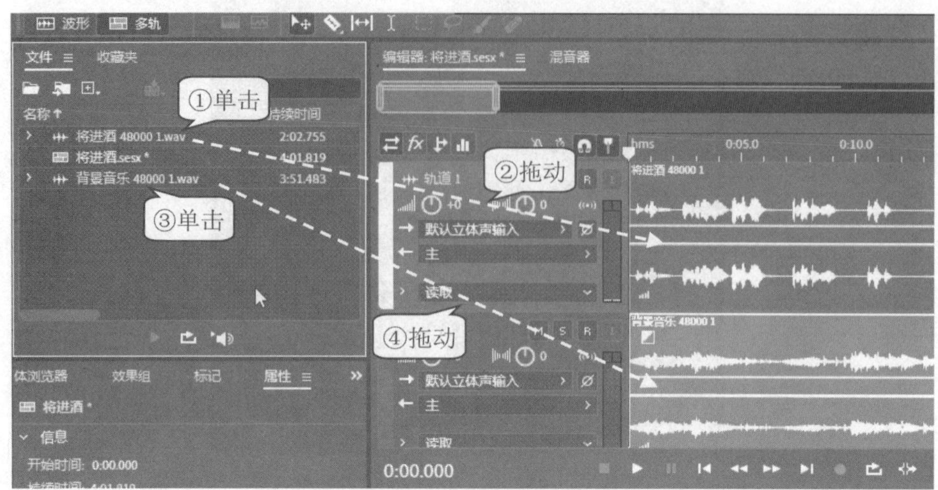

图4-32　添加音频至轨道

04 剪切多余音乐　为了快速找到剪切位置，可以通过拖动时间轴显示比例滑块，调整时间轴的显示内容。按图 4-33 所示操作，剪切多余的背景音乐，并按 Delete 键将其删除。

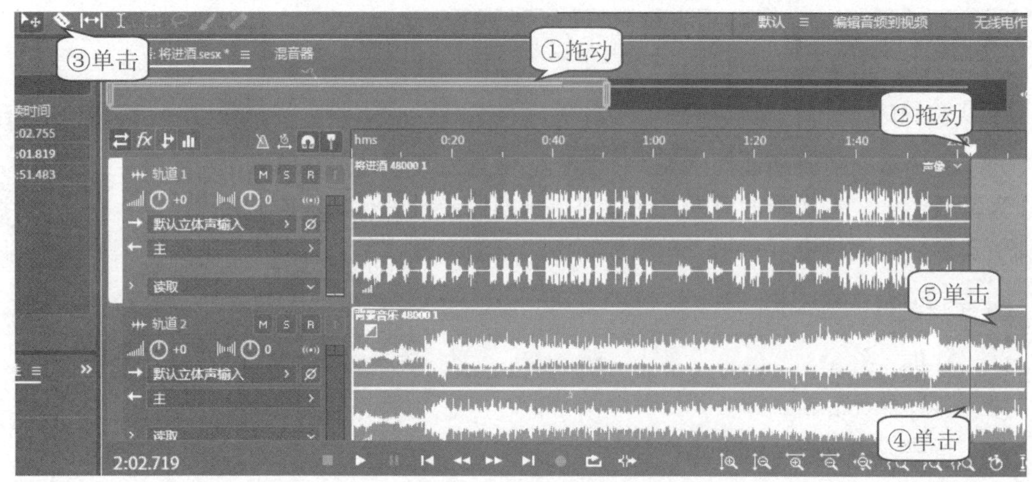

图4-33　剪切多余音乐

05 降低背景音乐的音量　为了避免喧宾夺主，需要适当降低背景音乐的音量。按图 4-34 所示操作，将背景音乐的音量降低到合适大小。

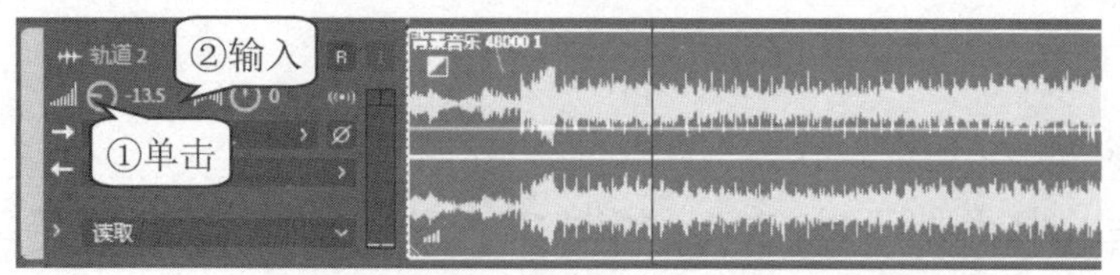

图4-34　降低背景音乐的音量

06 设置淡入淡出　通过增加淡入淡出效果，可以让背景音乐的开始和结束更加流畅自然。按图 4-35 所示操作，设置素材声音文件的淡入和淡出效果，设置时注意调整效果的线性值大小。

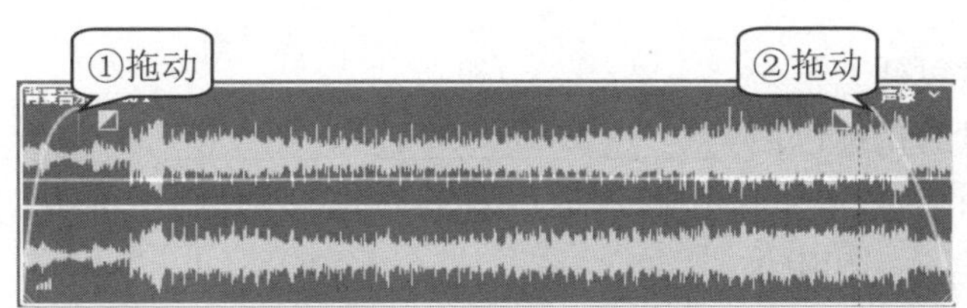

图4-35　设置淡入淡出

07 **导出文件**　淡入淡出效果设置完成后，试听处理好的诗歌朗诵音频，确认合适后，执行“文件”→“导出”→“文件”命令，将已经处理好的声音文件保存到本地计算机中。

4.4　小结和练习

4.4.1　本章小结

本章介绍了多媒体技术所用到的音频数据基础知识和音频数据的获取与处理方法，具体包括以下主要内容。

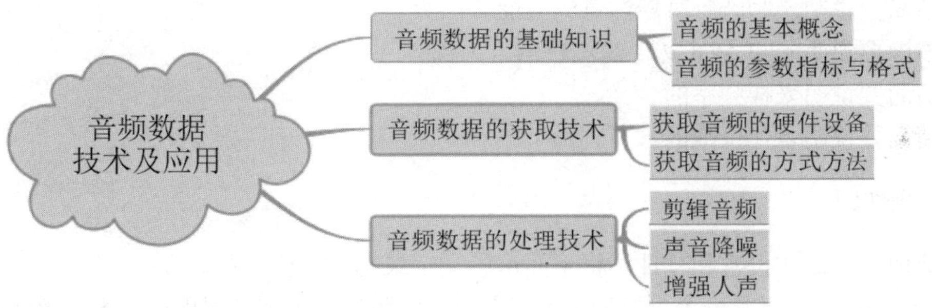

4.4.2　强化练习

一、选择题

1. 人耳可以听到的声音频率范围是(　　)。
   A. 20～2000Hz　　B. 20～20000Hz　　C. 200～2000Hz　　D. 200～20000Hz
2. 以下不是音频格式的是(　　)。
   A. WAV　　B. WMA　　C. MP3　　D. JPEG
3. 下列可将声音由模拟信号转为数字信号的硬件设备是(　　)。
   A. 音箱　　B. 耳机　　C. 声卡　　D. 麦克风
4. 影响声音质量的因素不包括(　　)。
   A. 采样频率　　B. 量化位数　　C. 声道数　　D. 存储工具
5. 为了让音乐的开始和结束比较顺畅自然，我们可以加入(　　)声音效果。
   A. 去噪　　B. 混响　　C. 淡入淡出　　D. 去除人声

二、填空题

1. 声音的三要素包括________、________和________。
2. 评价声音质量的指标包括________、________和________。
3. 根据声音的采样频率范围，通常把声音的质量分为 4 个等级，由高到低分别是 CD、________、________和电话。
4. 将声音由模拟信号转换为数字信号的好处有：________、________、________。
5. 计算机中可以用于播放声音的设备有________、________。

三、判断题

1. 音频素材只能通过网络下载得到。（　）
2. 因为音频可以后期处理，所以录制时想怎么录制就怎么录制。（　）
3. 音频是多媒体作品的重要组成部分，好的音乐可以让多媒体作品更加生动。（　）
4. 只有计算机可以录音。（　）
5. 为了节省文件存储空间，可以将音频保存为 WAV 格式。（　）

四、问答题

1. 请简要说明声音产生的原理。
2. 请简要说明录制音频时应注意的方面。
3. 请简要说明.mp3 格式文件的优缺点。
4. 请简要说明采样频率的含义。
5. 请简要说明量化位数的含义。

五、操作题

1. 请使用合适的设备和软件，将下面这段文字录制成一段音频。

文本内容：元宇宙是一个虚拟的多维度世界，由数字技术和虚拟现实技术构建而成，它是一个集合了互联网、虚拟现实和增强现实等技术的综合体验空间。在元宇宙中，人们可以使用数字化的身份在虚拟空间中进行互动、交流，并进行各种虚拟和现实世界的活动。

2. 请使用 QQ 影音工具将“萱草花.mp4”视频中画面与声音分离，得到背景音乐。
3. 请使用 Audition 软件将“蓝色多瑙河”00:35 秒后的内容剪切删除掉。
4. 请使用 Audition 软件将“静夜思”和“春晓”两段诗歌朗诵合并在一起。
5. 请使用 Audition 软件将“访谈”音频中的噪声消除。

第5章 视频数据技术及应用

■ 学习要点

视频是一种信息量丰富、形式生动、直观明了的信息载体。视频的出现和发展有机地综合了多种媒体对信息的表现能力，革新了信息的表达方式，使信息的表达从单一的形式发展为综合文字、图形图像、声音、动画等多种媒体的呈现方式，从而极大地便利和提升了人与人、人与机器之间的信息交流效率和准确性。视频的处理技术是一门不断更新的综合性技术，它涵盖了电视技术、数字媒体技术和计算机技术等主要领域。本章的主要内容如下。

- 了解视频数据的基本概念。
- 了解视频处理的常用软件。
- 掌握获取视频数据的基本方法。
- 掌握视频格式转化的方式。
- 掌握视频剪辑处理的基本方法。
- 掌握在视频中添加字幕、进行绿幕抠图及添加动画特效的方法。

■ 核心概念

视频文件格式　　视频处理软件　　视频获取方式　　视频处理技术

■ 本章重点

- 视频数据的基础知识
- 视频数据的获取技术
- 视频数据的处理技术

5.1 视频数据的基础知识

如今，视频已成为人们生活中必不可少的媒体资源，其具有直观、生动、承载信息量大等特点。伴随着计算机网络技术的不断发展，数字视频技术也已成为当下视频信息处理与传播的重要组成部分。为了更好地说明视频处理技术，本节主要介绍视频数据的一些基础知识。

5.1.1 视频的概念介绍

视频通常是指实际场景的动态演示，如电影、电视或摄像资料等。视频由连续拍摄变化的图像组成，同时包含图像、声音和可能的文本或其他元素，可以用来记录和传达各种类型的信息。

1. 视频的定义

视频是由许多幅按时间序列构成的连续图像不断播放形成的一种数字视觉效果。其中每一幅图像称为一帧，帧图像是视频信号的基础。因为人眼具有视觉暂留效应，即人观察的物体消失后，物体还会在人眼的视网膜上保留一个短暂时间(0.1 秒至 0.2 秒)的画面。利用这一现象，将一系列画面以一定的速度(每秒播放 24 至 30 幅画面)连续播放，人就会感觉画面变成了连续的场景。

如图 5-1 所示，在鹿奔跑的视频中，观众可清晰地看到鹿奔跑时的完整动作过程。鹿在奔跑时，身体的每个部分的位置图片构成了视频的画面，这些画面通过连续不断地播放，便形成了动态的视频。

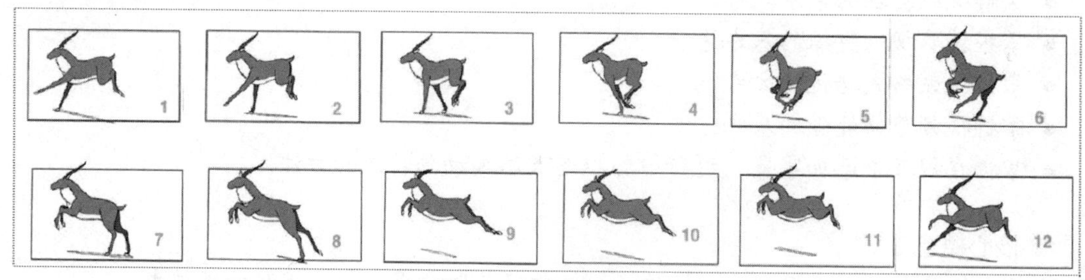

图5-1 鹿奔跑的视频

2. 视频帧速率

视频的帧速率(frame rate)是指屏幕上画面更新的速度，其单位为 fps(frame per second)，读作“帧每秒”，每秒出现的画面(帧)次数越多，即画面更新率越高，画面就越流畅。不同的媒体和用途通常使用不同的标准帧速率。例如，电影通常以 24fps 播放，电视通常以 30fps 或 60fps 播放，而视频游戏可以以更高的帧速率运行，如 60fps、120fps 或更高。在视频编辑和后期制作中，我们可以通过调整帧速率来改变视频的感觉和时长。例如，将原本 24fps 的电影加速到 30fps，可能会使电影画面更加贴近现实；而将 30fps 的视频减慢到 24fps，则可能会营造出电影般的艺术感。

3. 视频制式

视频的制式是指不同地区和国家所采用的电视信号传输和显示标准。这些标准涉及视频信号的编码、分辨率、帧速率和颜色系统等方面，以确保电视信号在不同的电视设备上能够正常播放和显示。世界上主流的视频制式有 NTSC 制、PAL 制和 SECAM 制，它们的特点如下。

- NTSC(national television system committee)。NTSC 是一种最早的视频制式，主要用于美国、加拿大、日本和一些其他国家。它使用帧速率为 30 帧每秒(29.97 帧每秒的近似值)和 525 扫描线的分辨率。
- PAL(phase alternating line)。PAL 制式是一种广泛在中国内地、中国香港、欧洲和其他地区使用的视频制式。它使用帧速率为 25 帧每秒和 625 扫描线的分辨率。PAL 制式还包括 PAL-B/G、PAL-D/K 等变种，以适应不同地区的需求。
- SECAM(sequential color with memory)。SECAM 在一些国家(如法国和俄罗斯)和地区使用，它使用帧速率为 25 帧每秒和 625 扫描线的分辨率，但与 PAL 在颜色编码方面有所不同。

4. 视频分辨率

视频的分辨率是指视频图像的像素密度或图像细节的清晰度，表示视频画面的水平像素和垂直像素数量，通常以“宽×高”的形式表示，记为 ppi(pixel per inch，每英寸像素)。例如，一个 1280×720 的视频是指它在横向和纵向上的有效像素个数是 1280 和 720，如图 5-2 所示。在同等视频分辨率下，像素越多所显示的画面就越大。

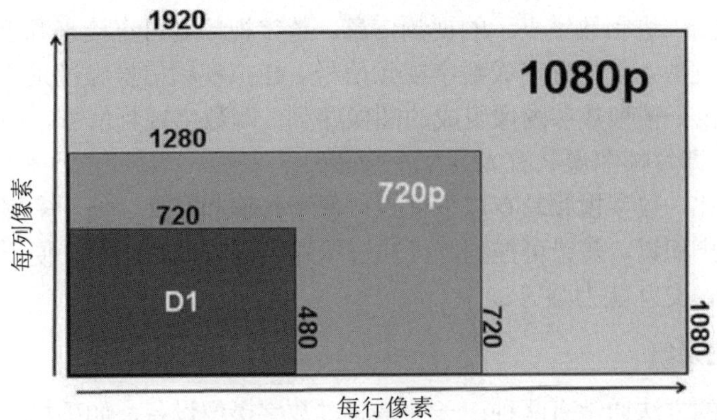

图5-2　视频的分辨率

分辨率直接影响到视频的清晰度和质量，更高的分辨率通常意味着更多的像素，从而提供了更清晰的图像。随着信息科技的不断发展，更高分辨率的视频画面和显示器让观众获得了更好的观影体验。常见的视频分辨率如表 5-1 所示。

表5-1　常见的视频分辨率

类型	尺寸	特点简介
标清(SD)	640×480 像素	此类分辨率视频每幅图像由大约 33 万到 36 万像素组成，通常以 4∶3 的宽高比呈现，这也是传统电视的标准画面比例。其是分辨率较低的标清视频，图像质量和细节展示远不如高清或 4K 视频。但标清视频的文件通常较小，这使得其在网络传输和存储时更加高效。其对于带宽需要较低，适用于网络连接速度较慢的地区
	720×480 像素	
高清(HD)	1280×720 像素	此类分辨率视频每幅图像由百万像素组成，通常以 16∶9 的宽高比呈现，这是现代广播和显示标准的宽高比，适用于大多数电视屏幕和计算机显示器。其是具有较高分辨率的高清视频，提供了更清晰、生动的图像质量。但相对于更高分辨率的视频，高清视频的文件较小，使得其在网络传输和存储时更加高效
	1920×1080 像素	
超高清(UHD)	2048×1080 像素(2K)	此类分辨率视频每幅图像由千万像素组成，通常以 16∶9 的宽高比呈现，也可以根据实际需要，以不同的宽高比呈现，如 2.39∶1，该分辨率常见于电影制作中。由于其是每一帧图像都包含大量像素的超高清视频文件，所以文件通常非常大。虽然当前超高清的硬件产品和影视作品还未成为主流，但它代表了视频技术的未来趋势，随着技术的进步，它将会成为更广泛使用的视频格式
	3840×2160 像素(4K)	
	7680×4320 像素(8K)	

5. 模拟视频和数字视频

模拟视频是一种用于传输图像和声音且随时间连续变化的电信号。早期视频的获取、存储和传输采用的都是模拟方式。电视上呈现的视频图像，是以模拟电信号的形式记录下来，并通过模拟调幅手段在空间传播，然后被磁带录像机记录在磁带上。

数字视频是指用二进制数字表示的视频信息。数字视频既可直接来源于数字摄像机，也可将模拟视频信号经过数字化处理变成数字视频信号。模拟视频信号经过采样、量化和编码数字化处理后，就变成由一帧帧数字图像组成的图像序列，即数字视频信号。每帧图像由 N 行、每行 M 个像素组成，即每帧图像共有 $M \times N$ 个像素。

与模拟视频相比，数字视频具有以下优点：便于传输和交换，便于多媒体通信，便于存储处理和加密，无噪声积累，差错可控制，可通过压缩编码减低数码率，便于设备的小型化，信噪比高，稳定可靠，交互能力强等。

6. 视频数字化采集

获取数字视频的方法通常有两种：一种是通过数字摄像设备，如手机、平板电脑、数码相机、数码摄像机等直接产生数字视频信号，然后存储在 P2 卡、SD 卡或设备硬盘上。这类设备依靠强大的 CCD 或 CMOS 芯片将光信号转换为电信号，再通过 A/D 转换将电信号转换为数字信号进行存储或播放。另一种是通过视频采集卡获取，这种方式主要针对旧式的摄像机、录像机和电视机等输出的模拟视频信号。视频数字化采集流程如图 5-3 所示。

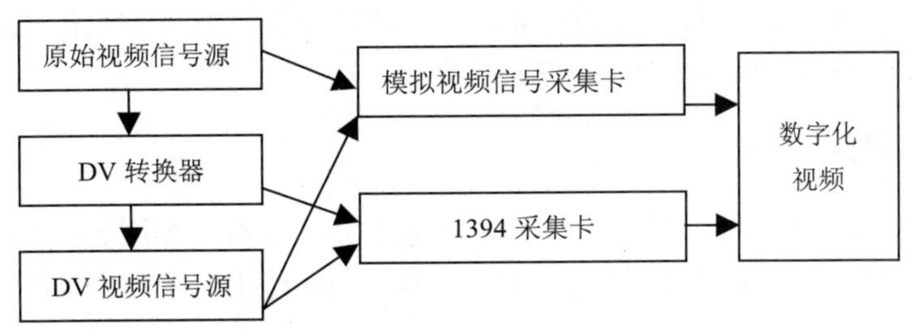

图5-3　视频数字化采集流程

7. 视频格式

视频格式是指视频文件的编码方式和容器格式，它确定了视频如何被压缩、存储和播放。视频格式通常是视频编码、音频编码和容器格式的组合，它的作用在于使视频文件能够在不同的媒体设备和播放器上进行存储、传输和播放，同时保持视音频质量的有效性和兼容性。常见的视频格式如下。

- AVI(audio video interleaved，音频视频交错格式)。AVI 是一种传统的视频格式，它采用 Intel 公司的 Indeo 视频有损压缩编码技术，将视频和音频信号混合交错地存放在一个文件中，较好地解决了音频信息与视频信息的同步问题。AVI 格式的限制比较多，只能有一个视频轨道和一个音频轨道(现在有非标准插件可加入最多两个音频轨道)，但可以有一些附加轨道，如文字等。
- MOV(quick time movie)。MOV 是由苹果公司开发的视频格式，广泛应用于苹果设备和应用程序中。它具有较高的压缩比率和较好的清晰度，允许跨平台播放。由于 MOV 格式的画质高、兼容性好且存储容量小，其目前受到了视频编辑行业的广泛认可。
- WMV(Windows media video)。WMV 是由微软开发的视频格式，它通常使用 Windows media video 编码。该格式在 Windows 平台上得到了广泛使用，其默认的播放器是 Windows media player。在同等视频质量的前提下，WMV 格式的文件体积非常小，因此很适合在网上播放传输。
- MPEG(moving picture experts group，运动图像专家组)。MPEG 系列包括多种视频格式，如 MPEG-1、MPEG-2 和 MPEG-4。其中，MPEG-4 应用较广泛，它是为了播放流媒体的高质量视频而专门设计的，通过帧重建技术压缩和传输数据，实现了以最少的数据获得最佳的图像质量。由于 MPEG 格式的文件较小，便于传播，已成为网上传播的主要方式之一。
- FLV(flash video)。FLV 是一种应用于 Adobe Flash 播放器的视频格式。它的出现有效解决了视频文件导入 Flash 后，导出的 SWF 文件体积过大，不能在网络上很好使用等问题。FLV 的优势在于其压缩与转换的便捷性，适用于制作短片。此外，它还可以很好地保护原始地址，不被轻易下载，从而起到保护版权的作用。
- MTS(MPEG transport stream)。MTS 是一种流行的高清视频文件格式，通常与高清摄像机和高清电视广播相关联。MTS 格式文件的同一文件中可以包含多个视频、音频、字幕和其他数据流，且格式画质非常高，所以在实际编辑时经常需要将其进行转码压缩，以缩减视频，保证编辑的流畅度。

8. 视频中的景别

视频中常用的景别有远景、全景、中景、近景和特写 5 种，如图 5-4 所示。不同的景别在叙事功能和人物介绍中有着不同的作用，理解不同景别的作用对于拍摄、剪辑和观看视频有重要的意义。

图5-4　5种景别的应用

- 远景。远景是各类景别中表现空间范围最大的一种，具有广阔的视野，常用来展示事件发生的时间、环境、规模和气氛。使用远景镜头可以捕捉广阔的景物，从而营造出大片感，使观众感到画面的宏大和壮观。这种景别常用于电影和电视剧中，以展示广阔的背景和环境，帮助叙述故事背景。
- 全景。全景用来表现场景的全貌或人物的全身动作，主要用于事物全貌的介绍或展示，揭示事物互相之间的关系。全景作为一个相对安全的景别，既能让观者捕捉到对象的动作又能避免因为人物或机位移动导致对象离开画面的情况发生。
- 中景。中景与全景相比，表现的范围缩小了，进一步接近了被摄主体。图 5-4 画面中展示的除了被摄主体，还有与主体有关的周围环境。中景适用于人物对话的场景，给人一种亲切感，观者的注意力会比较集中于人物的语言和面部表情。
- 近景。拍摄到人物胸部以上或物体的局部称为近景。由于近景的视频形象是近距离观察人物的体现，所以能清楚地看清人物的细微动作。近景展示了对象的局部内容，例如篮球教学视频中，投篮时的上肢动作，可以让学习者更清晰地看到标准姿势。
- 特写。画面的下边框在成人肩部以上的头像，或者其他被摄对象的局部称为特写镜头。特写镜头使被摄对象充满画面，给人以较强烈的视觉冲击。特写的画面也可以是拍摄对象的任何有意义的细节画面，例如，为了表达人物的悲伤，可以拍摄眼神的特写；为了展示比赛的激烈，可以拍摄运动员肌肉的特写等。

9. 视频中镜头组接

镜头是视频作品的基本元素，通常指摄像机一次拍摄的一小段内容。镜头组接就是将拍摄的画面有逻辑、有构思、有意识、有创意和有规律地连贯在一起。在多机位摄像机拍摄过程中，专业拍摄人员经常会将许多镜头合乎逻辑地、有节奏地组接在一起，以此来阐释或叙述教学重难点内容的技巧。

- “连接”镜头组接：相连的两个或两个以上的一系列镜头表现同一主体的动作。“连接”镜头组接要顺畅，不能给人带来视觉的跳跃性。
- “队列”镜头组接：相连镜头但不是同一主体的组接。由于主体的变化，下一个镜头中新主体的出现，会使观众联想到前后画面的关系，这种组接方式可起到呼应、对比、隐喻烘托的作用，往往能够创造性地揭示出一种新的含义。
- “两级”镜头组接：是由特写镜头直接跳切到全景镜头，或者从全景镜头直接切换到特写镜头的组接方式。这种方式能够巧妙地在情节发展中实现动与静的转换，给观众带来强烈的直观感受，而在节奏上，它形成的突如其来的变化，可产生特殊的视觉和心理效果。
- “特写”镜头组接：该镜头组接通常是以上一个镜头中某一人物的局部特写(如头部或眼睛)或某个物件的特写画面作为结束，然后从这一特写画面开始，逐渐扩大视野，以展示另一情节的环境。该组接方式旨在使观众注意力集中在某一人的表情或某一事物上，同时在不经意间转换场景和叙述内容，从而避免观众产生突兀或不适应的感觉。

5.1.2　视频常用处理软件

视频播放使用前通常需要进行编辑处理，而要打开编辑后的特定格式的视频，则需要在计算机上安装此类格式视频的解码软件和用于处理视频的编辑软件。为了满足某些网络传输和文件保存的特别需要，有时还需要使用专门的压缩转码软件对视频的大小与格式进行调整。

1. 视频解码软件

不同的压缩编码规则形成了不同格式的视频文件，视频解码软件的作用就是将压缩的视频和音频数据还原为可视的图像和可听的声音，以便用户能够播放、编辑和观看视频内容。许多视频播放器中自带多种解码软件，例如，QuickTime 播放器可以轻松打开*.MOV 文件，WindowsMediaPlayer 播放器可以打开*.WMV 文件。但这些播放器中的解码软件往往无法打开特定格式的视频，为了进一步提升计算机对视频文件格式的兼容性，还可以安装特定的解码软件来打开相应的视频文件。下面是一些常用的视频解码软件。

- K-Lite Codec Pack 解码器：它是一款功能非常全面的编解码器套件包，支持播放几乎所有格式的音频和视频文件。该解码器支持显卡内置的专用电路，能够高效处理视频数据，显著提升视频播放性能，尤其在处理高清视频时表现尤为出色。
- Xvid 解码器：它是一种开放源代码的视频编解码器，这意味着其源代码对所有人开放，任何人都可以免费使用并随意修改。Xvid 可在多种操作系统上使用，包括 Windows、macOS 和 Linux，这种跨平台兼容性使得其在不同平台上的多媒体应用中广泛使用。

- DivX Plus Codec 解码器：它是一款专业的视频解码软件，凭借高效的视频压缩能力、对高清内容的出色支持及卓越的兼容性，成为众多用户首选的视频解码方案。其最大的特点在于能够提供高质量的视频压缩，并且支持高清在线流播技术。

2. 视频编辑软件

视频编辑处理软件是一款能够将图片、音乐、视频等素材进行非线性编辑，并通过二次编码生成数字视频文件的工具软件。不同的视频制作与处理软件具有不同的编辑与处理功能，提供了不同的特效库及视频切换效果库，并具有不同的编码运算及扩展能力，同时也对使用者提出了不同的能力要求。根据软件的专业程度和受欢迎程度，本书罗列了以下视频编辑软件供读者参考。

- Adobe Premiere：它是 Adobe 公司开发的一款专业视频编辑软件。图 5-5 所示为 Adobe Premiere 软件的启动画面，它提供了丰富的视频编辑工具和功能，如视频采集、视频剪辑、画面调色、美化音频、添加字幕、多种格式输出等一整套工具流程，被广泛用于电影制作、电视节目制作、广告制作及各种多媒体项目中。另外，Adobe Premiere 也是 Adobe Creative Cloud 套件的一部分，可以与同公司的其他软件相互协作，目前广泛应用于电视台、广告公司及电影剪辑等领域。但由于 Adobe Premiere 软件的功能太过丰富和复杂，对计算机的配置要求较高，因此对于初学者来说可能需要一些时间来掌握。

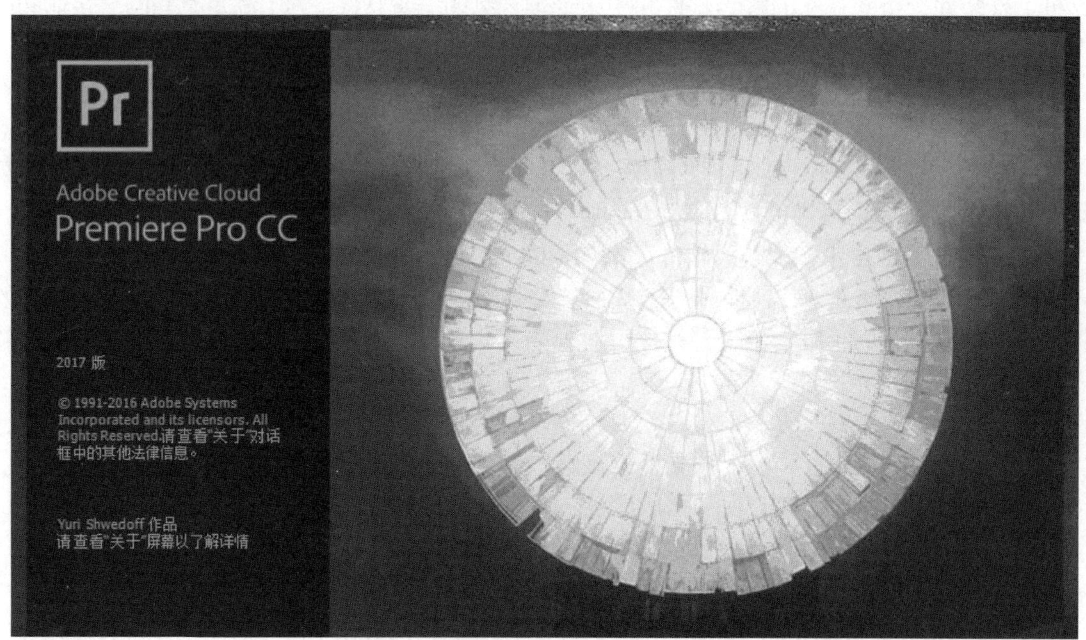

图5-5 Adobe Premiere软件的启动画面

- Adobe After Effects(AE)：它也是由 Adobe 公司开发的一款影视级别视频编辑软件。与 Adobe Premiere 软件不同的是，AE 侧重为视频片段增加各种华丽的特效。图 5-6 所示为 AE 的启动画面，其中包含了大量的动画与特效元素，同时它也支持三维合成功能，用户可以创建和操作三维对象，实现逼真的三维效果。许多影视作品中的特效场景都是由 AE 软件创造产生的，因此它通常被专业的视觉特效艺术家、动画师和视频制作人员所使用。同时，该软件对计算机硬件的配置要求极高，对于普通用户而言，上手难度非常大。

图5-6　Adobe After Effects软件的启动画面

- Vegas：它是一款由 Sonic Foundry 开发的专业视频编辑软件。图 5-7 所示为 Vegas 的运行界面。其高效率的操作界面和多样的视频处理功能可以帮助用户更加简单便捷地创造出丰富的影视作品。Vegas 支持第三方插件，这意味着用户可以扩展软件的功能，添加更多的效果和工具。Vegas 是一款功能强大的视频编辑软件，适用于各种多媒体项目。相较于前两款软件，它的使用难度较小，因此适合从个人视频编辑到专业电影制作的广泛需求。
- 会声会影：全称为 Corel Video Studio，是由 Corel Corporation 公司开发的一款视频编辑软件。它是一个用户友好的视频编辑工具，旨在满足各种用户，包括初学者和有经验的视频编辑人员。图 5-8 所示为“会声会影”的运行界面，它提供了一系列功能，如视频编辑、转场特效、音频处理、文本标题、绿幕抠图等。该软件对计算机的配置要求不高，并提供了一个相对简单的学习曲线，这让刚开始涉足视频编辑领域的爱好者也能方便地创建、编辑和分享视频的内容。

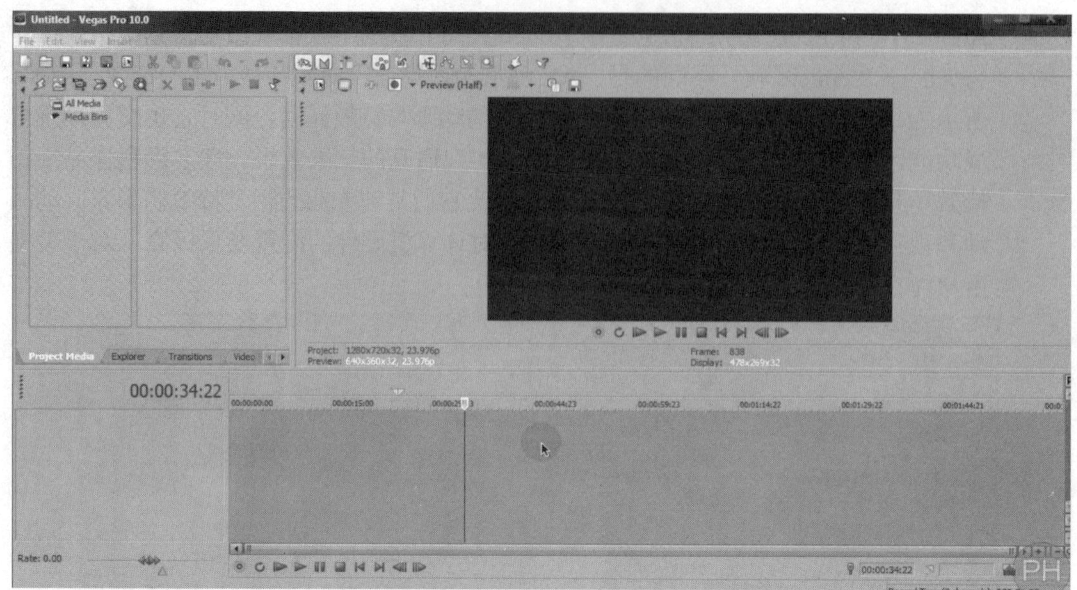

图 5-7　Vegas 的运行界面

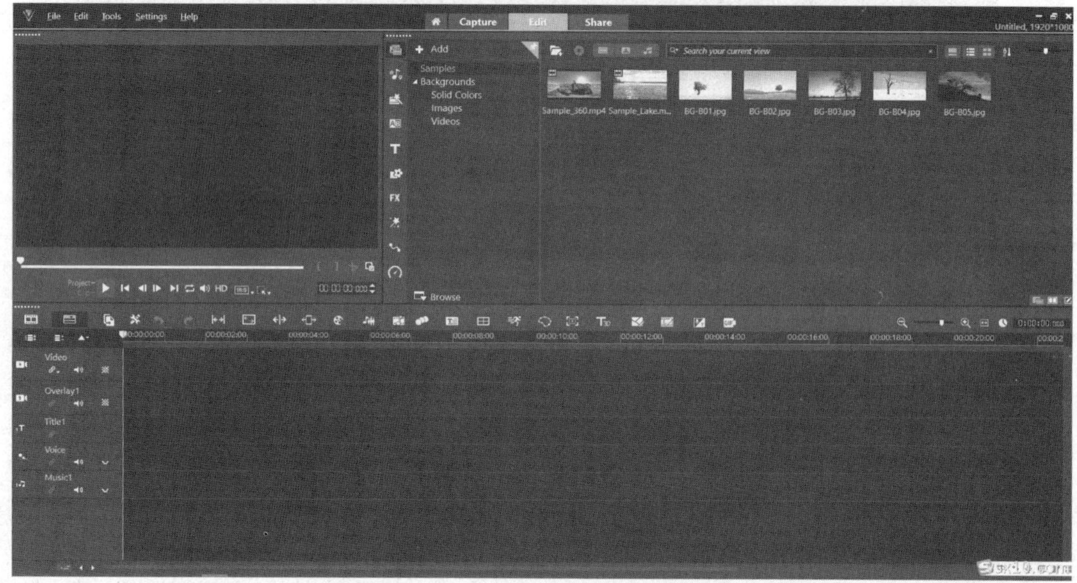

图 5-8　“会声会影”的运行界面

- Camtasia Studio：是一款由 TechSmith 公司开发的专业屏幕录制和视频编辑软件，也是目前使用较广泛的微课视频录制与编辑制作的工具之一。图 5-9 所示为 Camtasia Studio 的运行界面，它集中了屏幕录制、音频编辑、特效动画、互动元素及云储存和分享等功能，被广泛应用于创建教育教程、培训视频、演示文稿、产品演示等多种用途。Camtasia 具有易于使用的用户界面，使用户能够快速捕捉屏幕内容，并根据需要进行编辑和优化。此外，由于它对计算机的硬件配置要求不高，因此深受教育工作者的喜爱。

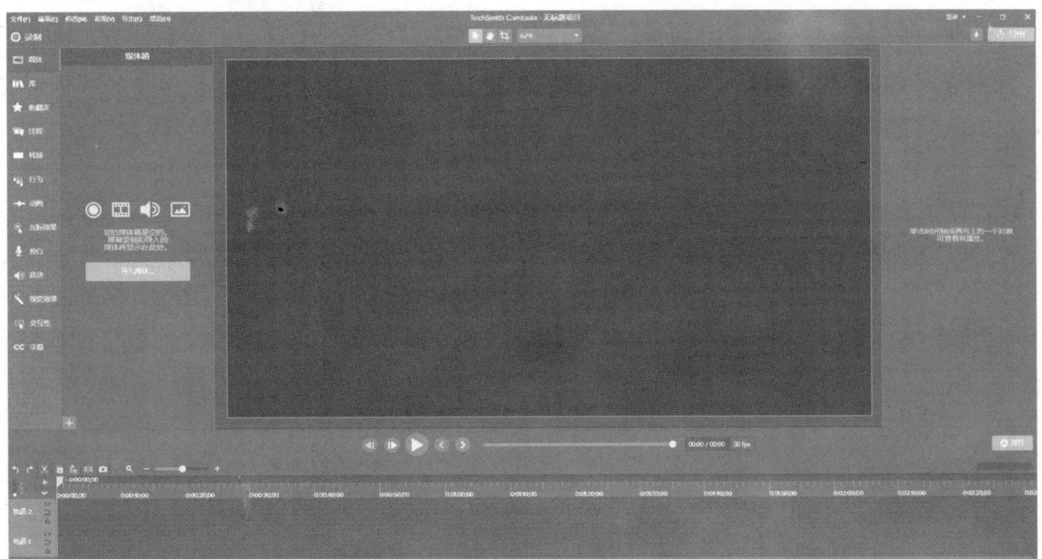

图5-9　Camtasia Studio的运行界面

- 剪映：是一款由字节跳动公司开发的移动视频编辑应用程序，允许用户在多种终端手机、计算机、平板上快速、轻松地编辑和制作短视频内容。剪映拥有简单直观的界面，适合各种用户，无论是初学者还是有经验的视频制作者都能快速上手使用。同时其内置的特效工具、趣味配音、音乐库、云同步等功能可以让用户获得更加简单的视频编辑制作体验。图 5-10 所示分别是剪映软件的手机端和 PC 端工作界面，本章中的后续实验将主要以该软件的使用讲解为主。

手机端打开界面

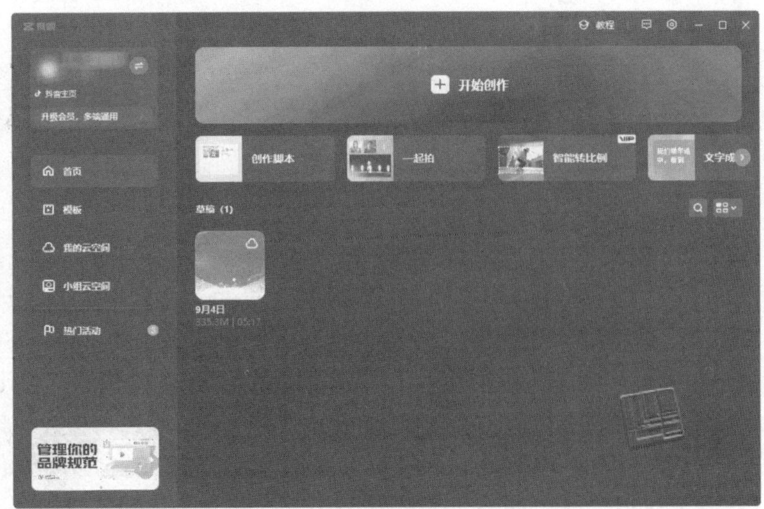

PC 端打开界面

图5-10　“剪映”软件启动窗口

3. 视频压缩转码软件

由于视频格式多种多样，不同场景对视频格式的需求各异。在日常办公和学习过程中，我们经常需要对视频文件进行二次压缩和格式转码以满足不同需求。视频格式转换的软件种类繁多，并且每种软件的转码过程和效果也不尽相同，以下是一些常用的压缩转码软件。

- Format Factory(格式工厂)：是由上海格式工厂网络有限公司设计开发的一款免费多媒体文件转换工具，可用于转换各种不同格式的音频、视频和图像文件。图 5-11 所示为“格式工厂”软件的运行界面，该软件不仅可以实现多种音频、视频和图像格式转换，还可以选择多个文件进行批量转换，节省时间和精力。另外，格式工厂还提供了一些基本的编辑功能，如剪裁、合并和分割视频文件及调整音频的音量等功能，大大节省了多媒体文件编辑的时间。该软件支持多种语言界面，方便全球用户使用，已成为全球领先的视频、图片等格式转换客户端。

图5-11 “格式工厂”软件的运行界面

- WinMPG Video Convert(视频转换大师)：是一款用于 Windows 操作系统且功能非常强大的音视频处理软件，它可以对常见的大多数格式的音频和视频文件进行转换，并可以将其转换为包括支持便携设备的任何类型的文件。图 5-12 所示为 WinMPG Video Convert 的运行界面，该软件提供了一系列预设，使用户可以轻松选择适合不同设备(如手机、平板电脑、游戏机等)的输出格式和参数。此外，它还支持高质量的视频和音频转换，确保了在转换过程中视频和音频的原始质量。WinMPG Video Convert 凭借其直观的用户界面和友好的交互体验，赢得了众多忠实用户的喜爱。

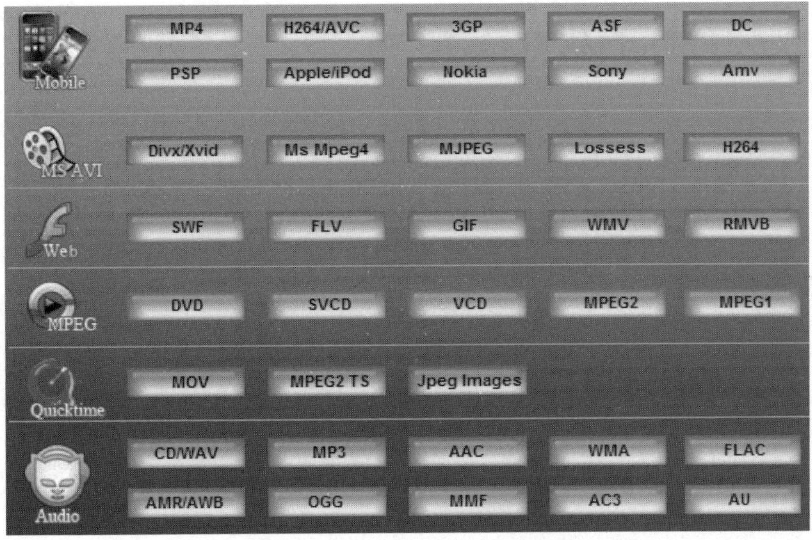

图5-12　WinMPG Video Convert的运行界面

- 狸窝全能视频转换器：是一款免费、功能强大且界面友好的全能型音视频转换及编辑工具。用户可以在几乎所有流行的视频格式之间任意进行相互转换，如 RM、RMVB、VOB、DAT、VCD、MKV、DVD、SVCD、ASF、MOV、QT、MPEG、WMV、MP4、3GP、DivX、XviD、AVI 等视频文件。图 5-13 所示为“狸窝全能视频转换器”软件的工作界面，它不仅提供了多种音视频格式之间的转换功能，还是一款简单易用且功能强大的音视频编辑器。通过全能视频转换器的视频编辑功能，用户可以快速便捷地处理拍摄或收集的视频，使其独具特色，充满个性。

图5-13　“狸窝全能视频转换器”软件的工作界面

5.2 视频数据的获取技术

随着信息科技的不断发展与进步，获取视频数据的技术也越来越丰富和便捷。借助现代数码仪器和多样化的资源平台网站，用户可以比以往任何时候都更方便地获取优质的视频资源。

5.2.1 获取视频硬件

不论哪种视频获取的方法，都必须借助特定的硬件设备来完成数据的采集和量化，通过特定的编码规则，将其转化为计算机可以识别存储与编辑的二进制数据文件。这些硬件设备有些是内置了信号转换的部件，有些则需要外接视频采集卡来实现相应功能。

1. 镜头

镜头由各种镜片组构成，用于收集和汇聚光线，是所有摄影摄像设备的核心部件。镜头的质量直接影响图像的清晰度、色彩饱和度和畸变等因素。高质量的镜头通常具有更多的镜片、抗反射涂层和优质的光学材料，以提供更锐利的图像。图 5-14 所示为镜头内部结构，镜头通过光圈控制光线的进入量，然后调整对焦平面，来确保摄取的对象清晰度。镜头的焦距决定了摄入画面的景深和视野，较长的焦距通常用于拍摄远处的对象，而较短的焦距则用于捕捉更广阔的景象。

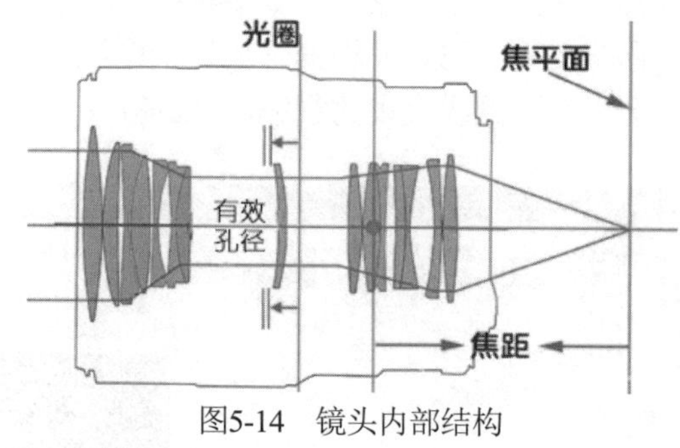

图5-14 镜头内部结构

2. 感光芯片

数码相机和数码摄像机中的感光芯片主要有两种类型：CMOS(complementary metal-oxide-semiconductor)和 CCD(charge-coupled device)。它们的主要功能是将镜头中的“光信号”转换为“电信号”。图 5-15 所示是感光芯片结构图，两种类型的芯片都是通过其上的感光表面来让光与感光芯片的硅晶体相互作用，从而激发硅晶体中的电子，继而产生不同能量的电信号，这整个过程称为“光电效应”。该模拟电信号经过模数转换器(ADC)转换为数字信号后，即可被相机、计算机等设备进一步处理、存储或传输。

图5-15　感光芯片结构图

3. 视频采集卡

视频采集卡(video capture card)是将模拟摄像机、录像机、LD 视盘机、电视机输出的视频信号等输出的视频数据或视频音频的混合数据输入计算机，并转换为计算机可辨别的数字数据，然后存储在计算机中，成为可编辑处理的视频数据文件，如图 5-16 所示。

视频采集卡按照视频信号源，可以分为数字采集卡(使用数字接口)和模拟采集卡。按照安装连接方式，可以分为外置采集卡(盒)和内置式板卡。按照视频压缩方式，可以分为软压卡(消耗 CPU 资源)和硬压卡。按照视频信号输入输出接口，可以分为 1394 采集卡、USB 采集卡、HDMI 采集卡、VGA 视频采集卡、PCI 视频卡、PCI-E 视频采集卡。按照其用途可以分为广播级视频采集卡、专业级视频采集卡和民用级视频采集卡。

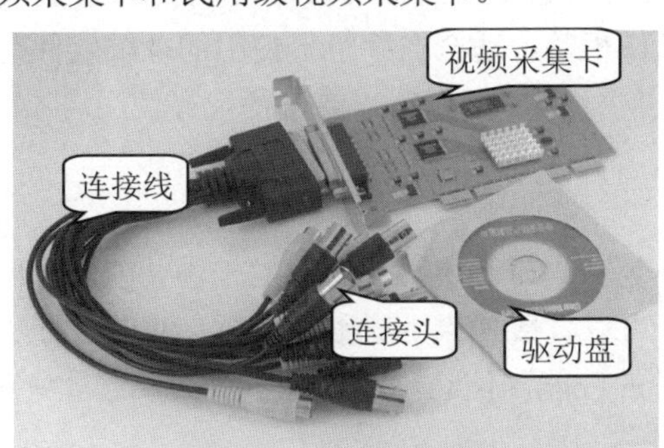

图5-16　视频采集卡

5.2.2　获取视频方式

随着信息技术的飞速发展，视频资源的获取方式和渠道也愈加宽阔。在日常办公和学习中，人们对于视频的需求已经不再满足于简单的浏览，而是希望获取画面精致、内容优秀、易于编辑的高质量视频资源。下面是几种常见的获取视频的方式。

1. 购买视频素材光盘

随着光盘价格的不断下降，视频素材光盘已成为一种既经济实惠又高效便捷的获取优质视频资源的方式。这些光盘通常包含各种类型的素材，如高清视频、音效、音乐、图像、动画、字体等。此外，一些素材库光盘还提供搜索和分类功能，使用户能够轻松查找所需的素材，常用于大规模和时间敏感的项目。

2. 从视频网站上下载

随着网络的不断发展，各种视频素材获取的网站层出不穷。这些网站不仅能够提供丰富的背景视频，还有各种各样的视频模板素材，为多媒体作品的制作提供了极大的便利。常用的视频素材获取网站如表 5-2 所示。

表5-2 常用的视频素材获取网站

网站	网址	素材类型
熊猫办公	https://www.tukuppt.com/	AE 模板、背景视频、实拍视频、后期素材、Premiere 模板、MG 动画
NewCGER	https://www.newcger.com/	原创视频、AE 模板、后期素材
Pexels	https://www.pexels.com/zh-cn/	原创视频
Videvo	https://www.videvo.net/	高清 HD 和 4K 视频

3. 录制屏幕

在制作一些演示介绍类的视频过程中，通常可以录制计算机屏幕或手机屏幕的方式轻松获取视频。在录制视频前，需要在设备上安装录屏软件，适合在 PC 上使用的录屏软件有 Camtasia Studio、EV Capture、KK 录像机等，适合在手机上使用的录屏软件有录屏大师、剪映等。不同软件的功能和使用方法也不同，用户可根据需要进行选择使用。

4. 拍摄获取

摄像与拍照已经成为各类数码产品中必不可少的一种功能。利用手机、平板电脑、数码相机、数码摄像机等数字设备可以直接拍摄生成数字视频。使用该方法获取视频虽然比较依赖视频拍摄者的摄影经验和设备的性能，但它同时也是所有获取方式中最自由和便捷的一种。

5. 使用视频采集卡获取

利用视频采集卡可直接进行视频资料的获取，这是影视制作领域中最有效和快捷的方法。常见的视频采集卡有圆刚科技的 AverMedia 产品和 Elgato 系列产品。通过视频采集卡和相应的软件可以采集电视、录像等视频信号，并存储为.avi、.mpg、.mov 等视频格式文件。

5.3 视频数据的处理技术

为了提升视频的美观度和感染力，大多数视频在播放展示前都需要进行二次加工处理。在加工处理时，视频制作者不仅要熟练应用软件，还要对影视作品的表现形式有基本的了解。

5.3.1 剪辑视频

剪辑视频就是对视频素材进行剪切、插入与裁剪，这也是视频处理中最常用的技术方法。通过剪辑视频，可以剔除原始素材中不理想或冗余的内容，如某一段时间里的视频，或者同一时间点内的局部视频的画面。

1. 剪切

剪切是视频编辑中的一项基本技术，用于去除或分割视频素材中不需要的部分。图 5-17 所示是一段语文微课视频剪切后的效果。这一过程是通过选取视频素材的特定部分，并将其从原始视频中删除或分离出来，从而创建一个更为流畅、紧凑的视频。

图5-17 视频剪切

2. 插入

插入就是在一段视频素材的中间加入其他素材，如图 5-18 所示。插入前需要先将插入点附近的视频进行剪切，将原素材中后续播放的内容拖动到轨道后方，为需要插入的素材提供足够的时长区域。插入视频后，需要再次观看插入点前后的画面内容，并进行调整，以避免两段视频衔接过渡不流畅。

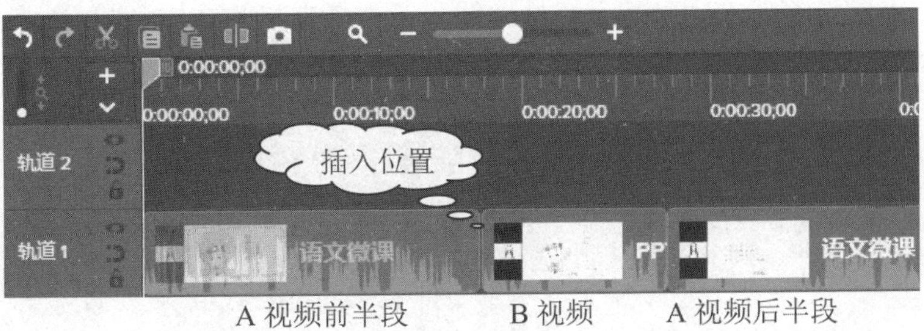

图5-18 视频插入

3. 裁剪

裁剪就是保留原视频画面中的部分内容，并将多余部分移至监视器以外，如图 5-19 所示。在裁剪画面时，需要注意画面前后的尺寸比例，并充分考虑画面中对象的运动情况。通常，画面中的静止内容，如视频水印，通过这种方法更容易被去除。

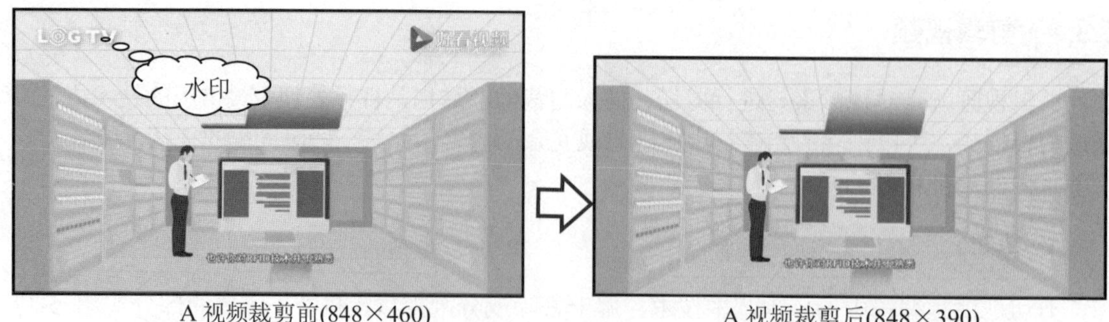

图5-19　裁剪视频

5.3.2　合并视频

合并视频就是将两个或多个独立的视频文件或视频剪辑合并为一个单一的视频文件的过程。在合并视频时，需要考虑视频与视频之间的内容衔接是否流畅，因此制作者需要了解镜头组接的蒙太奇效果。有时为了达到整体与局部画面同时展示的效果，还可以将视频做成画中画效果。

1. 蒙太奇

蒙太奇(montage)是电影制作与视觉艺术中一种重要的技术和艺术手法，它通过快速、连贯地组合不同的图像和场景，以在观众心中创造一种特定的情感或信息效果。简单来说，就是相同的视频片段素材，经过不同顺序的组合拼接，会表达出不同的寓意效果。常见的蒙太奇效果有以下几种。

- 平行蒙太奇：这种蒙太奇手法常表现为将两条或两条以上发生在不同时空的情节线并列展示，它们各自独立叙述，却又巧妙地统一在一个完整的结构之中，效果如图5-20所示。

图5-20　平行蒙太奇效果图

- 交叉蒙太奇：该手法将同一时间不同地域发生的两条或数条情节线迅速而频繁地交替剪接在一起，各条线索相互依存，最后汇合在一起，效果如图5-21所示。

图5-21 交叉蒙太奇效果图

- 抒情蒙太奇：该手法主要是将意义重大的事件分解为一系列近景或特写，从不同的侧面和角度捕捉事物的本质含义，渲染事物的特征，效果如图5-22所示。

图5-22 抒情蒙太奇效果图

- 对比蒙太奇：该手法主要是通过镜头或场面之间在内容或形式(如景别大小、色彩冷暖，声音强弱、动静等)上的强烈对比，产生相互冲突的作用，效果如图5-23所示。

图5-23 对比蒙太奇效果图

2. 画中画

画中画是指在主要视频画面中嵌入一个或多个小的辅助视频画面。这些辅助画面通常以小窗口的形式出现在主画面上，与主画面同时播放。如图 5-24 所示，在电视新闻中手语翻译与主持人同时播放的画面；又如一些体育运动的教程类视频中，运动场景的整体画面与示范者的动作细节画面同时出现，便于观众更好地理解动作要领。

图5-24　画中画效果

5.3.3　处理视频中的声音

视频中音频对作品的渲染力有推波助澜的作用，恰如其分的背景音乐可以让观众欣赏画面的同时获得听觉上的享受；反之，如果视频的噪声太多，则会让观众的观看体验大大降低。因此，处理好视频中的声音对于视频的质量有至关重要的作用。

1. 背景音乐

视频中的背景音乐是指在视频内容中用于增强氛围、情感或情节的音乐。它可以帮助观众更深刻地感受到视频中的情感，如悬疑、紧张、欢快、浪漫等。背景音乐也可以填充视频的静音部分，使观众在没有对话或音效的情况下仍能保持对内容的兴趣。如图 5-25 所示，在微课视频中，配上一段节奏舒缓、轻松明快的背景音乐有助于减缓学习者的观看疲劳，但要注意背景音乐与主体视频声音的音量关系，确保背景音乐不会过大，以免喧宾夺主，影响学习效果。

图5-25　添加背景音乐

2. 去除噪声

在录制视频的过程中，周围环境杂音、电磁干扰、录音设备自身的噪声或其他来源的噪声干扰可能会不可避免地引入，影响视频质量。如图 5-26 所示，为了保证视频中音频的质量和清晰度，可以通过视频编辑软件的信号处理技术，减少或消除音频信号中的噪声和干扰。

图5-26　去除噪声效果

5.3.4　添加注释文字

文字在视频表达中具有画龙点睛的作用，可以帮助观众在较短的时间里更好地理解视频内容，提供额外的信息或传达特定的消息。通常，视频中的注释文字可以分为字幕、说明文字及形状和高亮。

1. 字幕

字幕是视频中常见的注释文字形式，通常显示在视频底部，用于展示与视频内容相关的对话、解释或翻译。图 5-27 所示的微课中加入了字幕的效果，通过字幕的展示，观众可以更准确地把握视频中的专业术语和稍纵即逝的台词。

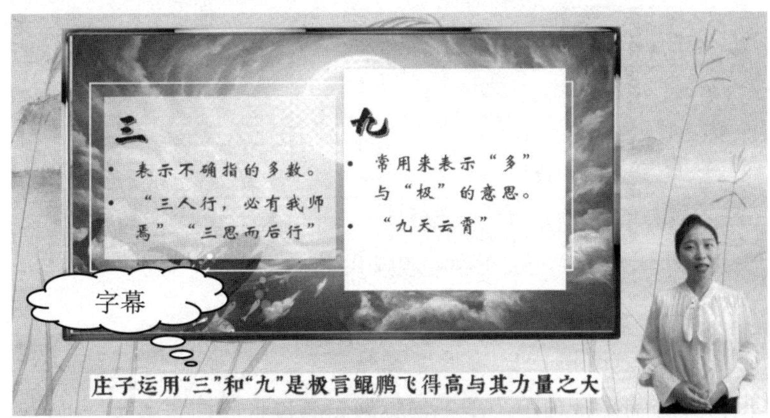

图5-27　视频中的字幕

2. 说明文字

视频中的说明文字是对画面中的某一对象进行着重说明的文字，它没有固定的位置，需要根据画面实际的内容设置排布。说明性文字通常以对话气泡或注释框的形状呈现，以起到提醒观众特别留意某些信息的作用，如图 5-28 所示。

图5-28　视频中的说明文字

3. 形状和高亮

当视频画面中已经出现了解释性文字，无须再添加文字内容时，可以用形状和高亮来提醒观众要关注画面中的哪个位置。相较于前两种注释文字，形状和高亮会更加生动有趣。图 5-29 所示是添加了形状的注释效果。

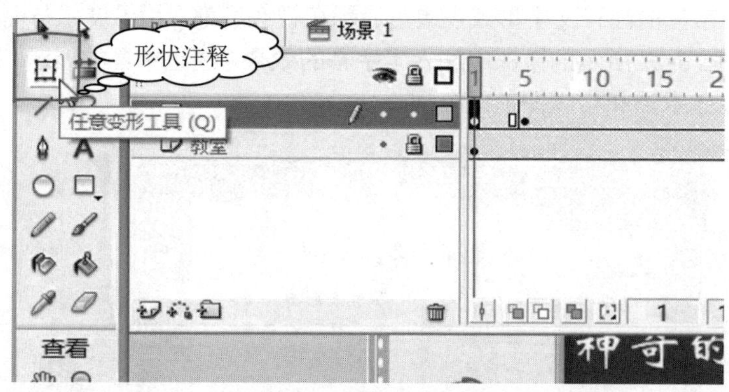

图5-29　视频中的形状

5.3.5　增加视频特效

视频特效是指在视频制作过程中应用于视频内容的视觉或声音效果，以增强观众的视觉体验，或者传达特定的情感、信息或情节元素。这些特效可以分为视觉特效、转场特效、调色滤镜、缩放变焦及绿幕特效等，以创造出与原始视频素材不同的效果。

1. 视觉特效

视觉特效(visual effects，VFX)是一种电影、电视、视频和游戏制作中常用的技术。它通过计算机生成的图形、动画、合成技术和后期制作，创建出不可能或昂贵实现的视觉效果，以增强或改进影片、视频或游戏的视觉体验。图 5-30 所示是加了火焰特效的视频画面。

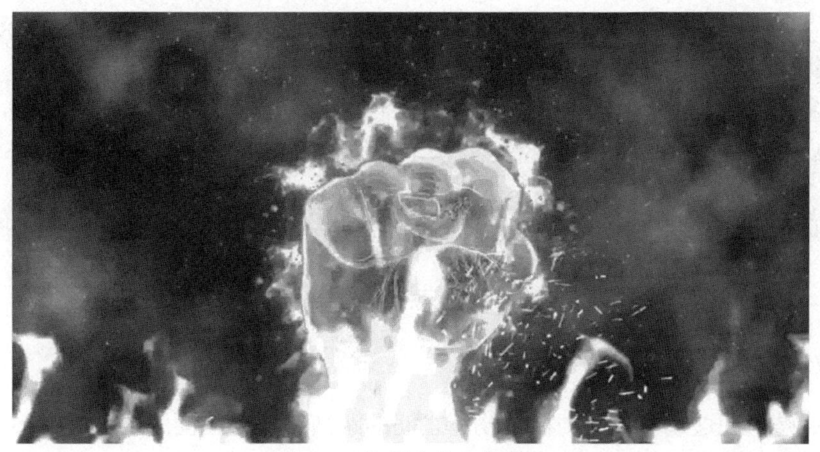

图5-30　视频中的火焰特效

2. 转场特效

转场特效(transitions effects)是在视频编辑中较常用的一种视频处理技术，用于平滑地将一个视频片段过渡到另一个视频片段。该特效用于创造流畅的视觉过渡，以增强观众的体验、传达情感或引导观众的注意力。但是在选择转场特效时切忌眼花缭乱，过于复杂的转场特效会让观众的观看体验大打折扣。图 5-31 所示为波纹转场特效的视频画面。

图5-31　视频中的波纹转场

3. 调色滤镜

视频的调色滤镜是一种用于改变视频的颜色、对比度、亮度和整体色调的视频特效，从而实现视频拍摄时无法达到的视觉效果。这些滤镜可用于创造特定的氛围、情感或风格，以满足视频的需求。图 5-32 所示是视频画面进行调色前后的效果对比。

调色前画面

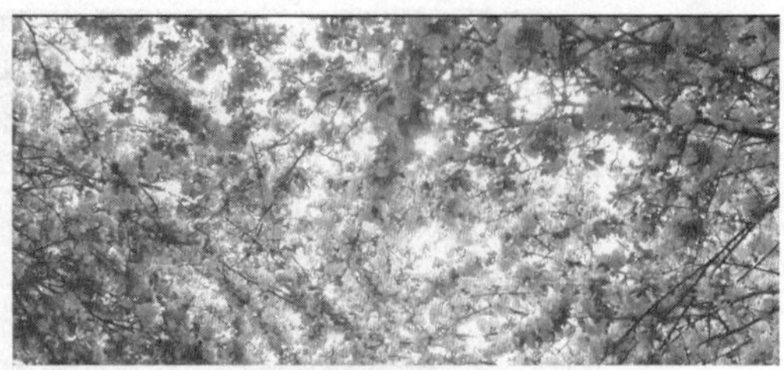
调色后画面

图5-32 视频调色效果对比

4. 缩放变焦

缩放变焦是指通过调整镜头与被摄物体之间的距离来实现画面的放大或缩小。在拍摄视频时，我们可以通过摄像机或手机上的变焦环进行变焦调整。然而，有时拍摄好的视频可能是固定画面，或者没有完全达到对于缩放变焦的需要，这时，就可以通过后期制作的方式来实现这种效果。图 5-33 所示是视频画面缩放变焦的效果对比，它可以让观众对视频中的局部内容予以特别关注。

聚焦缩放前

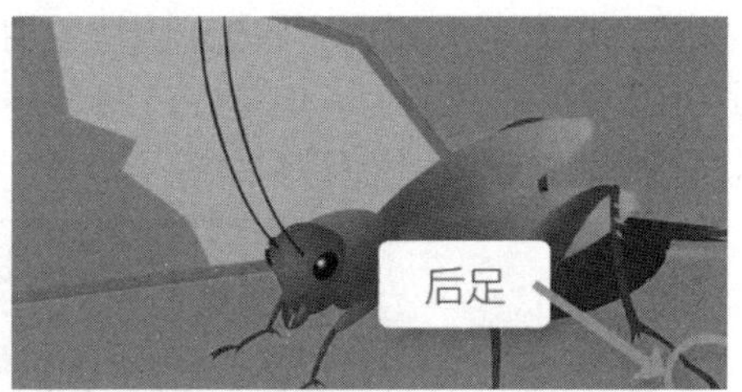

聚焦缩放后

图5-33 视频缩放聚焦效果对比

5. 绿幕特效

绿幕特效(green screen effects)是一种广泛用于电影、电视和视频制作的视觉效果技术。它的原理是通过将演员或对象放置在绿色或蓝色幕布前拍摄，然后在后期编辑中使用专业的软件将幕布颜色删除，以便在背景中添加不同的图像、视频或场景。这种技术也称为“绿屏特效”或“背景替换”。图 5-34 所示是绿幕特效应用于天气播放视频制作的效果。

图5-34 绿幕特效

本章实验

实验5-1　拍摄校园Vlog

实验目的

Vlog 的全称是 Video blog 或 Video log，意思是视频博客或视频网络日志。随着摄影摄像设备与技术的快速普及，越来越多的人开始使用视频记录自己或家人的一些日常生活。本实验的目的是通过拍摄校园生活 Vlog，掌握拍摄获取视频的方法与技巧。

拍摄校园 Vlog

实验条件

- 智能手机；
- 手持云台；
- 数据线。

实验内容

本实验是通过使用便捷的摄像工具，拍摄记录自己生活中一段有趣的经历。实验过程中，为了保证拍摄的视频具有较强的艺术感，学习者不仅要掌握摄影工具的使用技巧，同时也要了解运动拍摄的基本方法。校园生活 Vlog 视频效果如图 5-35 所示。

图5-35　校园生活Vlog视频效果

实验步骤

01 **固定手机**　为了减少拍摄过程中的画面抖动，可以按图 5-36 所示操作，按下启动键，打开手机云台前端的手机槽，将手机与手持云台固定在一起。

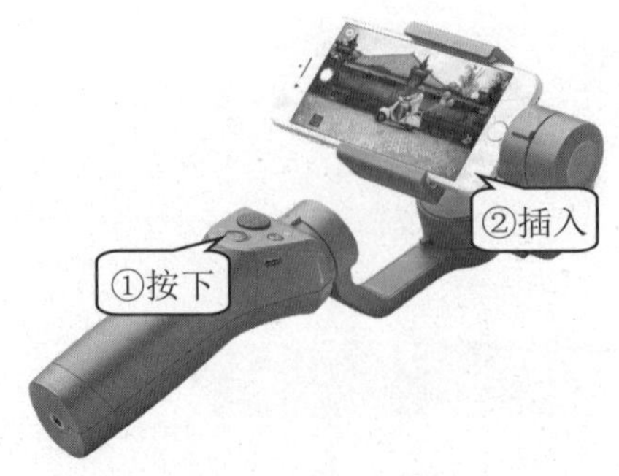

图5-36　固定手机

02 打开手机录像　打开手机的照相机，按图 5-37 所示操作，将其切换为摄像模式，并将视频的清晰度设置为“高清”。

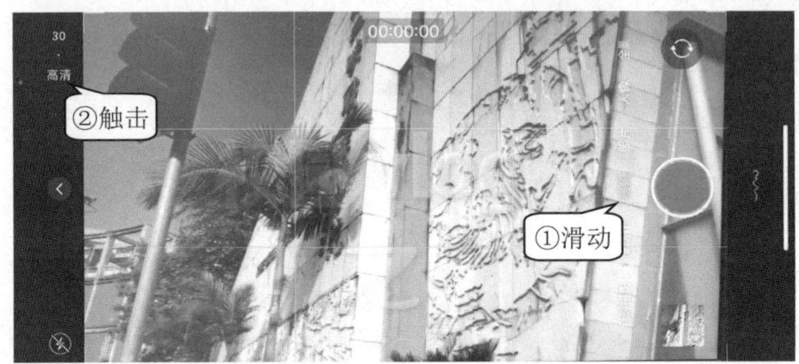

图5-37　打开手机录像

03 拍摄“固定”镜头　固定镜头是指摄像机位置和景别不变的情况拍摄内容，按图 5-38 所示操作，开启录像，拍摄一段 5 秒左右人物在校园树林里走过的镜头。

图5-38　拍摄“固定”镜头

04 拍摄“跟”镜头　跟摄镜头就是指摄像机镜头跟随运动的被摄体一起运动而进行的拍摄。图 5-39 所示是一段行走在宿舍楼小路上的跟镜头画面。

画面 1

画面 2

图5-39 拍摄“跟”镜头

05 拍摄“移”镜头 移镜头是指摄像者手持摄像机，通过人体的运动进行拍摄，在此过程中被摄主体的位置几乎不变。图 5-40 所示是一段树荫下眺望远处的移镜头。

画面 1

画面 2

图5-40 拍摄“移”镜头

06 拍摄“拉”镜头 拉摄是通过变焦使画面的取景范围和表现空间由小到大、由近变远的一种拍摄方法。图 5-41 所示是一段走进自习室的拉镜头。

画面 1

画面 2

图5-41 拍摄“拉”镜头

07 拍摄“摇”镜头 摇镜头是指摄像机机位不动时，借助于三脚架上的活动底盘或拍摄者自身的人体运动，变动摄像机上下或左右的镜头轴线进行拍摄的过程。图 5-42 所示是一段自习室的摇镜头。

画面 1

画面 2

图5-42　拍摄“摇”镜头

08 拍摄“推”镜头　推摄是通过变焦使画面的取景范围由大变小，逐渐向被摄主体接近的一种拍摄方法。图 5-43 所示是一段走出自习室的推镜头。

画面 1

画面 2

图5-43 拍摄“推”镜头

09 导出视频素材　视频素材拍摄完成后，可以通过数据线连接计算机，将其导出并保存到计算机上。随后进行播放查看，以备后期编辑使用。对于不满意的内容，可以进行记录并在必要时进行补拍。

实验5-2　保存微课学习资料

实验目的

微课是可以学习知识、提升能力的一种重要资源。为了能够方便地反复观看这些优质的微课资源，我们可以从网站上将视频下载下来并保存到计算机中。本实验的目的是通过使用专业的视频客户端下载软件，快速获取并保存这些微课视频。

实验条件

保存微课学习资料

- 多媒体计算机；
- 视频客户端软件。

实验内容

优酷、爱奇异、腾讯等视频网站拥有大量优质的视频资源，这些网站通常都会提供专门的计算机客户端。用户可以通过这些客户端软件轻松下载所需的视频。图 5-44 所示是优酷视频下载客户端的工作界面，本实验以它为例介绍视频的下载方法，其他网站客户端下载视频的操作大同小异。

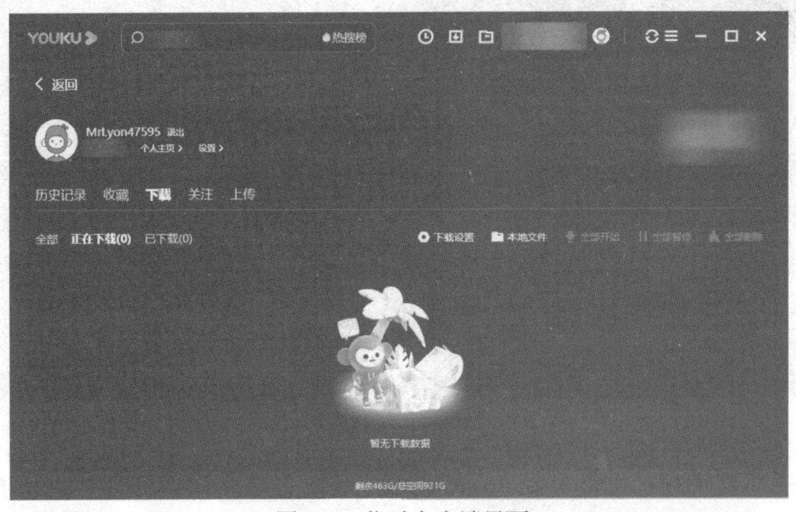

图5-44　优酷客户端界面

实验步骤

01 下载客户端　在 IE 浏览器“地址”栏中输入 http://www.youku.com/，按图 5-45 所示操作，单击“下载”按钮后，弹出要求下载 PC 客户端提示信息，如果已安装 PC 客户端，则直接进入下一步。

图5-45　下载客户端

02 查找视频 PC 客户端下载安装好后，按图 5-46 所示操作，在客户端中搜索查找需要下载的视频。

图5-46 查找视频

03 播放并下载视频 打开需要下载的视频，按图 5-47 所示操作，对视频进行下载。

图5-47 播放并下载视频

04 查看下载的视频 按图 5-48 所示操作，下载完成后，单击“已下载”按钮，即可看到已下载的视频，单击“本地文件”，即可在本地直接观看所下载的视频。

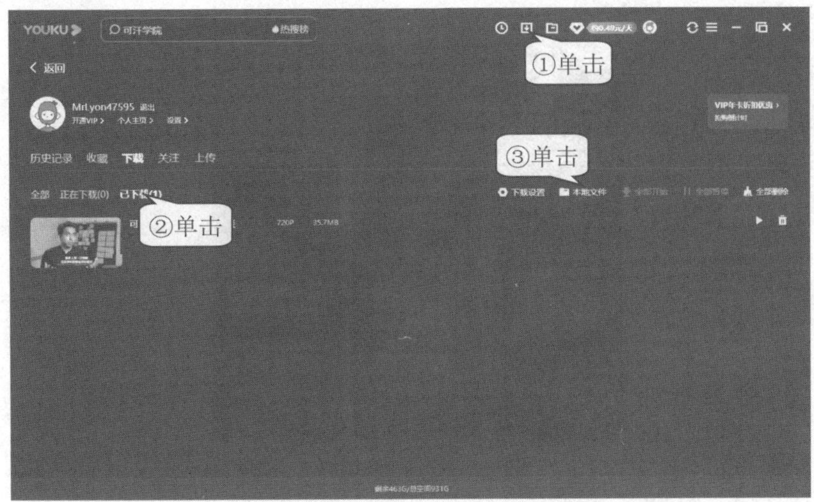

图5-48　查看下载的视频

 实验5-3　录制一个App讲解视频

■ 实验目的

为了让老年人能更好地使用手机软件，我们可以使用手机录屏软件为他们录制软件使用的讲解教程。本实验的目的是通过录制 12306 App 使用视频，帮助老年人学会如何使用 12306 App 进行网上购买车票。

■ 实验条件

- 智能手机；
- 剪映 App。

录制 App 讲解视频

■ 实验内容

现在大部分手机都具备屏幕录制的功能，为了更加便捷、高质量地完成屏幕录制，我们还可以借助第三方录屏软件。图 5-49 所示是“剪映”App 的工作界面，本实验以它为例介绍手机屏幕录制的方法，其他录屏软件的操作类似。

图5-49　剪映App界面

■ 实验步骤

01 下载“剪映”软件　打开手机的应用商城，在搜索栏中输入“剪映”，按图 5-50 所示操作，下载该软件。

图5-50　下载剪映软件

02 打开录屏设置参数　下载安装“剪映”后，打开软件，按图 5-51 所示操作，设置屏幕录制的相关参数，录制比例设置为“竖屏”，分辨率设置为 720P。

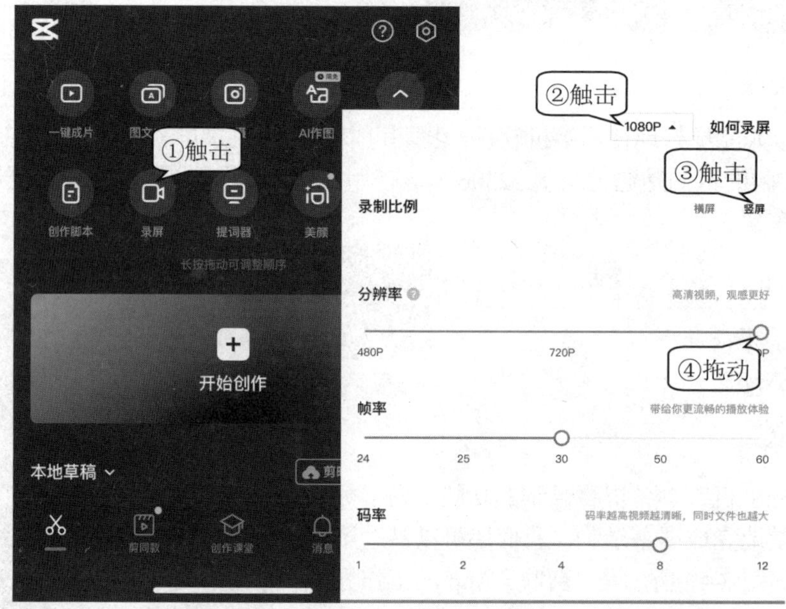

图5-51　设置参数

03 打开勿扰模式开始录屏　为了防止录屏过程中将手机的消息通知一并录进去，可按图 5-52 所示操作，打开勿扰模式，然后触击“开始录屏”按钮，进入录制模式。

04 开启麦克风直播屏幕　开始讲解前，按图 5-53 所示操作，开启麦克风，然后打开 12306 App，一边讲解使用的方法，一边观察录制的状态。

05 结束录制并保存视频　在讲解完毕后，按图 5-54 所示操作，结束屏幕的录制，并将视频存储到手机相册中。

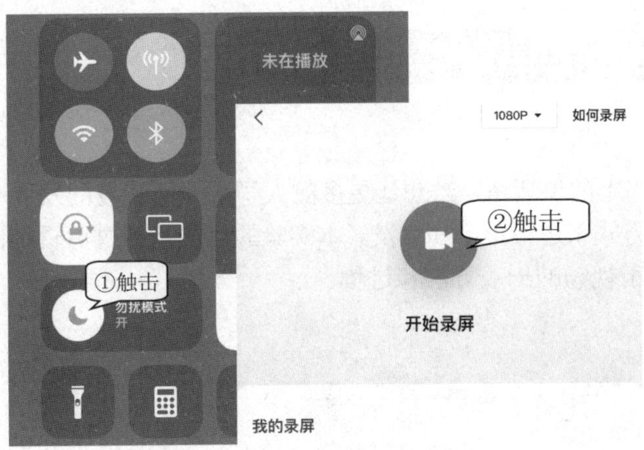

图5-52　打开勿扰模式开始录屏

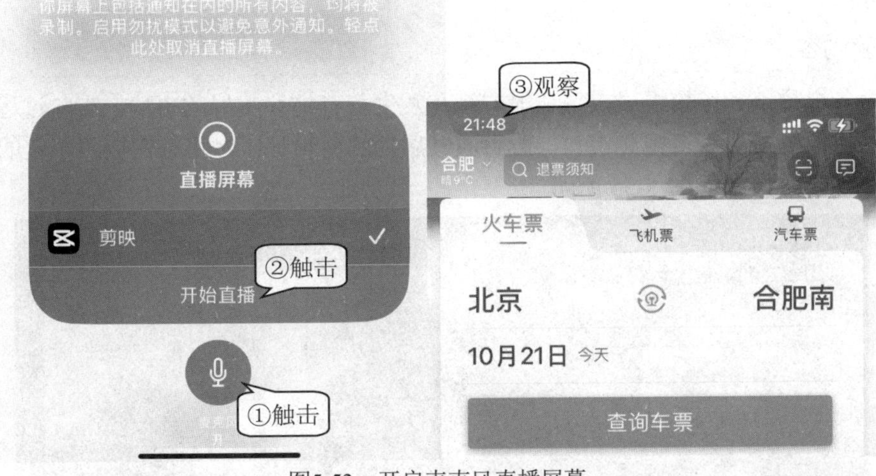

图5-53　开启麦克风直播屏幕

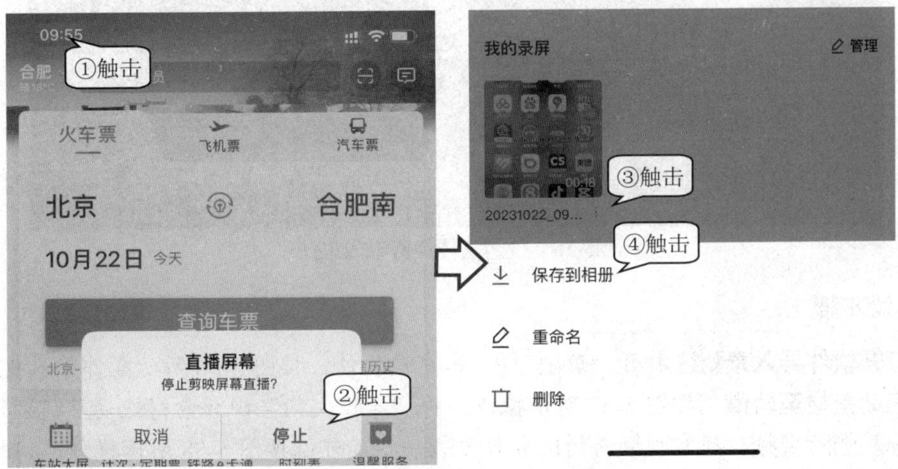

图5-54　结束录制并保存视频

实验5-4 剪辑校园宣传片

■ 实验目的

校园被誉为求知路上的象牙塔，若想让更多的人了解一所学校的发展历史和现状成就，可以通过制作宣传片的方式来进行推广和宣发。本实验的目的是通过剪辑制作校园宣传片，掌握利用视频处理软件加工视频的一般方法和过程。

剪辑校园宣传片

■ 实验条件

➢ 多媒体计算机；
➢ 剪映客户端软件；
➢ 音响、耳机。

■ 实验内容

校园由各个景点和场景组成，每个地方都在发生着有趣和美好的事情。实验过程中，利用手机或数码摄像机拍摄获得视频素材，然后通过后期的剪辑加工，将它们按照一定的情节顺序合并为一个视频，效果如图 5-55 所示。

图5-55 校园宣传片剪辑效果图

■ 实验步骤

01 打开软件导入素材 打开“剪映”PC 客户端软件，按图 5-56 所示操作导入视频素材。

02 拖动素材至轨道 按图 5-57 所示操作，将“学校大门”视频素材拖动至视频轨道上。

03 分割删除视频 通常视频素材比成片要长一些，可以按图 5-58 所示操作，将时间滑块拖动到 00:00:06;23 处，将视频内容进行分割，然后删除时间滑块后多余的内容。

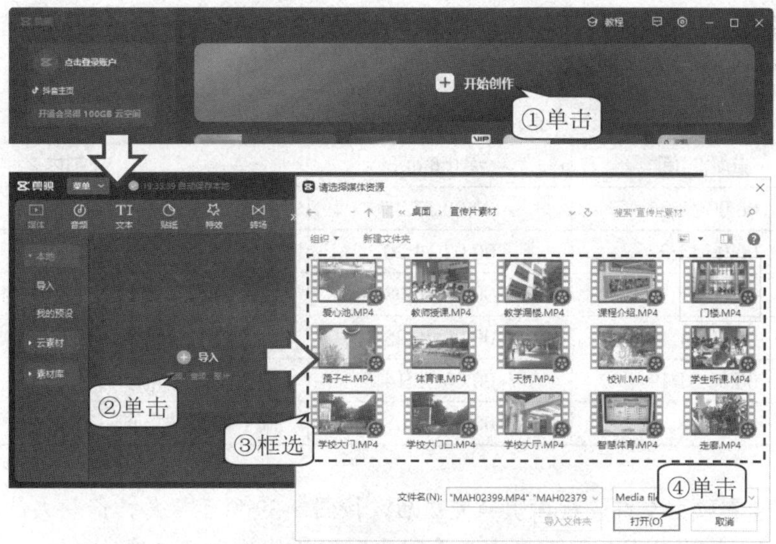

图5-56　打开软件导入素材

图5-57　拖动素材至轨道

图5-58　分割删除视频

04 分割删除其他视频素材 按照步骤02和步骤03，将其他视频素材的内容分别按表5-3所示的时间节点进行分割和删除。

表5-3 分割删除其他视频素材

序号	起始时间	终止时间	分割内容
1	00:00:12;22	00:00:17;25	“门楼”视频后5秒内容
2	00:00:12;22	00:02:14;20	“大厅”视频前2秒内容
3	00:00:27;17	00:00:36;08	“校友留影”视频后9秒内容
4	00:00:31;19	00:00:45;25	“教学楼”视频后14秒内容
5	00:00:31;19	00:00:38;14	“学生听课”前7秒内容
6	00:00:38;08	00:00:43;08	“孺子牛水池”前5秒内容

05 保存并查看项目文件 视频剪辑完成后，按图5-59所示操作，修改文件名称为“校园宣传片”，关闭后在项目面板中查看刚才制作的作品项目文件。

图5-59 保存并查看项目文件

实验5-5　为校园宣传片添加转场

实验目的

在剪辑完成校园宣传片后，通过播放试看，可能会发现视频与视频之间的内容过渡不够自然流畅。本实验的目的是通过为视频添加转场特效的方式，来解决视频之间过渡生硬的问题，进而提高视频的流畅度。

实验条件

- 多媒体计算机；
- 剪映客户端软件；
- 音响、耳机。

为宣传片添加转场

实验内容

视频之间因为拍摄场景、镜头角度或主体事物的变化，往往在衔接上会出现不够自然流畅的问题。实验过程中通过为每两段视频之间添加转场特效，来减少视频过渡不自然的情况，效果如图 5-60 所示。

图5-60　校园宣传片转场添加效果图

实验步骤

01 打开项目文件　在项目面板中双击打开“校园宣传片”项目文件。

02 添加转场效果　在菜单栏中找到“转场”，按图 5-61 所示操作，在“学校大门”和“门楼”视频连接处添加“云朵”转场效果。

图5-61 添加转场效果

03 设置转场参数 添加完转场特效后，按图 5-62 所示操作，调整转场的时间参数为 0.8 秒。由于时间越长转场越慢，时间越短转场越快，因此可根据两段视频的内容和长短进行灵活设置。

图5-62 设置转场参数

04 为其他视频素材添加转场 按照步骤 02 和步骤 03，将其他视频素材的内容分别按表 5-4 所示的时间节点进行转场添加。

表5-4 为其他视频素材添加转场

序号	起始时间	转场特效	持续时间
1	00:00:12;22	叠化	0.8 秒
2	00:00:24;08	放射	0.8 秒
3	00:00:27;17	泛光	0.9 秒
4	00:00:31;19	叠化	0.9 秒
5	00:00:38;08	叠化	1 秒

05 添加出场动画　在视频的结尾处，按图 5-63 所示操作，为结尾视频添加“渐隐”出场动画，让视频的内容逐渐消失，以避免因画面突然结束带来的突兀感。

图5-63　添加出场动画

06 保存并查看项目文件　因为剪映具备“自动保存”的功能，所以用户可在编辑完成后直接关闭页面，在项目面板中查看刚才制作的作品项目文件即可。

实验5–6　为校园宣传片添加字幕

实验目的

字幕能帮助观众在更短的时间里领悟视频中的更多内容。片头文字可以开门见山地告诉观众视频的主题，主体文字能够帮助观众理解画面的意图，片尾文字能够让观众在舒缓的节奏中结束观看。本实验的目的是通过为校园宣传片添加各类字幕，来提高宣传片的可读性。

实验条件

- 多媒体计算机；
- 剪映客户端软件；
- 音响、耳机。

为校园宣传片添加字幕

实验内容

校园宣传片中的字幕通常分为片头文字、内容文字和片尾文字。文字内容可以根据拍摄的视频内容进行设计撰写，也可以是视频拍摄前设计制作好的文字脚本。根据画面内容制作与之搭配的文字内容可以提升视频的观赏性，效果如图 5-64 所示。

图5-64　校园宣传片添加字幕效果图

■ 实验步骤

01 打开项目文件　在项目面板中双击打开“校园宣传片”项目文件。

02 添加片头文字　在菜单栏中找到“文本”，按图 5-65 所示操作，在“学校大门”视频上方添加片头标题模板。

图5-65　添加片头文字

03 修改文字与时长　添加好片头文字后，按图 5-66 所示操作，修改文字内容为“欢迎来到合肥一六八玫瑰园学校”，并将文字的播放时长调至转场开始前。

图5-66 修改文字与时长

04 添加主体视频文字 主体视频中的文字位置要相对固定，且端庄大气，可以按图 5-67 所示操作，添加“默认文本”，修改文字内容为“合肥一六八玫瑰园学校坐落于美丽的翡翠湖畔”，并将文本的时长调整至第二段视频转场开始前。

图5-67 添加主体视频文字

05 设置样式并调整位置 默认文本中的文字样式通常为纯白色，位置位于画面的正中央，可以按图 5-68 所示操作，修改文字样式，并将其调至画面合适位置。

图5-68　设置样式并调整位置

06 快速制作其他文字　在制作好一段主体视频文字后，可以按图 5-69 所示操作，通过复制粘贴修改文字内容的方式，快速制作后面几段视频的文字。后续文字内容如表 5-5 所示，内容较多的部分可以分两段文字显示。

表5-5　主体视频文字

序号	起始时间	结束时间	文本内容
1	00:00:13;04	00:00:18;11	学校为中华民族伟大复兴育才
2	00:00:18;11	00:00:23;27	将学生幸福人生奠基作为价值目标
3	00:00:24;19	00:00:27;04	莘莘学子在这片教育沃土茁壮成长
4	00:00:28;00	00:00:31;06	学校秉持将每位学生都放在心上
5	00:00:32;02	00:00:37;23	用爱与责任为学生启智润心、培根铸魂

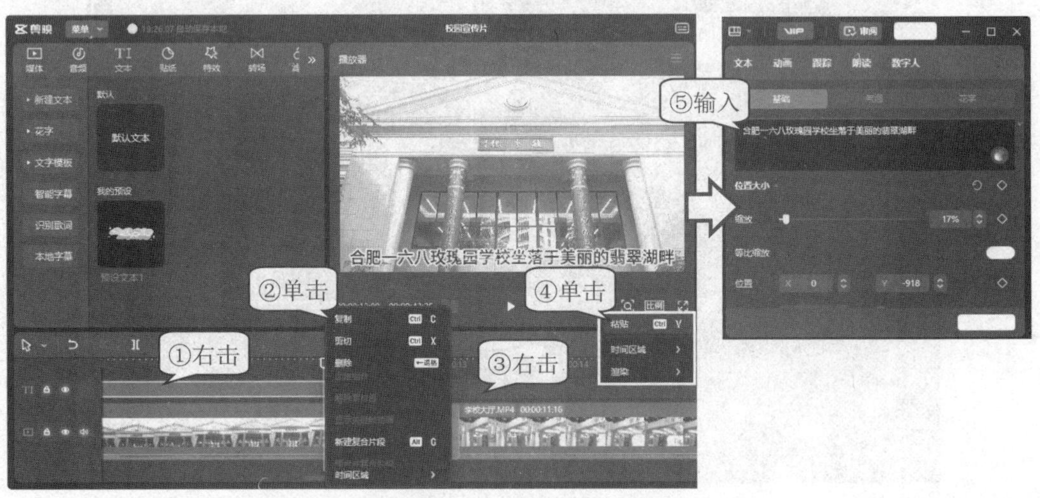

图5-69　快速制作其他文字

07 制作片尾文字　片尾文字起画龙点睛的作用，可以按照步骤 02 和步骤 03 中片头文字的制作方法，制作片尾文字，并将其内容修改为“满院深浅色，玫瑰最芬芳”。

08 查看项目文件　编辑完成后，用户可直接关闭页面，在项目面板中查看刚才制作的作品项目文件。

实验5-7　为校园宣传片添加特效

实验目的

现在不论是科幻大片还是商业巨作，视频特效在其中都扮演着至关重要的作用。影片视频中的特效在让观众获得强烈的视觉冲击力的同时，对视频的情感和氛围也起到了更好的彰显作用。本实验的目的是通过为校园宣传片添加特效，提升宣传片的视觉美感。

为校园宣传片添加特效

实验条件

- 多媒体计算机；
- 剪映客户端软件；
- 音响、耳机。

实验内容

校园宣传片是一种比较正式的视频题材，因此在选择特效时需要考虑各种视觉特效与主题表达是否贴切。拍摄视频素材时可能需要色彩上的瑕疵，可利用滤镜特效对画面的风格效果进行适当调整，效果如图 5-70 所示。

图5-70　校园宣传片添加滤镜效果图

实验步骤

01 打开项目文件　在项目面板中双击打开“校园宣传片”项目文件。

02 添加视频特效　在菜单栏中找到“特效”，按图 5-71 所示操作，将“光斑飘落”特效添加在“教学楼”视频上。

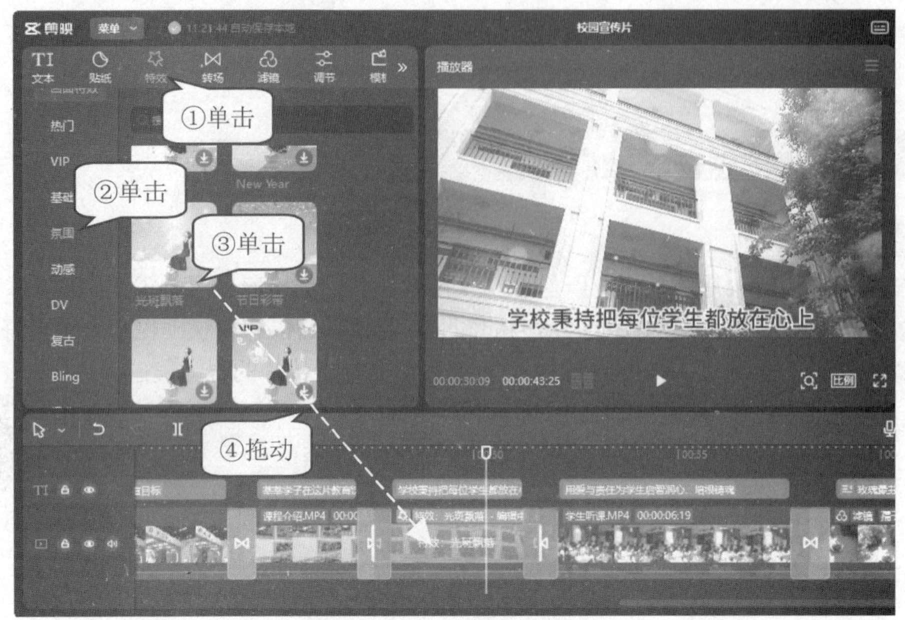

图5-71　添加视频特效

03 修改视频特效　添加好视频“特效”后，可以在参数设置面板中，按图 5-72 所示操作，适当修改相关参数，保证视频内容和特效结合得自然流畅。

图5-72　修改视频特效

04 添加滤镜特效　滤镜可以改变视频画面的色彩和氛围。按图 5-73 所示操作，为“孺子牛”结尾视频添加上“暮色”的滤镜。

图5-73　添加滤镜特效

05 查看项目文件　编辑完成后，用户可直接关闭页面，在项目面板中查看刚才制作的作品项目文件。

实验5-8　为宣传片添加背景音乐

实验目的

影视作品中背景音乐的作用主要表现在解释影视主题、补充和丰富画面，以及调动观众情绪三个方面。一段与视频主题相得益彰的背景音乐可以极大提升作品的感染力。本实验的目的是通过为校园宣传片添加背景音乐，来提升宣传片的表现力。

为校园宣传片添加背景音乐

实验条件

- 多媒体计算机；
- 剪映客户端软件；
- 音响、耳机。

实验内容

校园宣传片可以选用轻快活泼的轻音乐，或者是大气磅礴的交响乐，音乐的选择主要依据视频的内容和风格。此外，对于视频素材中的原有声音也要进行静音处理，从而获得更好的视听感受。添加背景音乐的校园宣传片效果如图 5-74 所示。

图5-74　校园宣传片添加背景音乐效果图

实验步骤

01 打开项目文件　在项目面板中双击打开“校园宣传片”项目文件。

02 视频静音处理　原始视频素材的声音比较嘈杂，可按图 5-75 所示操作，把鼠标移动至音量区域后，将“学校大门”视频素材中的音量调节至最低。

图5-75　视频静音处理

03 其他视频静音　重复步骤 02，为其他视频进行静音处理。

04 添加背景音乐　剪映软件的“音乐库”中收藏了大量优秀的背景音乐，可按图 5-76 所示操作，将其中的“欢快的背景音乐”添加至视频下方。

05 调整背景音乐时长　音乐素材通常无法与视频内容长度一致，如果短于视频内容，则可以通过执行“复制”→“粘贴”命令来增加音乐；如果长于视频内容长度，则可以按图 5-77 所示操作，调整音乐播放时长至视频结尾。

图5-76　添加背景音乐

图5-77　调整背景音乐时长

06 制作淡入淡出效果　按图 5-78 所示操作，为音乐增加淡入和淡出效果，可避免背景音乐开始和结束的突兀感，从而让音乐的播放更加自然流畅。

图5-78　制作淡入淡出效果

07 查看项目文件　编辑完成后，用户可直接关闭页面，在项目面板中查看刚才制作的作品项目文件。

实验5–9　为校园宣传片配音

■ 实验目的

浑厚磁性的配音能够进一步提升观众对宣传片的视听体验。然而，每个人的声线特点、普通话标准程度及播音主持的专业素养都有所不同。本实验的目的是通过为校园宣传片添加配音效果，运用科技手段实现专业配音，以优化观众的视听感受。

■ 实验条件

- 多媒体计算机；
- 剪映客户端软件；
- 音响、耳机。

为校园宣传片配音

■ 实验内容

通过使用剪映软件中自带的“文本朗读”功能，可以快速地为校园宣传片增加专业配音效果，进一步提升视频的观赏性。添加配音内容后的校园宣传片效果如图5-79所示。

图5-79　校园宣传片添加配音后的效果图

■ 实验步骤

01 打开项目文件　在项目面板中双击打开“校园宣传片”项目文件。

02 添加配音　配音效果的添加前提是要有文本内容，在“实验5-6”中制作完成字幕后，按图5-80所示操作，使用“文本朗读”功能为视频添加配音效果。

图5-80　添加配音

03 调整语速　配音添加完成后可以播放试听，如果语速比较快，可以按图 5-81 所示操作，对视频的语速进行调整，从而保证其与字幕播放的时间基本一致。

图5-81　调整语速

04 制作其他视频配音　重复步骤 02 和步骤 03，为其他视频制作配音效果。

05 查看项目文件　编辑完成后，用户可直接关闭页面，在项目面板中查看刚才制作的作品项目文件。

实验5-10　发布校园宣传片

实验目的

校园宣传片制作完成后，可以利用各种自媒体工具或校园宣传平台对视频进行推广和宣传，让更多人了解校园文化。本实验的目的是通过发布校园宣传片视频，将制作好的项目文件生成为完整的视频，并在网络平台上展示分享。

实验条件

发布校园宣传片

- 多媒体计算机；
- 剪映客户端软件；
- 音响、耳机。

实验内容

将制作好的校园宣传片项目文件进行渲染合成，生成一个完整的视频文件。然后，利用“抖音”等网络平台发布并分享这一宣传片，以达到广泛传播和宣传的效果。导出后的校园宣传片效果如图 5-82 所示。

图5-82　校园宣传片导出效果图

实验步骤

01 打开项目文件　在项目面板中双击打开“校园宣传片”项目文件。

02 导出视频　视频内容编辑完成后，按图 5-83 所示操作，将其渲染导出。

03 发布视频　视频渲染导出后，按图 5-84 所示操作，将其发布到抖音、西瓜视频等社交媒体平台上。

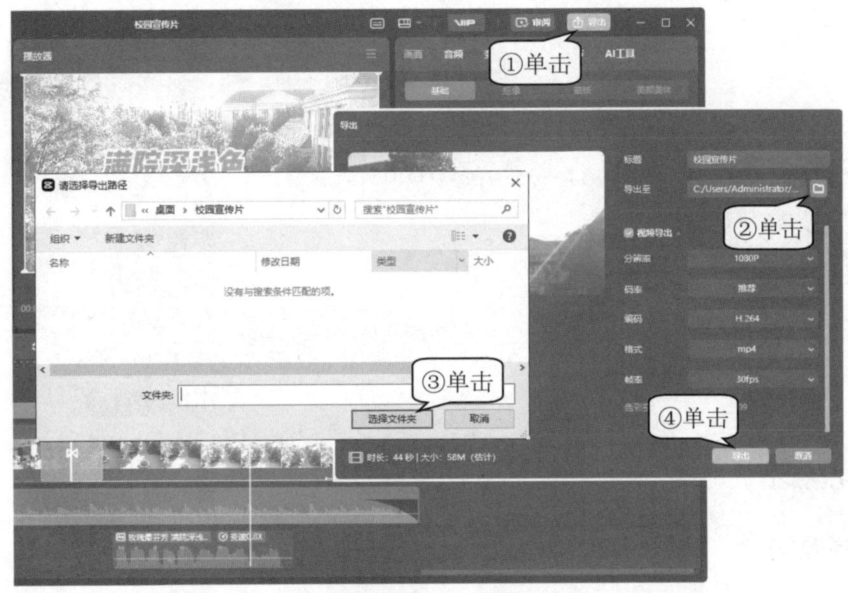

图5-83　导出视频

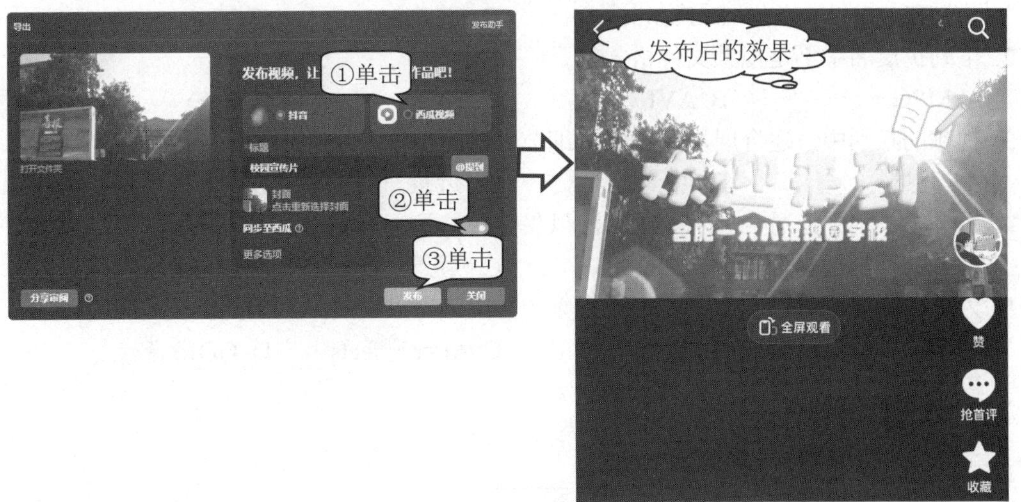

图5-84　发布视频

5.4　小结和练习

5.4.1　本章小结

本章介绍了多媒体技术所用到的视频数据基础知识和视频数据的获取与处理方法，具体包括以下主要内容。

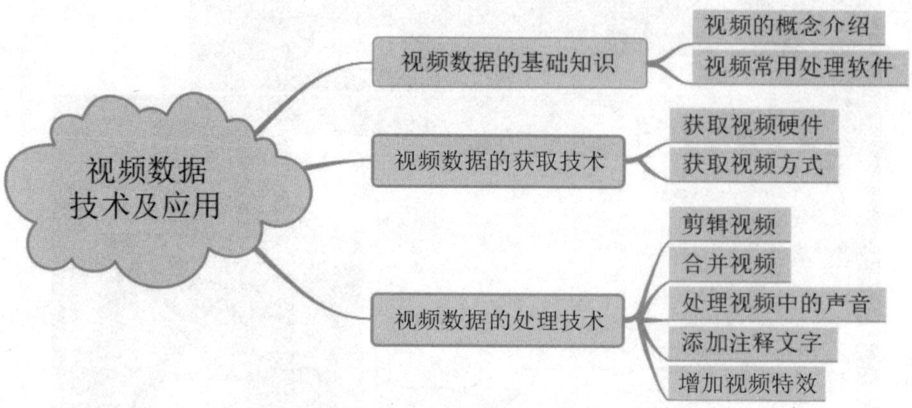

5.4.2 强化练习

一、选择题

1. 以下软件中不是视频编辑软件的是(　　)。

A. PPT　　B. Premiere　　C. 剪映　　D. Vegas

2. 下列扩展名中不是视频文件格式的是(　　)。

A. MPG　　B. AVI　　C. MOV　　D. PSD

3. 视频的景别中，适合展示人物面部细节表情的是(　　)镜头。

A. 远景　　B. 中景　　C. 近景　　D. 特写

4. 视频的景别中，适合展示大山大河风景全貌的是(　　)镜头。

A. 远景　　B. 中景　　C. 近景　　D. 特写

5. 为了让计算机可以支持更多格式视频的播放，可以安装(　　)软件。

A. QQ音乐　　B. 格式工厂　　C. After Effects　　D. QQ影音

二、填空题

1. 电视的制式主要包括________和________。
2. 我国大陆地区采用的彩色电视机制式为________制，帧频为________。
3. 常见视频画面的景别有________、________、________、________和________。
4. 常用的视频拍摄工具有________、________和________。
5. 视频中注释文字根据其作用可分为________、________和________。

三、判断题

1. 录制视频过程中出现错误时，停顿一下，再讲一次，后期编辑是不可以去除的。(　　)
2. 录屏软件只能录计算机屏幕，不能录手机屏幕。(　　)
3. 录屏讲解时一定要打开麦克风才能将解说声音录制进去。(　　)
4. 剪映软件中朗读功能可以为视频轻松配音。(　　)

5. 因为视频可以轻松剪辑处理，所以拍摄时想怎么拍就怎么拍。　　（　）

四、问答题

1. 数字视频与模拟视频相比具有哪些优点？
2. 常用的视频获取方式有哪些？
3. 什么是蒙太奇？
4. 什么是画中画效果？有什么作用？
5. 什么是 4K 视频？

五、操作题

1. 使用手机或 DV 拍摄几段校园中篮球比赛的精彩视频。
2. 使用剪映软件对篮球比赛视频进行适当剪辑。
3. 将背景音乐加入篮球比赛视频中。
4. 为篮球比赛视频添加片头和片尾文字。
5. 将制作完成的篮球比赛视频发布至互联网平台上。

第6章 动画数据技术及应用

■ 学习要点

动画是一种综合艺术，是集合了绘画、漫画、电影、数字媒体、摄影、音乐、文学等众多艺术门类于一身的艺术表现形式。在数字化的时代背景下，数字动画的应用领域十分广泛，熟练掌握数字动画的设计和制作方式已成为一项必备技能。本章将介绍动画的基本概念、制作流程，以及数字动画的制作技术，如制作逐帧动画、补间动画、引导动画等。

- 了解动画的基本概念。
- 了解动画的制作流程。
- 认识数字动画的类型。
- 掌握数字动画制作的技术。

■ 核心概念

动画　　动画数据　　数字动画　　动画类型

■ 本章重点

- 动画数据的基础知识
- 数字动画的制作技术

6.1 动画数据的基础知识

随着计算机图形学和计算机硬件的不断发展，计算机动画应运而生，它是计算机图形学和艺术相结合的产物。动画除被制作成美术片以供观赏外，更多地被应用到了多媒体、网络、交互式计算机游戏及电影、广告等领域，成为人们生活、工作中不可缺少的一种媒体。

6.1.1 动画的基本概念

动画是采用逐帧拍摄对象并连续播放而形成运动的影像技术。不论拍摄对象是什么，只要它的拍摄方式采用的是逐格方式，观看时连续播放形成了活动影像，它就是动画，即连续播放的静态画面相互衔接而形成的动态效果。

1. 动画的基本原理

对“动画”简单的理解是“活动的画面”。如图6-1所示，在每张纸上都画上一匹马，根据马匹跑动的规律，每张马的腿部、头部和鬃毛的位置或形态稍稍有所变化，快速翻动这沓纸，呈现在人们面前的就是一匹扬蹄飞奔的骏马。动画是利用人类眼睛的“视觉暂留”现象，让一幅幅静止的画面连续播放形成的动态效果。医学证明，“视觉暂留”是人眼具有的一种性质。人眼观看物体时，物体成像于视网膜上，并由视神经输入人脑，因此人能感觉到物体的像。但当物体移去时，在1/24秒内视神经对物体的影象不会立即消失，利用这一原理，在一幅画还没有消失前播放出下一幅画，会给人造成一种流畅的视觉变化效果。

图6-1 奔跑的骏马

2. 动画基本类型

计算机动画(computer animation)，又称计算机绘图，是通过使用计算机制作动画的技术。计算机动画按照不同的标准，可以划分为多种类型，分清楚这些类型有利于制作和利用动画素材。

1) 按运动控制方式划分

- 逐帧动画：也称为帧动画或关键帧动画。该类型模仿传统的动画制作方式，在“连续的关键帧”中分解动画动作，在时间轴的每帧上逐帧绘制不同的内容，通过一帧一帧显示的图像序列来实现动画效果。逐帧动画不具有交互性，如GIF动画就是一种比较典型的逐帧动画。
- 补间动画：是用算法来实现对象的运动。与逐帧动画不同的是，补间动画无须制作动画过程的每一帧，只需定义动画的开始与结束两个关键帧，并指定动画变化的时间和方式等。这两个关键帧中间由软件自动计算即可得到中间的画面，因此可在这两个关键帧之间插入若干中间帧，如渐变动画就是一种典型的补间动画。补间动画是计算机动画非常重要的表现手段，一般分为动作补间动画和形状补间动画两类。

2) 按动画制作原理划分

- 二维动画：也称作平面动画或2D动画，它的每帧画面是平面地展示角色动作和场景内容，如Animate制作的动画就是二维动画。二维动画主要用来实现中间帧生成，即根据两个关键帧生成所需的中间帧(插补技术)。图6-2所示为“大鱼海棠”的二维动画。

图6-2　“大鱼海棠”二维动画

- 三维动画：也称作立体动画或3D动画，是采用计算机技术来模拟真实的三维空间(虚拟真实性)。它包含了组成物体的完整的三维信息，能够根据物体的三维信息在计算机内生成影片角色的几何模型、运动轨迹及动作等，可以从各个角度表现场景，具有真实的立体感，如3ds MAX制作的动画就是三维动画。虚拟现实也可看作是一种三维动画。三维动画所生成和显示的图形含有第三维的深度信息，图片具有深度并提供了多种视角。图6-3所示为“功夫熊猫”三维动画。

图6-3　“功夫熊猫”三维动画

3. 动画文件格式

现今，计算机动画应用广泛，不同的应用领域，其动画文件也存在不同类型的存储格式。常见的动画文件格式有以下几种。

1) GIF 格式

GIF(graphics interchange format，图像互换格式)文件的图像数据使用了可变长度编码的LZW 压缩算法(variable-length_code LZW compression)，这是从 LZ 压缩(lempel ziv compression)

算法演变过来的，通过压缩原始数据的重复部分来达到减小文件大小的目的，其压缩率一般在50%左右。GIF 格式的另一个特点是其在一个 GIF 文件中可以存多幅彩色图像，如果把存于一个文件中的多幅图像数据逐幅读出并显示到屏幕上，就可构成一种最简单的动画。GIF 格式的文件压缩比高、磁盘空间占用较少、图像文件短小、下载速度快、颜色数较少、无损压缩和基于帧的动画，最多只能处理 256 种色彩，不能用于存储真彩色的图像文件，但能够存储为背景透明的形式。这些特点使得 GIF 多用于网络上的小图片、图标或 Logo。考虑到网络传输中的实际情况，GIF 图像格式除了一般的逐行显示方式，还增加了渐显方式，即在图像传输过程中，用户可以先看到图像的大致轮廓，然后随着传输过程的继续而逐渐看清图像的细节部分，从而适应了用户的观赏心理。

2) SWF 格式

SWF(shockwave Flash)文件是 Macromedia 公司的产品 Flash 生成的动画文件格式，它基于矢量技术，采用曲线方程描述其内容，而不是由点阵组成内容，因此这种格式的动画在缩放时不会失真，非常适合描述由几何图形组成的动画，如教学演示等。SWF 格式能够用较小的体积表现丰富的多媒体形式。SWF 文件可以保存基于视频和矢量的动画和声音，也可以保存交互式文本和图形，它通常会用于创建应用程序、网页游戏，并可有效地通过 Web 传递，因此被广泛地应用于网页上，成为一种“准”流式媒体文件，适合边下载边观看。SWF 文件可以用 Adobe Flash Player 打开，浏览器必须安装 Adobe Flash Player 插件，才能正常浏览网页中的 SWF 文件。

3) FLIC 格式

FLIC 是 Autodesk 公司在其出品的 2D、3D 动画软件中采用的彩色动画文件格式。FLIC 是 FLC 和 FLI 的统称。其中，FLI 是最初的基于 320×200 像素的动画文件格式，而 FLC 则是 FLI 的扩展格式，采用了更高效的数据压缩技术，其分辨率也不再局限于 320×200 像素。FLIC 文件采用行程编码(RLE)算法和 Delta 算法进行无损数据压缩，首先压缩并保存整个动画序列中的第一幅图像，然后逐帧计算前后两幅相邻图像的差异或改变部分，并对这部分数据进行 RLE 压缩，由于动画序列中前后相邻图像的差别通常不大，因此可以得到相当高的数据压缩。

FLIC 文件事实上是对一个静止画面序列的描述，连续显示这一序列便可在屏幕上产生动画效果。FLIC 文件结构简洁，虽然每种基色最多只有 256 级灰度，图像深度只有 8 位，但使用起来很方便。FLIC 文件曾经广泛应用于动画图形中的动画序列、计算机辅助设计和计算机游戏应用程序，不过现在这种格式比较少见。

4) AVI 格式

AVI(audio video interleaved，音频视频交错格式)可以将视频和音频交织在一起进行同步播放。AVI 是对视频、音频文件采用的一种有损压缩方式，该方式的压缩率较高，并可将音频和视频混合到一起。这种视频格式的优点是可以跨多个平台使用，其缺点是体积过于庞大，以及压缩标准不统一，最普遍的现象就是高版本 Windows 媒体播放器播放不了采用早期编码编辑的 AVI 格式视频，而低版本 Windows 媒体播放器又播放不了采用最新编码编辑的 AVI 格式视频。AVI 文件通常比其他视频格式更大，但也更具有可扩展性和可编辑性，所以 AVI 依然是视频文件的常见封装格式，用来保存电影、电视等各种影像信息，有时也出现在 Internet 上，供用户下载。除此之外，一些常用的视频文件格式，如 MP4、WMV、FLV、RMVB、MOV、QT 等，也可作为动画文件在计算机中的存储格式。

4. 动画制作软件

随着计算机、动画技术的普及和快速发展，动画制作软件多种多样，主流动画制作软件有Adobe Animate CC、3D Studio Max、Autodesk Maya 等。

1) Adobe Animate CC

Adobe Animate CC 原名为 Adobe Flash Professional CC，是一款由 Adobe 公司开发的动画制作软件，可用于制作动画影片、网页动画、广告、交互式教育内容等。它支持矢量绘图工具，允许用户创建和编辑矢量图形，并在时间轴上制作帧动画。与之前的 Flash 软件相比，Animate 软件中新增了骨骼工具，可以在形状、按钮、图形元件上应用骨骼工具，用于制作人物角色动画等一系列的骨骼动画，以及资源库的概念。

Adobe Animate CC 软件界面如图 6-4 所示。

图6-4 Adobe Animate CC软件界面

2) 3D Studio Max

3D Studio Max，常简称为 3d Max 或 3ds MAX，它是基于 PC 系统的 3D 建模渲染和制作软件。3D Studio Max 具有强大的动画功能，包括关键帧动画、物理仿真和粒子系统，其还能够创建逼真的角色动画和特效，使物体具有真实的物理行为。此外，它还提供了高质量的渲染器，可以生成逼真的光影效果和高品质的渲染结果。3D Studio Max 首先开始运用在计算机游戏中的动画制作，现在广泛应用于广告、影视、工业设计、建筑设计、三维动画、多媒体制作、辅助教学及工程可视化等领域。

3) Autodesk Maya

Autodesk Maya 是美国 Autodesk 公司出品的三维动画软件，其应用对象是专业的影视广告、角色动画、电影特技等。Autodesk Maya 集成了 Alias 和 Wavefront 的动画和数字效果技术，它不仅包括一般的 3D 和视觉效果的生产能力，而且还集成了先进的建模、数字布料仿真、头发渲染和运动匹配技术。其功能完善，工作灵活，制作效率极高，渲染真实感极强，是电影级别的高端制作软件。

5. 动画基本元素

元件是动画设计与创作中最重要的基本元素，实例是元件在舞台上的具体使用，库是用于存储元件的仓库及存储创建的或在文档中导入的媒体资源，理解并合理地利用元件、实例和库是制作动画的需要。

1) 元件

元件是指在动画制作中需要反复调用的预设图形、按钮或动画资源。在动画设计与创作中，把需要重复使用的元素制作成元件。创建元件有两种方法：一种是通过菜单执行"插入"→"新建元件"命令创建新元件；另一种是通过菜单执行"修改"→"转换为元件"命令将已有对象转换为元件。制作好的元件都会保存在库中，在使用时将元件从库中拖曳到舞台上即可。元件的主要类型有以下 3 种。

- 图形元件：它可以用于存放静态图像，也可用来创建动画，在动画中可以包含其他元件实例，但不能添加交互控制和声音效果。图形元件与放置该元件文档的主时间轴是联系在一起的，即它与主时间轴的播放是同步的，而且不需要脚本控制元件，即可以使用图形元件类型。图6-5所示为图形元件"小船"示例。

图6-5　图形元件"小船"

- 影片剪辑元件：它具有自己的时间轴，是独立于影片时间线的动画元件，相当于在主时间轴上通过元件嵌套的多帧时间轴，即使在主时间轴上只有一帧的情况下，发布后仍能够播放完整的影片剪辑。影片剪辑包含交互式控件、声音及其他影片剪辑，常用于在动画制作中创作丰富的动画效果。图6-6所示为影片剪辑"风车转动"示例。

图6-6　影片剪辑“风车转动”

- 按钮元件：是一种特殊的交互式影片剪辑，具有与影片剪辑元件相似的特点，它的时间轴只有4帧。如图6-7所示，前3帧显示按钮的3种状态，分别是“弹起”“指针经过”“按下”，第4帧“点击”定义按钮的活动区域。按钮可以是绘制的形状，也可以是文字或位图，按钮元件可以用于创建响应鼠标单击、滑过或其他动作的交互式按钮。按钮元件的时间轴不需要进行线性播放，它会通过响应鼠标指针的移动和动作，来跳至相应的帧或执行特定的脚本命令，从而实现交互动作。通过自定义按钮的显示及反应状态，用户可以制作生动有趣的交互按钮。

图6-7　按钮元件的时间轴

2) 库

“库”在创建一个新的文档时就已经存在，它相当于一个仓库，可以存储创建的图形、影片剪辑、按钮等元件，以及已添加到文档的所有组件，还可以存储外部导入的音频、图像等对象，如要调用，只需将该元件从“库”中拖曳至舞台即可。在编辑动画文档时，可以使用当前文档的“库”，也可以使用其他文档的“库”，所以“库”中的资源是共享的。图 6-8 所示是 Animate 的“库”面板。

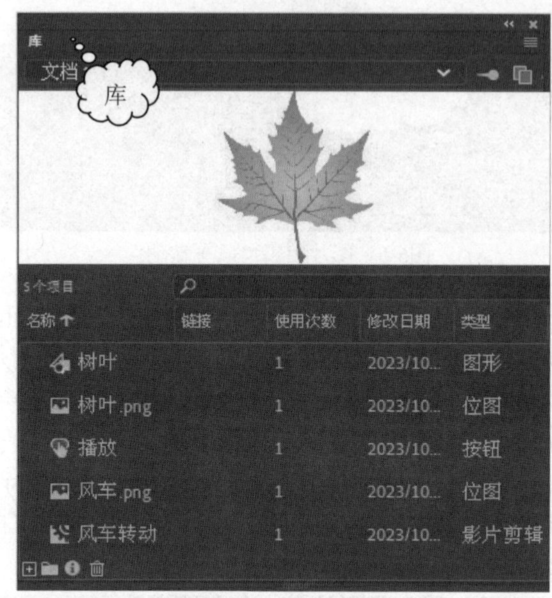

图6-8 “库”面板

对“库”的操作主要有以下几种。

- 重命名库项目：双击“库”面板中的项目名称或从“库”面板菜单中选择“重命名”命令可重命名库项目。
- 使用其他文档的库：在当前文档的“库”面板中选择其他文档，则会出现该文档的库项目，将这些项目拖曳到舞台上，就可将此项目由其他文档复制到当前文档。
- 复制库项目：如果要复制当前“库”中的项目，可在项目上右击，在弹出的快捷菜单中选择“直接复制”命令，弹出复制对话框，设置项目名称和其他参数。
- 删除库项目：选中“库”中的项目，单击“删除”按钮即可。
- 重设项目的属性：右击“库”面板中的项目，在弹出的快捷菜单中选择“属性”命令，或者在“库”面板底部单击“属性”按钮，在弹出的对话框中可重设其属性参数。

3) 元件实例

元件实例是位于场景中的动画元件，动画元件被创建好之后，会被存储在“库”中，用户从“库”面板中将元件拖曳到场景中可以创建实例，所以，实例是元件在舞台上的具体使用。图 6-9 所示为元件和元件实例。一个元件可以创建多个实例，每个实例都有独立于该元件的属性，对其中的某个实例进行修改不会影响元件，对其他的实例也没有影响。

图6-9　元件和元件实例

对"实例"的操作主要有以下几种。

- 设置实例名：选中元件实例后，可在"属性"面板中设置实例名称，如图6-10所示。实例名的设置主要针对的是按钮元件和影片剪辑元件，图形元件及其他元件无实例名。实例名用于脚本中对某个具体对象进行操作时，称呼该对象的代号既可以使用中文，也可以使用英文和数字。

图6-10　设置实例名

- 更改实例类型：根据创作需要可以改变实例的类型。如图6-11所示，单击"属性"面板中的下三角按钮，在弹出的下拉列表中可选择要更改的元件实例类型。

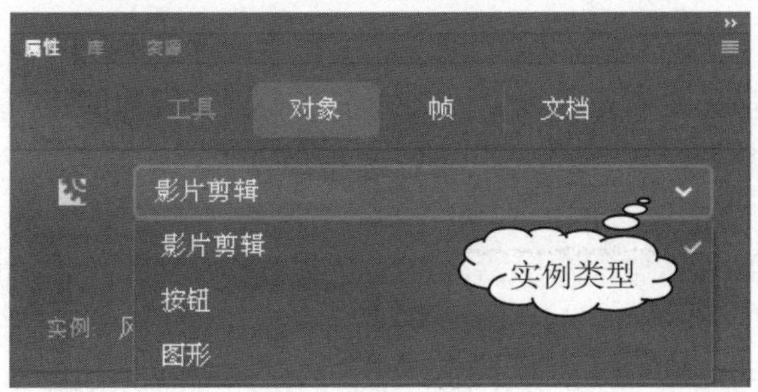

图6-11　更改实例类型

- 交换实例：实例创建完成后，可以为实例指定另外的元件，使舞台上的实例变为另外一个实例，但原来的实例属性不会改变。如图6-12所示，使用“属性”面板中的“交换”按钮，可交换实例。

图 6-12　交换实例

- 设置实例属性：选中舞台上的实例，打开“属性”面板，如图6-13所示，即可设置实例的“位置和大小”“色彩效果”“混合”“滤镜”等属性。

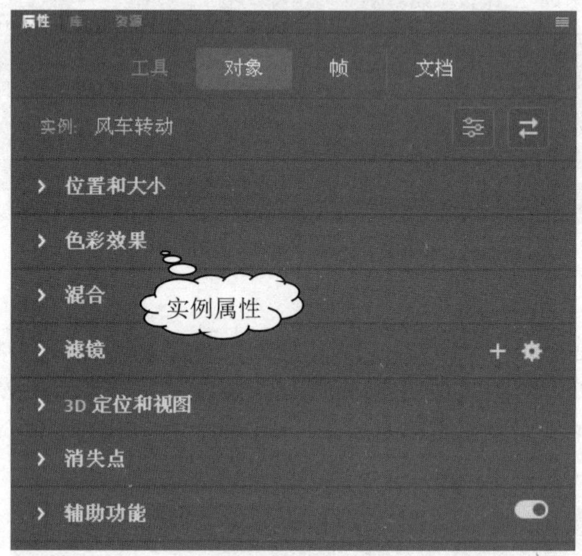

图6-13　实例属性

6.1.2　动画的制作流程

计算机动画的发展与计算机图形学的发展紧密相关。随着计算机图形学和计算机硬件的不断发展，计算机在动画制作中所起的作用已经从纯粹的制作工具发展到了处理工具和设计工具。各种计算机动画的制作流程大致相似，主要如下。

1. 前期总体规划

在开始动画制作之前，要对整个项目进行详细的策划和规划，这些基本规划将影响整个动画制作的流程，它通常包括以下步骤。

1) 选择动画主题

主题是整个漫长动画创作旅程的伊始，也是整个动画成功的基础，它决定着作品的思想水平与社会意义的深度，选择何种写作方式、表现手法、造型风格、表达的感觉等都要在定下选题之后才能明确。主题的选择可以是完全自主创新的，也可以是改编已经成功的文学和漫画作品等。

2) 撰写文字剧本

根据主题和故事构思来创作剧本，文字化地制作动画实施依据。通常，我们可以按照电影文学的写作模式创作文字剧本，其中场景与段落要层次分明，围绕是什么事、与谁有关、在什么地方、什么时间及为什么等内容要素展开情节描写。文字剧本的主要目的是分场、设计对白、提供情绪和动作的发展思路，以及大致估计动画片的时间分配。

3) 设计分镜剧本

分镜剧本又叫故事板，是将故事拆分成一个个独立的镜头，类似于连环画的故事草图，由画面与文字组成。画面代表视点变化的景观，文字内容包括时间、动作描述、对白、声音及镜头转换方式等。根据文字剧本提供的线索，遵循美术设计，使用故事板把剧本内容表现出来，从而确定每个镜头的拍摄场景、背景、角色、动作等。分镜剧本主要表现镜头之间的编辑和镜头内的调度，以便合理安排视觉及声音因素的设计工作。分镜剧本由若干片段组成，每一片段都由系列场景组成，一个场景被限定在某一地点和一组人物内，而场景又可以分为一系列被视为图元单位的镜头，由此构造出一部动画。分镜剧本可以让后面的工作者明白整个故事的情形。

2. 中期设计制作

根据前期的规划，设计动画角色和场景是整个动画制作项目的美术方案，为后续的动画制作环节提供美术依据和指导。

1) 设计动画角色

根据故事里的角色设定与整体的美术风格要求来设计角色的视觉形象、基本模型图和能显示性格特点的草图，包含角色形象的色彩指定。这些草图基本能显现角色造型的风格式样、形象特点和造型水平。

2) 设计动画场景

根据选定的主题和文字剧本体现的故事构思，设计包括影片中各个主场景色气氛图、角色活动环境、情节设置及景物结构分解图，起到控制和约束整体美术风格，保证叙事合理性和情境动作的准确性作用。

3. 后期具体创作

在后期制作中，将中期设计制作的素材与前期的规划结合，进行进一步的创作和组合，包括动画角色及场景的数字化、影片剪辑动画及添加音效等。

1) 数字化动画素材

将中期设计的动画角色及动画场景导入动画制作软件中，借助动画制作软件来实现动画角色及场景的数字化，以方便后续的制作。

2) 开始制作动画

在完成角色设计和背景设计后，需要开始制作动画。该制作过程包括使用动画软件制作动画的每一帧，需要考虑角色的动作、表情和场景的背景，也可以加入更多特效，使动画表现出很强的视觉冲击力和艺术魅力。

3) 影片剪辑动画

影片剪辑是将一个个的镜头按镜头关系组接起来，与电影不同的是，动画剪辑方案需要严格在前期故事板时具体化，以便降低耗片比，节约时间和成本。这时的影片剪辑主要是做一些镜头之间的衔接，以及适当的调整工作。

4) 设计动画音效

在制作完成动画后，需要添加音效，包括添加声音效果、音乐和对话。音效设计需要考虑到动画中的每个场景和角色的声音。在设计完成音效后，需要进行后期制作，包括编辑和修剪动画，以及添加音效和音乐。后期制作需要考虑到动画的流畅性、音效的清晰度和音乐的配合。

5) 输出动画作品

在完成配音之后，还需要做最后的校对工作，检查音乐、声效等声音素材与动画场景的匹配程度，视觉合成是否还存在不合理之处等，完成一切的校对工作后，即可按规定格式及形式输出动画作品。

6.2 数字动画的制作技术

根据前面所学习的知识可知，计算机动画按照不同的标准，可以分为多种类型。下面就以二维动画软件 Adobe Animate CC 为例，介绍制作逐帧动画、补间动画、引导动画、遮罩动画、交互动画和骨骼动画等基本动画的方法。

6.2.1 制作逐帧动画

逐帧动画是最传统的动画方式之一，是在不同帧上设置不同的对象，以多个帧按照先后次序连续播放的方法来生成动画效果。它是在某个时间范围内的帧全部是关键帧或大部分是关键帧的动画。逐帧动画可以逐步呈现或表现细腻的动画，其原理是在“连续的关键帧”中分解动画动作。

1. 帧(普通帧)

帧是动画的核心，是进行动画设计与创作的最基本单位，相当于电影胶片上的每一格镜头，它指定每一段动画的时间和运动幅度。普通帧也叫作静态帧，如图 6-14 所示，它是延续前一关键帧内容的帧。普通帧在时间轴上以连续灰色显示，并在最后结束帧上以黑色矩形标注，它只是前一关键帧的内容。帧的修改会影响其后面普通帧的显示，看似是对普通帧上内容的编辑，实际上是对其前一关键帧内容的编辑。

图6-14 普通帧

2. 关键帧

在时间轴中，灰色背景且带有黑色圆点的帧为关键帧，如图 6-15 所示，表示在当前场景中存在一个关键帧。在关键帧相对应的舞台中存在一些内容，这些内容可以是图形、文字及声音等对象。关键帧用于制作动画的逐帧变化，是指对象实例首次出现在时间轴上的帧，并用于描绘动画的起始帧和结束帧。当动画内容发生变化时，必须插入关键帧来确保动画的流畅性和连贯性。

图6-15　关键帧

3. 空白关键帧

在关键帧相对应的舞台中没有内容的关键帧被称为“空白关键帧”， 如图 6-16 所示，它在时间轴中的显示是白色背景且带有黑色圆圈的帧。因为 Animate 只支持在关键帧中绘画或插入对象，所以当动画内容发生变化而又不希望延续前面关键帧的内容时，就需要插入空白关键帧。

图6-16　空白关键帧

4. 帧的基本操作

帧的操作是动画制作的基础，在“时间轴”面板中，可以根据制作动画的需要，在指定图层中插入普通帧、空白关键帧和关键帧等各种类型的帧，并且可以对帧进行各种编辑操作。

Animate 对帧的操作有右键快捷菜单、菜单方式、快捷键三种方式。

- 选择帧：Animate有两种选择帧的模式，即基于帧的选择(默认)和基于整体范围的选择。在时间轴右上角的面板菜单中选择“基于整体范围的选择”选项，可以启用这种模式。
- 插入帧：在需要插入帧的位置按F5、F6、F7键，则可以对应插入普通帧、空白关键帧和关键帧，或者右击，在弹出的快捷菜单中也有对应的功能。
- 标记帧：为了更好地组织和管理帧，可以为时间轴中的帧添加标签，选择关键帧，如图6-17所示，在“属性”面板的“标签”栏中输入帧的名称。帧标签只能应用于关键帧，打了标签的关键帧右侧会有一个红旗图形，并标记出该帧的名称。

图6-17　标记帧

- 移动帧：移动帧即将帧选择好后拖曳到其他位置。移动帧既可以移动到同一图层，也可以移动到其他图层。
- 剪切、删除、清除帧：右击选中的帧，选择“剪切帧”“删除帧”“清除帧”或“清除关键帧”命令即可。清除帧是将关键帧变成普通帧，即清除帧的内容，帧的位置和长度不变。“删除帧”命令是将帧的内容和位置都删掉，后面的内容往前挪，帧的长度会减少。
- 复制、粘贴帧：右击选中的帧，执行“复制”→“粘贴”命令，或者按住Alt键后将这些帧拖曳到另一个位置，即可完成帧的复制粘贴。
- 分发到关键帧：是指将舞台上的多个对象分散到其后连续的多个关键帧，每个对象单独占一个关键帧。右击选中的对象，在弹出的快捷菜单中选择“分发到关键帧”命令。
- 翻转帧：是指将所选帧在时间轴上的顺序颠倒过来，将前面的帧移到后面去，后面的帧移到前面来，常用于颠倒动画的播放顺序。选择要翻转的帧范围，然后右击，在弹出的快捷菜单中选择“翻转帧”命令，即可翻转帧。

6.2.2 制作补间动画

补间动画是指通过为对象某段帧序列的第 1 帧和最后 1 帧分别设置不同的属性，来创建运动、大小和旋转的变化、淡化及颜色变化等效果，中间过程由 Animate 自动完成，使该对象属性由第 1 帧逐帧过渡到最后一帧的 1 种动画形式。

1. 传统补间动画

传统补间动画是指在时间轴中的一个关键帧上放置一个元件实例，然后在另一个关键帧上放置同一个元件实例并更改其位置、大小、颜色、角度、透明度等属性，Animate 自动在这两个关键帧之间的普通帧内插入中间状态形成动画。如图 6-18 所示，在时间轴中，带有黑色圆点的第 1 帧和最后 1 帧为关键帧，中间紫色背景且带有黑色箭头的帧为传统补间帧。

图6-18 传统补间帧

2. 补间动画

补间动画是在传统补间基础上发展起来的一种新的补间形式，具有与传统补间相似的作用，但控制性更强，也更易调整。一段补间动画只有第 1 帧一个关键帧，其他帧是普通帧和属性关键帧，如图 6-19 所示，补间动画在时间轴上以黄绿色显示。

图6-19　补间动画

- 补间对象：是指为它添加补间动画的对象必须是元件实例或文本，其他对象需执行“修改”→“转换为元件”命令将其转换为元件。
- 属性关键帧：是指在补间范围内为补间对象定义了一个或多个属性值的帧，这些属性可能包括位置、大小、透明度、色调等。如图6-20所示，属性关键帧在时间轴上呈现为带有一个黑色小菱形的帧，对属性关键帧的编辑与对普通关键帧的编辑一样，包括帧的移动、复制、删除等操作。

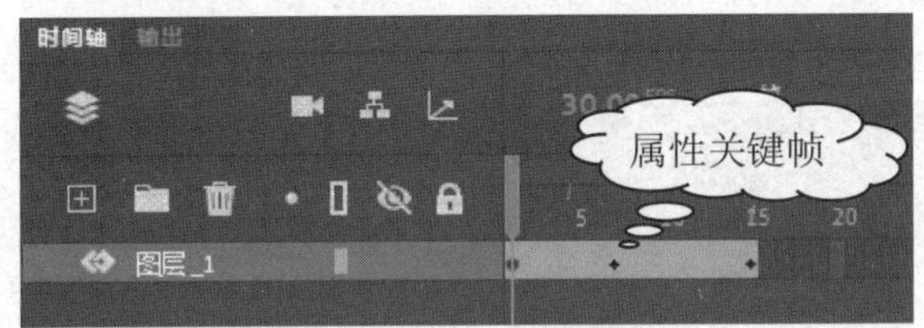

图6-20　属性关键帧

- 运动路径：如果补间动画中包含位置属性的变化，那么在移动的起点和终点会有一条带有很多小圆点的路径。如图6-21所示，运动路径上的小圆点就表示每个帧中补间对象的位置，只有位置属性变化才有运动路径，其他属性变化(如大小变化)是没有的。

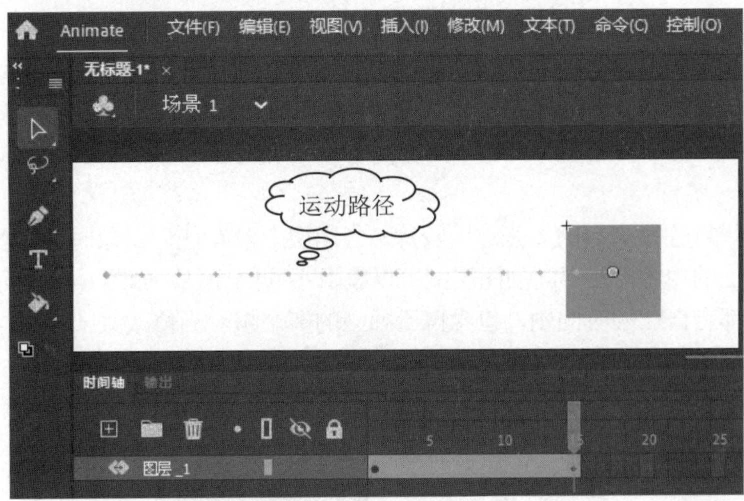

图6-21　运动路径

3. 补间形状动画

补间形状动画是指在时间轴中的一个关键帧上绘制一个矢量形状，然后在另一个关键帧上更改形状或绘制出另外一个形状，由 Animate 在这两个关键帧之间自动补充转变过程的动画形式。通过补间形状动画，可以实现图形的形状变化。如图 6-22 所示，在时间轴中，带有黑色圆点的第 1 帧和最后 1 帧为关键帧，中间浅咖色背景且带有黑色箭头的帧为形状补间帧。

图6-22　形状补间帧

- 补间对象：形状补间的对象只能是矢量图形，如果要对元件实例、位图、文本或群组对象进行形状补间，必须先对这些对象执行“修改”→“分离”命令，使之变成分散的图形。
- 关键帧数量：补间形状动画需要创建两个关键帧，补间在这两个关键帧之间产生。如图6-23所示，关键帧的数量可以是一个，也可以是若干个，数量可以不相同。

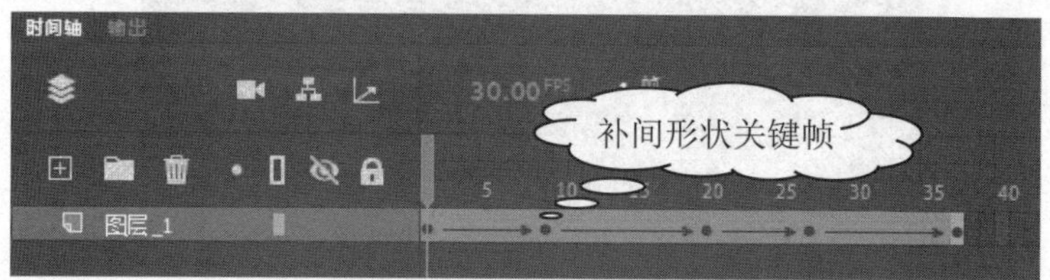

图6-23　补间形状关键帧

6.2.3　制作引导动画

引导动画是使补间运动的元件按既定路线运动的动画。在 Animate 中添加一个引导图层，在该引导层中绘制出运动路线，把要运动的动画对象放到被引导层中，即可轻松完成各种按既定路线运动的动画，其中运动引导层上的路径在播放动画时不显示。

1. 图层

图层可以看作重叠在一起的多张透明胶片。当图层上没有任何对象时，可以透过上面的图层看到下面图层上的内容，在不同的图层上可以编辑不同的元件。如图 6-24 所示，每个图层都是相互独立的，都有自己的时间轴，包含自己独立的多个帧，当修改某一个图层时，另一个图层上的对象不会受到影响。图层主要有普通层、引导层和遮罩层等多种类型。

图6-24　图层

2. 引导层的类型

引导动画通过引导层进行制作。引导层主要有两个用途，即作为参考层和运动引导层。根据用途的不同，引导层有以下两种类型。

- 普通引导层：当需要将某个对象作为参照物而不需要在最终发布的文件中呈现时，可以将其放置在引导层中，如描摹时参考的图、绘制时的辅助线等。图6-25所示为普通引导层。

图6-25　普通引导层

- 传统运动引导层：其作用是设置对象运动路径的导向，使相链接的被引导层中的对象沿设计好的轨迹线进行传统补间运动。传统运动引导层与被引导层构成了引导关系，它的内容一般是用于运动路径的线条，称为引导线。运动引导层上的路径在播放动画时不显示，若要创建按照任意轨迹运动的动画则需添加传统运动引导层。图6-26所示为传统运动引导层。

图6-26　传统运动引导层

6.2.4　制作遮罩动画

遮罩动画是 Animate 中常用的动画类型之一。通过遮罩动画，可以只显示物体或动画的一部分，实现转场、过渡、水波纹、背景特效等特殊效果。遮罩层位于被遮罩层的上方，它就像是一个窗口，只显示遮罩层区域内的图像。通过灵活应用遮罩层，我们可以创建出复杂而多样的视觉效果。

1. 遮罩动画的原理

遮罩动画需要通过两层来实现，上一层叫遮罩层，该层决定看到的形状；下一层叫被遮罩层，该层决定看到的内容。如图 6-27 所示，在遮罩层上创建一个任意形状的“视窗”，遮罩层下方的对象可以通过该“视窗”显示出来，而“视窗”之外的对象将不再显示。

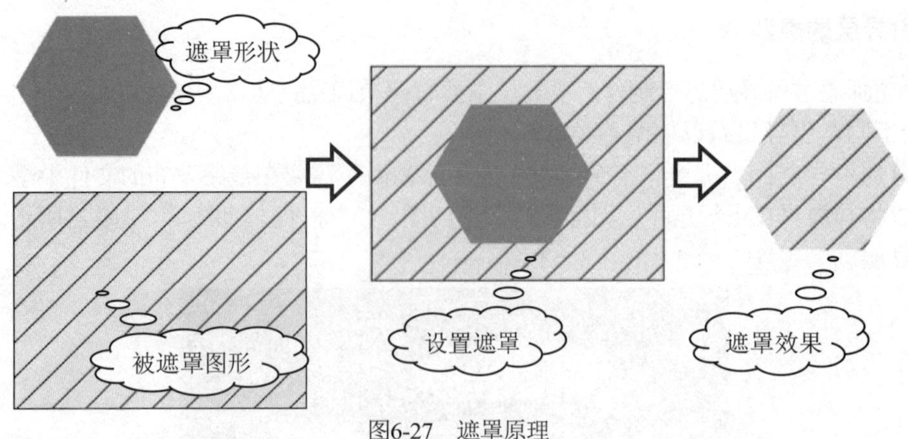

图6-27　遮罩原理

2. 遮罩层

遮罩层是 Animate 中非常重要的一种图层类型，其基本作用是遮盖下方图层的某部分，有选择性地显示其他部分。遮罩层中的内容起到“视窗”的效果，这些对象可以是填充的形状、文字、图形元件的实例或影片剪辑等，但不能使用线条，如果一定要用线条，则可以先将线条转化为“填充”效果。

3. 被遮罩层

将一个图层设置为遮罩层后，其下方的图层会自动成为被遮罩层。被遮罩层中的对象仅能通过遮罩层中的对应部分被看到。为了在被遮罩层放置需要显示的对象，我们可以灵活使用各种元素，如按钮、影片剪辑、图形、位图、文字或线条等。

4. 应用遮罩时的技巧

通过遮罩层的灵活使用可以创建复杂的效果。在应用遮罩时，有很多需要注意的事项，了解这些事项，有利于用户快速高效地制作出遮罩动画。

- 遮罩对象的属性：遮罩层中的图形对象在播放时是看不到的，所以遮罩层对象的许多属性，如渐变色、透明度、颜色和线条样式等是被忽略的。例如，不能通过遮罩层的渐变色来实现被遮罩层的渐变色变化。
- 遮罩层与被遮罩层的数量关系：一个遮罩层可以作为多个图层的遮罩层，但是一个被遮罩层只能设置有一个遮罩层。
- 显示遮罩效果：要在场景中显示遮罩效果，可以锁定遮罩层和被遮罩层。
- “Actions”动作语句遮罩：可以用“Actions”动作语句建立遮罩，但这种情况下只能有一个被遮罩层且不能设置Alpha属性。
- 遮罩层只显示边框：在制作遮罩动画时，遮罩层经常挡住下层的内容，影响视线，干扰编辑，可以按下遮罩层“时间轴”面板中的“显示图层轮廓”按钮，使遮罩层只显示边框形状。

6.2.5　制作交互动画

交互动画制作是一项非常重要的动画制作技能，其强大的交互动画制作功能可以让用户轻松地创建出想要的交互动画效果。在进行交互动画制作时，我们需要了解交互动画制作的基本概念，掌握交互动画的制作方法，同时还需遵循一定的制作步骤和程序。

1. 交互动画的基本概念

交互动画是一种基于用户操作而产生的动画效果。交互动画可以通过用户的输入、鼠标的移动、键盘事件的响应等多种形式来操控动画，如停止播放、跳转到动画的不同部分或移动动画中的对象等，从而提高动画的交互性，增强用户体验。

2. 交互控制的方法

交互的目的是使计算机与用户进行对话，其中每一方能对另一方的指示做出反应，使动画在用户可理解、可控制的情况下顺利运行。常用的交互方法有以下几种。

- 用按钮交互：是指为按钮编写代码、控制时间轴、影片剪辑等。在动画播放时，单击按钮，选择不同的动画内容，实现交互，可以使用“代码片断”窗口插入代码，也可以在“动作”窗口中输入代码。
- 用按键交互：是指通过键盘上的一个或几个按键来对动画进行快速交互控制。这是一种简单的交互方式，能够让用户通过按键来灵活、方便地控制动画播放。
- 用热对象交互：热对象是指在动画窗口中显示的任意形状(对象也可以是动态的)，如单选按钮、复选框和能引入可显示内容的图标等。通过单击、双击或指针在对象上激活产生相应变化，显示相应的内容。
- 用文本交互：即文本输入交互，是多媒体程序中常用的交互方式之一。程序遇到文本输入交互时，会在屏幕上出现一个文本输入框，如果在该输入框中输入的内容与预定的内容一致，则将激活交互。
- 用条件交互：是动画制作中的高级交互方式。其是指当某个动作、事件或结果出现时，如果满足设定的条件要求，则会触发动画的相关内容，这些条件一般是通过函数或表达式来设置的，在运行时用于判断其值的真假来匹配响应。
- 用时间交互：是指在动画播放时，限制交互的时间，在某个时刻到达时，触发或显示相关的动画内容。

6.2.6　制作骨骼动画

骨骼动画是一种使用骨骼的关节结构，对一个对象或彼此相关的一组对象进行动画处理的方法。骨骼动画适用于制作肢体动作、机械运动等动画效果。

1. 骨骼动画的原理

骨骼动画利用反向运动 IK(inverse kinematics)原理，即根据末端子关节的位置，移动计算得出每个父关节的旋转角度，先为对象绑定骨骼，然后这些骨骼按父子关系连接成线性或枝状的骨架。当一根骨骼移动时，与它连接的骨骼也发生相应的移动。通过为图形、图形元件、剪辑元件创建骨骼，可以实现对图形的变形效果。通过调节关键帧的位置，可以自动生成流畅的图形动画。

2. 骨骼动画的对象

创建骨骼动画的对象分为两种：一种是图形形状；另一种是元件实例对象。使用骨骼工具后，形状对象或元件实例可以按照复杂而自然的方式移动。

- 给形状添加骨骼：可以将骨骼添加到同一个图层的单个形状或一组形状中，这些形状作为多根骨骼的容器，确保骨骼在整个形状的内部。
- 给元件添加骨骼：用关节连接一系列的元件实例时，骨骼是在元件实例之间的。例如，将躯干、手臂、前臂和手的影片剪辑连接起来，以使其彼此协调而逼真地移动，其中的每个实例都只有一个骨骼。

3. 骨架图层

向元件实例或形状中添加骨骼时，Animate 会在时间轴中为它们创建一个新图层，该新图层称为骨架图层。如果添加骨骼的对象原本在不同的图层，则添加骨骼后它们都会被移动到骨架图层上。若要对创建好的骨架进行动画处理，则只需向骨架图层添加帧并在舞台上重新定位骨架即可创建关键帧。骨架图层中的关键帧称为姿势，显示为一个小菱形，如图 6-28 所示，姿势之间自动形成补间动画。在骨架图层中只能对骨骼的位置和角度属性进行补间，其他属性的变化如缩放、色彩或滤镜效果等都不能进行补间。

图6-28　骨架图层

4. 编辑与调整骨骼

添加骨骼后，对象和骨骼是绑定在一起的，为了使骨骼动画符合设计要求，可以对骨骼或对象进一步做以下编辑和调整。

- 选择骨骼：使用“选择”工具，在骨骼上单击，可以选中一根骨骼，也可以选择多根骨骼(按住Shift键并单击骨骼)；双击可以选择骨架的所有骨骼。
- 拖动骨骼：使用“选择”工具，在骨骼上单击并拖动，可以拖动和旋转骨骼，所有子级的骨骼完全跟着联动，父级的骨骼也会根据拖动的方向和位置自动调整。因为对象和骨骼是绑定在一起的，所以拖动和旋转的范围是受到限制的，拖动的同时对象也会跟着一起动。
- 调整骨骼节点：使用“部分选取”工具，单击并拖动骨骼节点时，可以改变节点的位置，这只针对形状上的骨架。

- 移动与旋转对象：如果要单独调整对象的位置和角度，摆脱骨骼的限制，可以使用“任意变形”工具。对象的移动会带动对象上的骨骼节点一起动，而对象的旋转则不会影响骨骼的方向。
- 删除骨骼：选择某一根骨骼后，按Delete键，可将当前骨骼及其子级的骨骼全部删除。

5. 设置骨骼属性

为使创建出的骨骼动画效果更加逼真，符合自然的运动情况，还要设置骨骼的属性。选中一根骨骼后，打开“属性”面板，可以设置当前骨骼的一些参数，如图 6-29 所示。

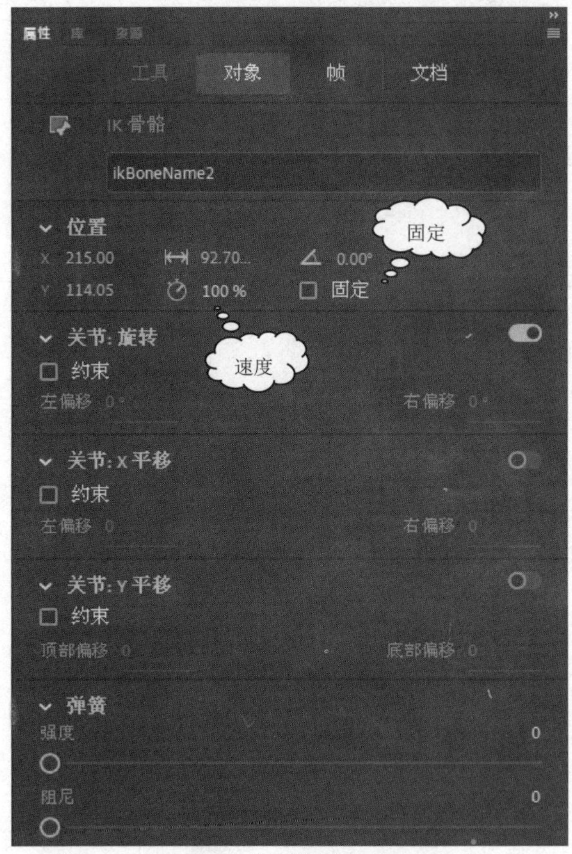

图6-29 “骨骼”属性面板

“骨骼”属性面板主要包括以下几种参数。

- 速度：即操作骨骼时的反应速度，相当于给骨骼加了负重，默认100%表示没有限制。
- 固定：即将当前骨骼的位置固定，使其无法拖动与旋转，将鼠标指针移至骨骼尾部单击也可以固定此骨骼。
- 关节旋转约束：默认情况下，骨骼是可以任意旋转的，但有时需要限制骨骼旋转的角度，选中“约束”复选框，即可设置骨骼旋转角度的范围。
- 关节平移约束：默认情况下，骨骼长度是固定的，无法任意平移。选中X、Y平移“约束”复选框，可以设置位置的偏移量。

- 弹簧：弹簧属性包括“强度”和“阻尼”两个参数，通过将动态物理集成到骨骼系统中，使骨骼体现真实的物理移动效果。

本章实验

实验6-1　制作动图GIF动画

实验目的

逐帧动画是一种常见的动画形式。在不同帧上设置不同对象，并将多个帧按照先后次序连续播放，即可生成动画效果。本实验的目的是通过理解逐帧动画的基本原理，学习 GIF 动画的制作方法。

实验条件

制作动图 GIF 动画

- 多媒体计算机；
- 表情图像序列素材；
- 动画软件 Animate。

实验内容

利用提供的表情图片序列素材，使用 Animate 软件制作 300×300 像素的表情逐帧 GIF 动画，效果如图 6-30 所示。

图6-30　GIF动画

实验步骤

01 新建文档　打开 Animate 软件，按图 6-31 所示操作，创建 300×300 像素的文档。

02 导入素材　按图 6-32 所示操作，将素材文件“海豚”序列图片导入“库”中。

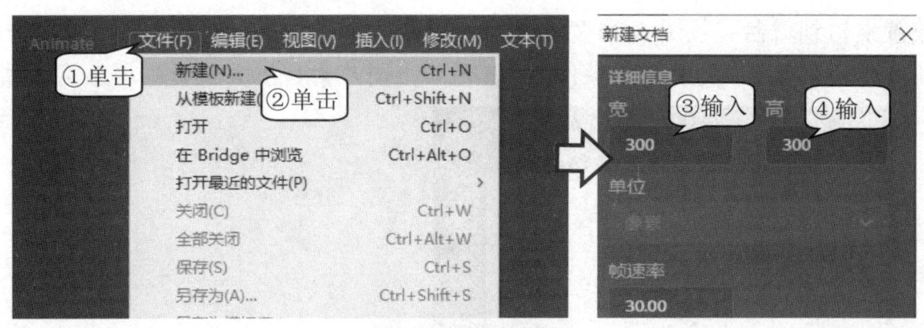

图6-31　新建文档

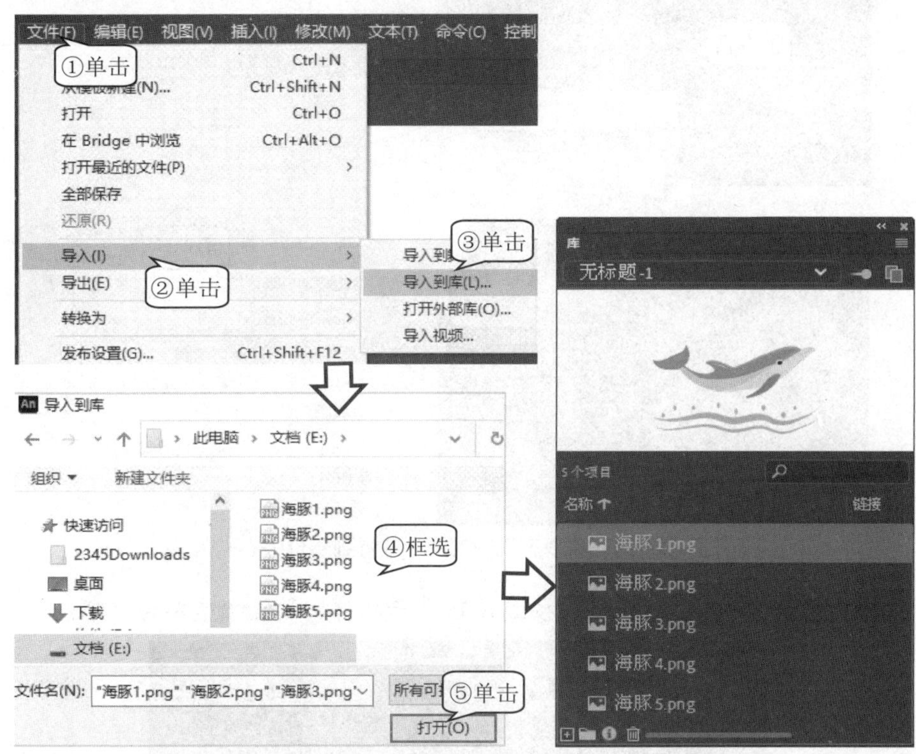

图6-32　导入“海豚”序列图片到“库”

03 创建空白关键帧　选中 1 至 5 帧后，按图 6-33 所示操作，创建空白关键帧。

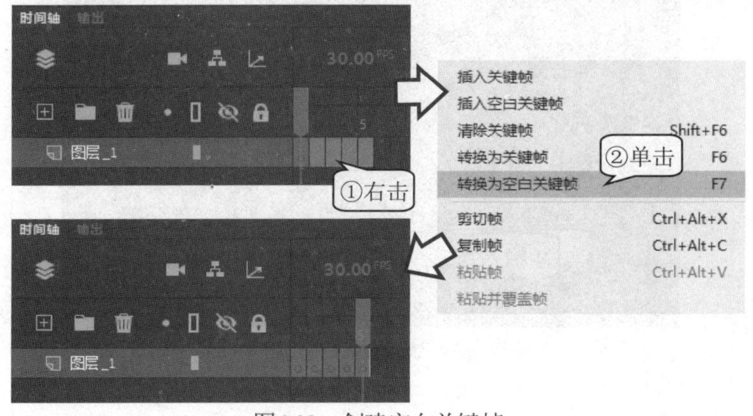

图6-33　创建空白关键帧

04 放置素材到舞台 按图 6-34 所示操作，复制“库”中的“海豚 1”图片，并粘贴到第 1 帧对应的舞台上。使用相同操作，将其他 4 张图片素材依次放置到第 2 至 5 帧的舞台上。

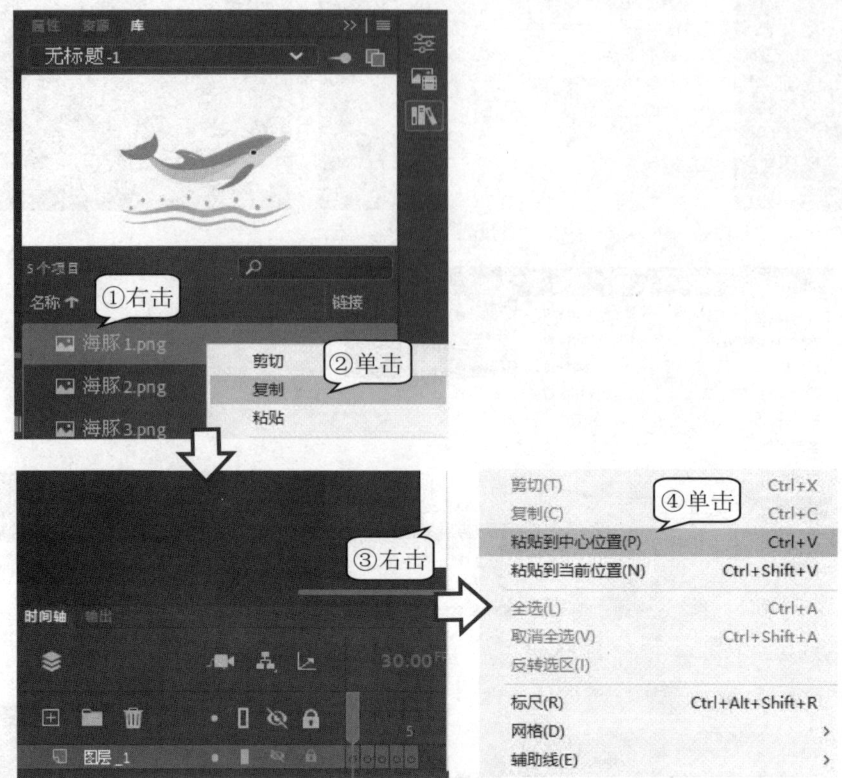

图6-34 将“库”中的图片放置到舞台中心

05 设置帧速率 打开属性面板，按图 6-35 所示操作，设置帧速率为“5”。

图6-35 设置帧速率

帧速率表示 1 秒钟的动画内包含几帧静态画面，或者说 1 秒钟动画播放几帧。一般情况下，动画的帧速度为每秒 30 帧或每秒 25 帧。

06 导出文件　保存文件后，执行“文件”→“导出”→“导出 GIF 动画”命令，导出动画。

实验6-2　制作气球升空动画

■ 实验目的

传统补间动画是制作好若干关键帧的画面后，由 Animate 自动生成中间各帧，使得画面从一个关键帧渐变到另一个关键帧的动画。补间动画是在传统补间的基础上发展起来的补间形式，与传统动画的不同之处在于，它只有第 1 帧一个关键帧，其他的是普通帧和属性关键帧。本实验的目的是通过理解两种补间动画的基本原理，掌握将图像转换为元件的方法，学会利用改变元件实例关键帧的位置属性来制作动作动画。

■ 实验条件

制作气球升空动画

- 多媒体计算机；
- 气球图片素材；
- 动画软件 Animate。

■ 实验内容

利用提供的气球图片素材，使用 Animate 软件将气球图片转换为元件，并修改气球元件实例的关键帧的位置属性，制作气球升空的运动补间动画，效果如图 6-36 所示。

图6-36　气球升空动画

■ 实验步骤

01 创建文档　打开 Animate 软件，执行“文件”→“新建”命令，创建新文档。

02 导入素材　执行“文件”→“导入”→“导入到库”命令，将素材图片气球和背景导入“库”中，效果如图 6-37 所示。

03 制作背景层　将“库”中的“天空背景.jpg”拖到舞台，按图 6-38 所示操作，双击图层名处，修改图层名称为“天空背景”，在“对齐”面板中设置图片和舞台的大小匹配，在时间轴的第 30 帧处按 F5 延长帧。

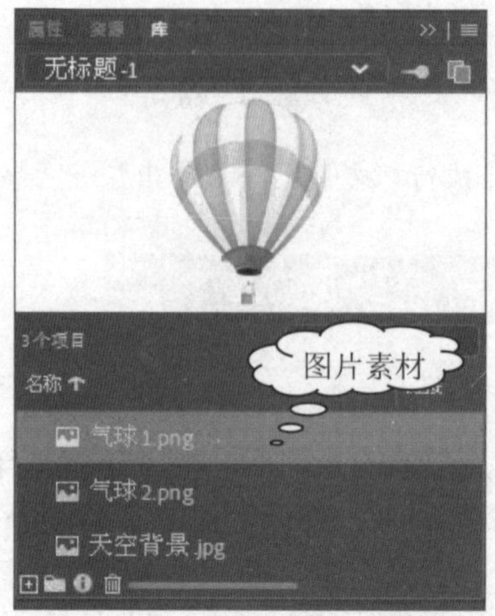

图6-37　导入素材后的“库”

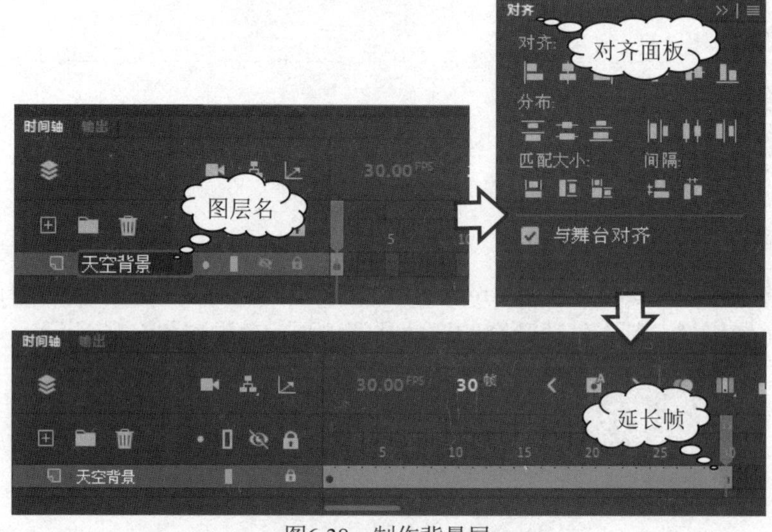

图6-38　制作背景层

04 制作气球元件　新建图层后，修改图层名称为“气球1”，将“库”中的“气球1.png”拖到气球1图层第1帧的舞台，按图6-39所示操作，将气球图片转换为图形元件。

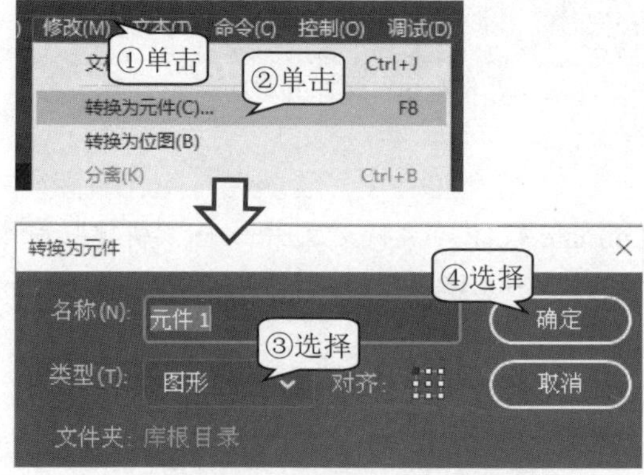

图6-39　将“气球1.png”转换为元件

05 更改气球位置　在“气球 1”图层按 F6 键插入关键帧，选择舞台“气球 1”元件实例，并将其拖动至合适位置，效果如图 6-40 所示。

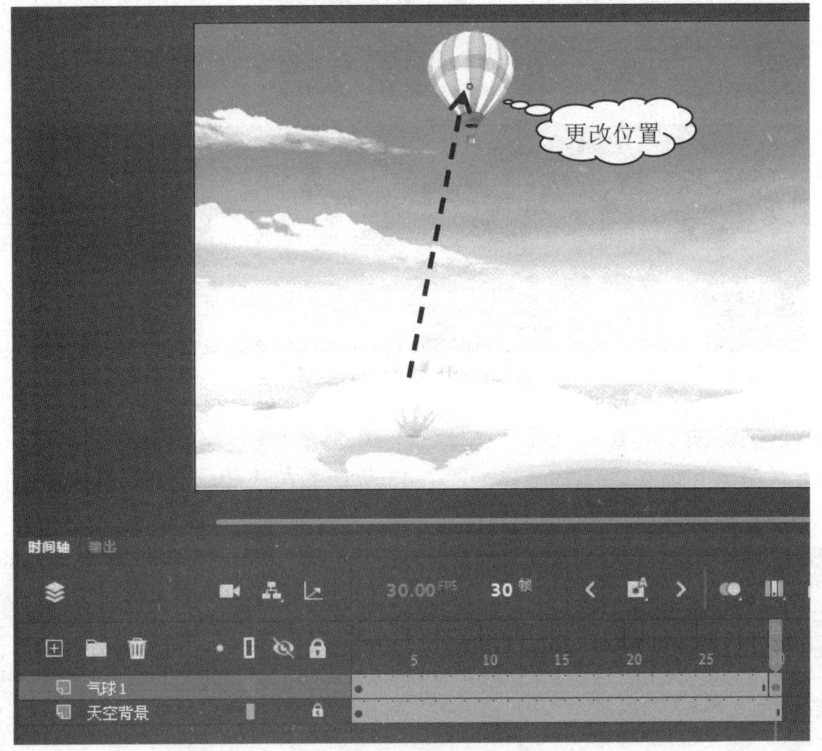

图6-40　更改气球位置

06 设置传统补间　按图 6-41 所示操作，在“气球 1”图层创建传统补间。

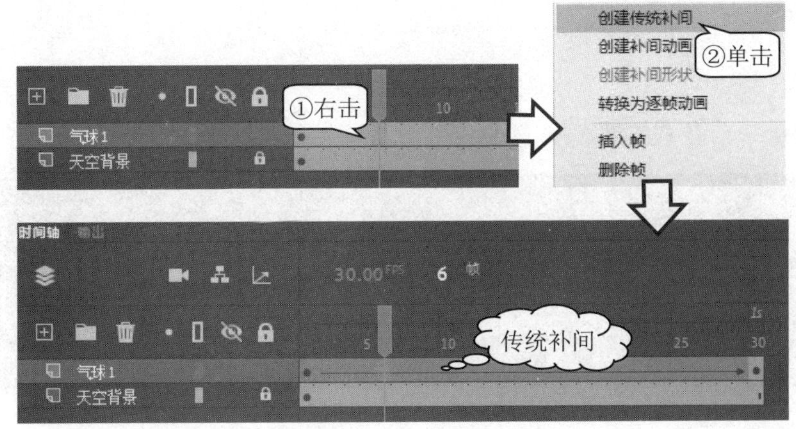

图6-41　创建传统补间

07 设置补间动画　使用相同的操作，建立“气球 2”图层，将“气球 2.png”转换为图形元件后，在“气球 2”图层第 30 帧处按 F5 键延长帧，按图 6-42 所示操作，在“气球 2”图层创建补间动画。

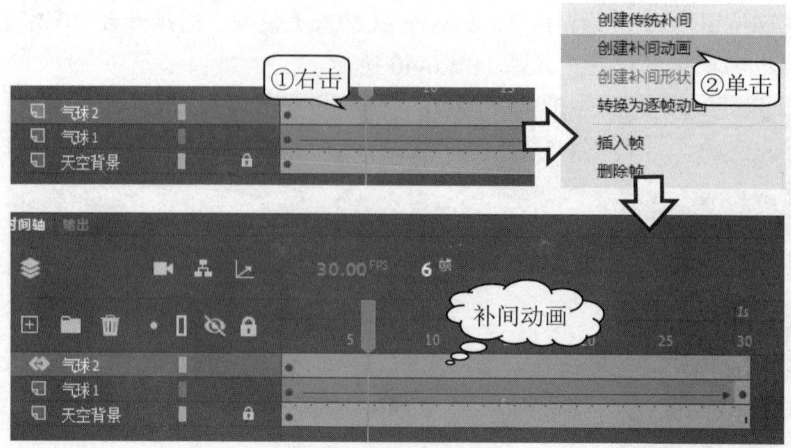

图6-42 创建补间动画

08 设置属性关键帧 选择“气球 2”图层第 30 帧，移动舞台上的“气球 2”元件位置，并使用移动工具调整运动轨迹，如图 6-43 所示，在“气球 2”图层的第 30 帧，会自动增加一个菱形的属性关键帧标志。

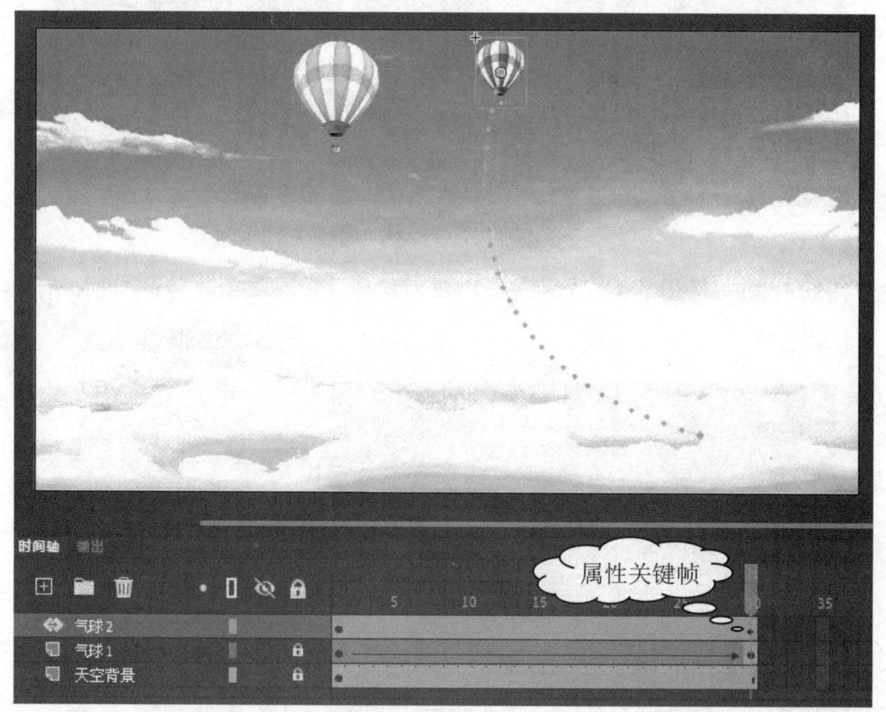

图6-43 属性关键帧

属性关键帧在补间范围内为补间对象定义了一个或多个属性值的帧，这些属性包括位置、大小、透明度和色调等。

09 导出动画 保存文件后，执行“文件”→“导出”→“导出影片”命令，导出动画。

实验6-3　制作文字变换动画

■ 实验目的

如果要对元件实例、位图、文本或群组对象进行形状补间，必须先对这些元素进行“分离”操作，使之变为分散的图形。本实验的目的是通过掌握分离对象的方法，学会利用形状的变化制作形状补间动画。

■ 实验条件

制作文字变换动画

- 多媒体计算机；
- 动画软件 Animate。

■ 实验内容

使用 Animate 软件制作两个不同内容的文字对象，并放置在不同的关键帧中，然后使用“分离”命令将文字打散，再在这两个关键帧之间创建形状补间动画，效果如图 6-44 所示。

长风破浪会有时

⇩

⇩

直挂云帆济沧海

图6-44　文字变换动画

■ 实验步骤

01 创建文档　打开 Animate 软件，执行“文件”→“新建”命令，创建 800×200 像素的文档。

02 制作关键帧　按图 6-45 所示操作，使用“文本”工具在第 1 帧舞台处输入文字“长风破浪会有时”，再在第 30 帧按 F6 键插入关键帧，修改舞台文字为“直挂云帆济沧海”。

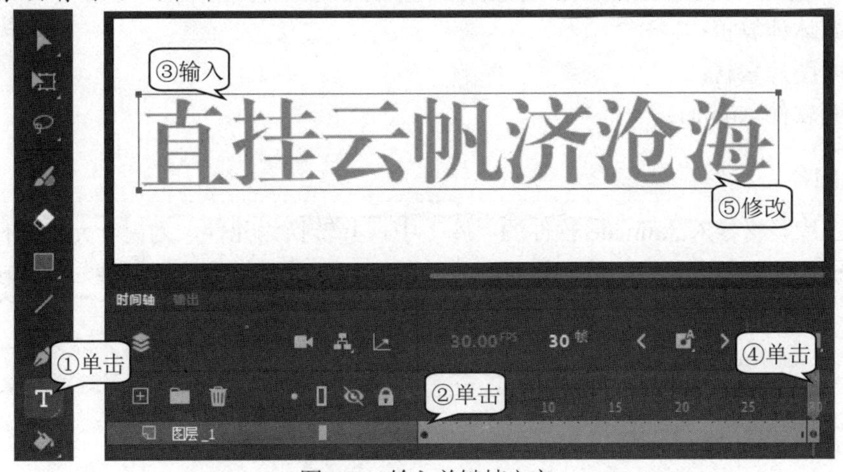

图6-45　输入关键帧文字

03 分离文字 选择第 1 帧舞台对应的文本，连续进行两次执行“修改”→“分离”命令操作，将文字分离。使用相同的方法，将第 30 帧的文字分离。

形状补间的对象只能是矢量图形，如果要对元件实例、位图、文本或群组对象进行形状补间，则必须先对这些元素执行“分离”操作，使之变为分散的图形。

04 设置补间形状 按图 6-46 所示操作，使用“创建补间形状”命令，创建形状补间。

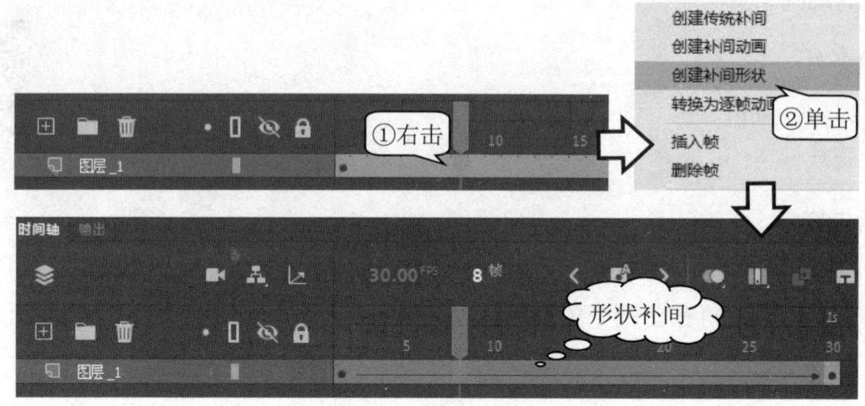

图6-46 创建形状补间

05 导出动画 保存文件后，执行“文件”→“导出”→“导出影片”命令，导出动画。

实验6-4 制作树叶飞舞动画

实验目的

引导动画是使补间运动的元件按既定路线运动的动画，其通过引导层进行制作。本实验的目的是通过了解引导层的概念，掌握为元件添加引导层的方法，并能为引导层绘制引导线，以及学会制作引导动画。

实验条件

- 多媒体计算机；
- 树叶图片素材；
- 动画软件 Animate。

制作树叶飞舞动画

实验内容

将树叶图片素材导入 Animate 软件的“库”中，并转换为元件，为树叶元件实例所在的图层添加引导层，绘制出引导线，然后修改树叶元件实例的关键帧的位置属性，制作出树叶飞舞的引导动画，效果如图 6-47 所示。

图6-47　树叶飞舞

实验步骤

01 创建文档　打开 Animate 软件，执行“文件”→“新建”命令，创建 500×400 像素的文档。

02 导入素材　执行“文件”→“导入”→“导入到库”命令，将树叶素材图片导入“库”中。

03 转换为元件　将“库”中的“树叶”图片拖到舞台中，按图 6-48 所示操作，使用“任意变形”工具，将“树叶”缩小至合适大小，并按 F8 键使之转换为图形元件。

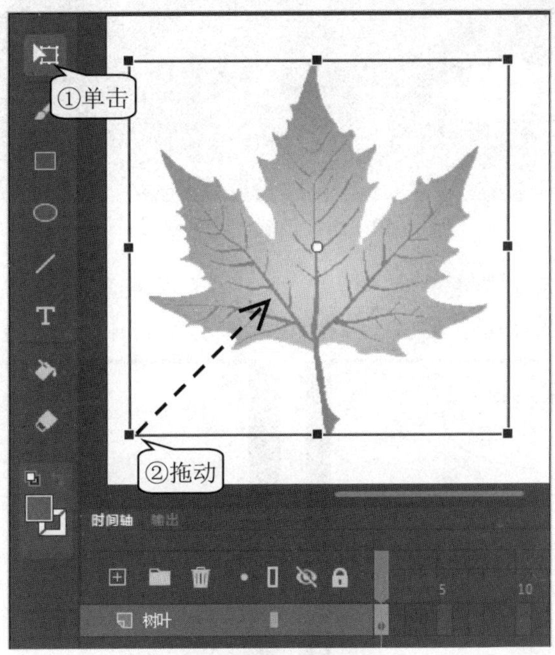

图6-48　缩小树叶

04 创建关键帧　在“树叶”图层第 30 帧按 F6 键创建关键帧。

05 设置补间　按图 6-49 所示操作，在“树叶”图层创建传统补间。

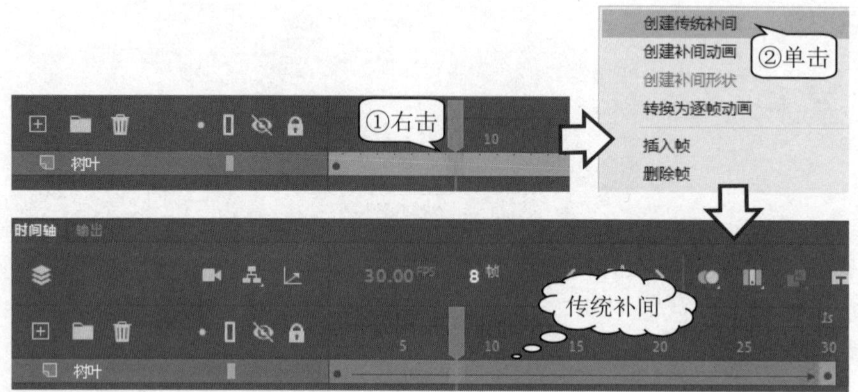

图6-49 创建传统补间

06 添加引导层 按图 6-50 所示操作，使用“添加传统运动引导层”命令，给“树叶”图层添加引导层。

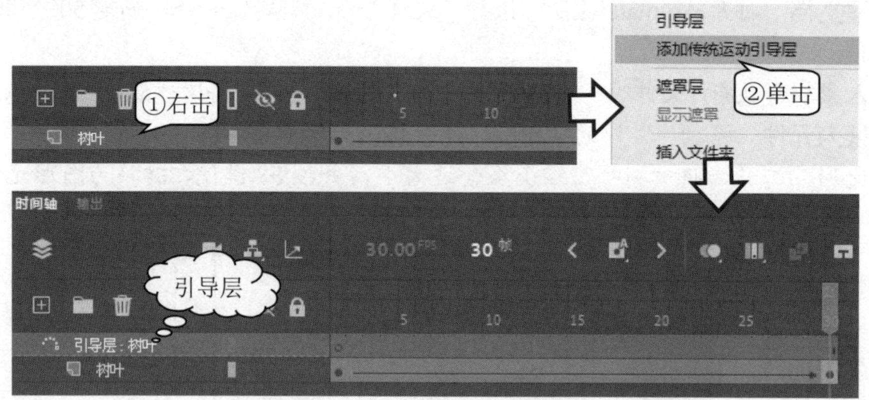

图6-50 添加传统运动引导层

07 绘制引导线 使用工具箱中的“铅笔”工具在引导层第 1 帧舞台绘制引导线，分别移动“树叶”图层第 1 帧、第 30 帧的“树叶”元件实例到引导线两端，如图 6-51 所示。

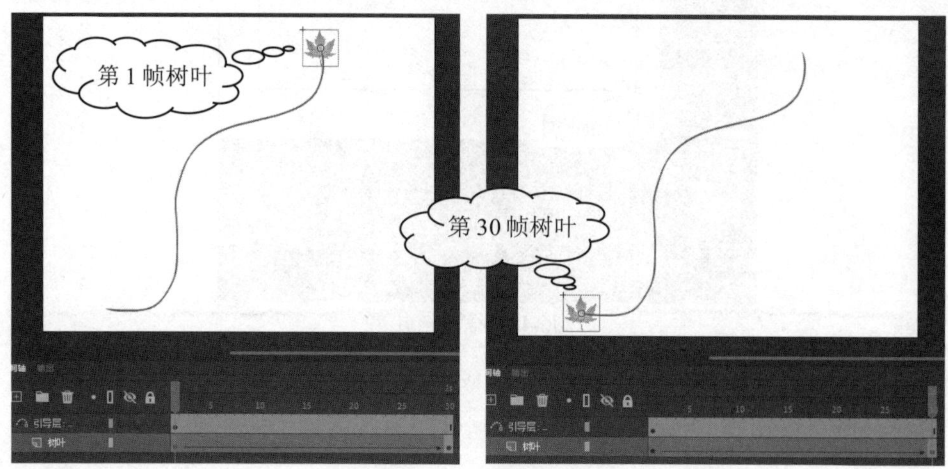

图6-51 绘制引导线

08 设置旋转 单击“树叶”图层第 1～30 帧中的任意帧，打开帧属性面板，设置旋转方式为顺时针，圈数设为 1。

09 导出动画 保存文件后，执行“文件”→“导出”→“导出影片”命令，导出动画。

实验6-5 制作探照灯动画

实验目的

遮罩动画是通过上一层遮罩层和下一层被遮罩层来实现的。使用遮罩动画，可以只显示物体或动画的一部分。本实验的目的是通过了解遮罩动画的基本原理，熟练绘制基本形状，掌握将图层转换为遮罩层的方法，学会制作遮罩动画。

实验条件

制作探照灯动画

- 多媒体计算机；
- 背景图片素材；
- 动画软件 Animate。

实验内容

将背景图片素材导入 Animate 舞台中，并设置舞台大小与背景图片相匹配，在新建图层上绘制形状，并制作运动补间，将形状所在图层转换为遮罩层，制作出探照灯动画，效果如图 6-52 所示。

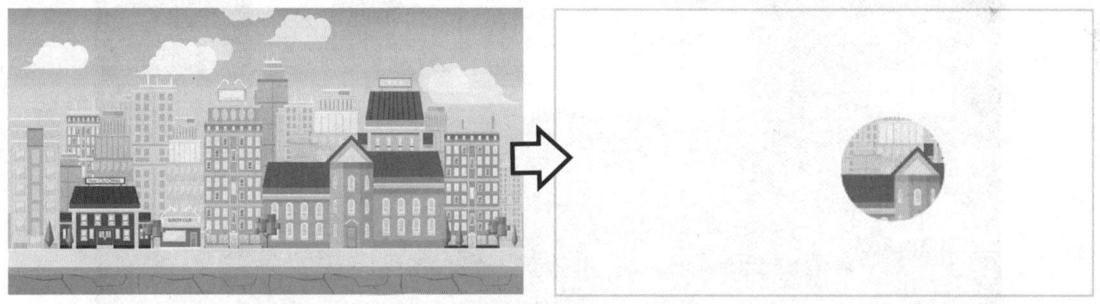

图6-52 探照灯动画

实验步骤

01 创建文档 打开 Animate 软件，执行“文件”→“新建”命令，创建 500×400 像素的文档。

02 导入素材 执行“文件”→“导入”→“导入到舞台”命令，将素材“城市风景.jpg”导入舞台，在“时间轴”面板第 30 帧按 F5 键将场景延长，并将该图层命名为“城市风景”，如图 6-53 所示。

图6-53　城市风景图层

03 绘制形状　在“时间轴”面板中单击“创建新图层”按钮，并将新的图层置于上方。按图 6-54 所示操作，按住 Shift 键在场景中拖曳出一个正圆形。

图6-54　绘制正圆

遮罩层中的图形对象在播放时是看不到的，所以遮罩层对象的许多属性，如渐变色、透明度、颜色和线条样式等是被忽略的。

04 转换元件　执行“修改”→“转换为元件”命令，将正圆形转换为图形元件，如图 6-55 所示。

图6-55　正圆形转换为图形元件

05 设置补间　按图 6-56 所示操作，在“正圆”图层创建传统补间，并移动两个关键帧对应舞台上“正圆”的位置。

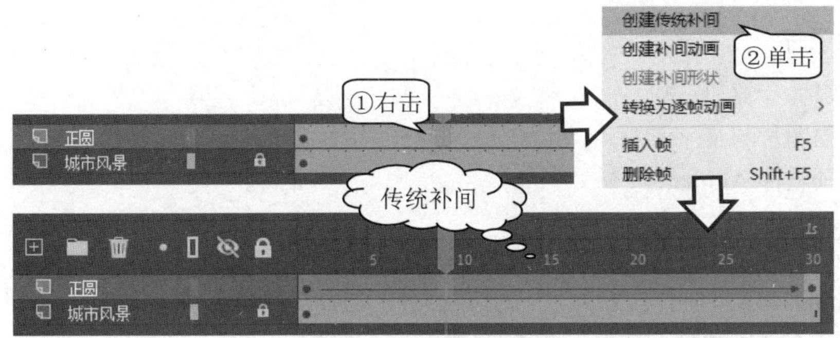

图6-56　创建传统补间

06 设置遮罩层　按图 6-57 所示操作，使用“遮罩层”命令，设置遮罩效果。

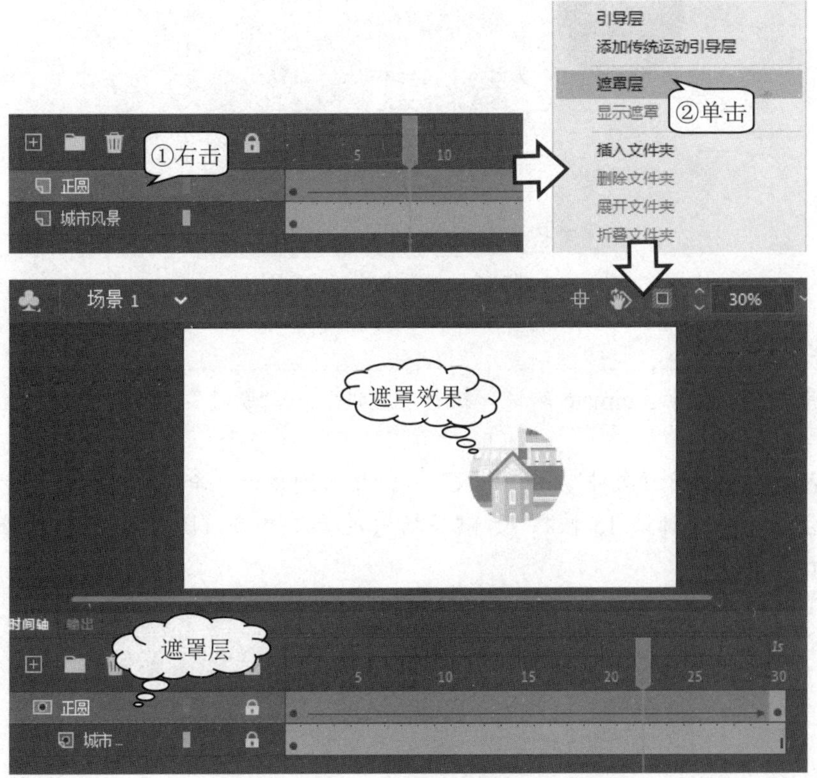

图6-57　设置遮罩层

07 导出动画 保存文件后，执行“文件”→“导出”→“导出影片”命令，导出动画。

实验6-6 制作交互电子简历动画

■ 实验目的

交互动画是一种基于用户操作而产生的动画效果，交互动画可以通过多种形式来操控动画。本实验的目的是通过了解电子简历的基本排版，熟悉制作按钮元件，掌握为按钮元件设置代码控制时间轴的方法，学会制作交互式动画。

■ 实验条件

制作交互电子简历动画

- 多媒体计算机；
- 熊猫图片与文字素材；
- 动画软件 Animate。

■ 实验内容

使用 Animate 软件制作按钮元件，为按钮元件设置跳转代码，利用提供的熊猫图片与素材，制作熊猫的电子简历动画，效果如图 6-58 所示。

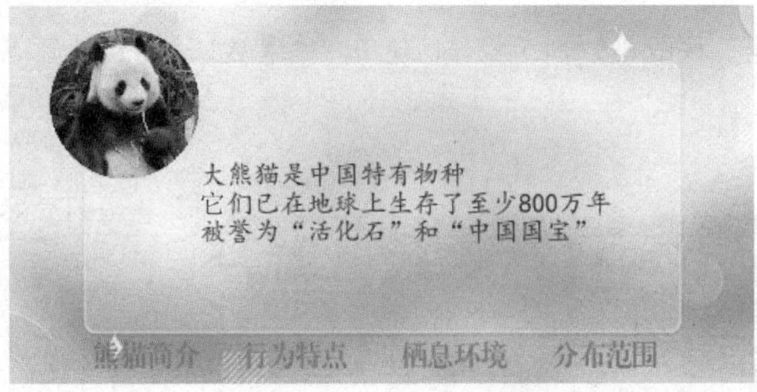

图6-58 “熊猫”电子简历

■ 实验步骤

01 创建文档 打开 Animate 软件，执行“文件”→“新建”命令，创建 1000×500 像素文档。

02 导入素材 执行“文件”→“导入”→“导入到舞台”命令，将素材“背景.jpg”导入舞台，在时间轴第 15 帧按 F5 键将场景延长，并将该图层命名为“背景”，效果如图 6-59 所示。

图6-59 导入背景后的场景

03 锁定图层　使用相同的方法制作“熊猫”图层，然后锁定“背景”和“熊猫”图层，如图 6-60 所示。

图6-60　锁定图层的时间轴

04 创建按钮　新建“按钮”图层，使用“文本”工具在按钮层输入文字“熊猫简介”，调整大小至合适后，按 F8 键将其转换为按钮元件，如图 6-61 所示。

图6-61　把文本转换为按钮元件

05 编辑按钮　双击“库”中的“简介”按钮元件进入按钮的时间轴，连续按 3 次 F6 键，创建关键帧，修改“指针经过”帧的文字颜色，在“点击”帧处绘制矩形，使之完全覆盖文字，如图 6-62 所示。

图6-62　按钮时间轴

按钮时间轴的第 4 帧“点击”，是定义按钮的活动区域，即鼠标点击的有效范围，其形状颜色在动画中不显示。

06 复制按钮　按图 6-63 所示操作，复制其余 3 个按钮并改名，双击按钮元件，进入按钮的编辑状态，依次修改对应帧的文字。

图6-63 复制元件

07 放置按钮 将“库”中的按钮依次拖到舞台，效果如图 6-64 所示。

图6-64 放置按钮

08 制作文字层 新建“文字”图层，在第 5、10、15 帧中插入空白关键帧，在第 1、5、10、15 帧中输入对应的文字，效果如图 6-65 所示。

图6-65　制作文字层

09 添加代码　选择“按钮”图层的“熊猫简介”元件实例，按 F9 键，弹出动作窗口，按图 6-66 所示操作，添加代码。使用同样的方法，依次为其他按钮添加“单击以转到帧并停止”，并修改对应的跳转帧数。

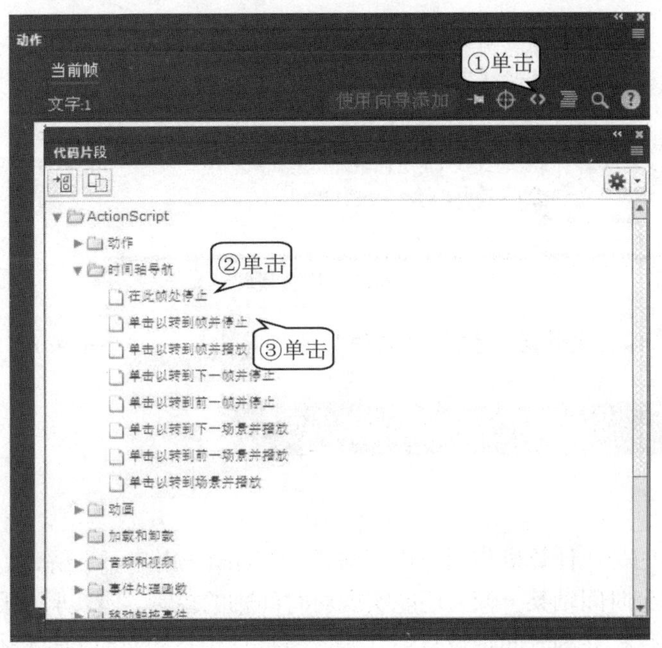

图6-66　添加代码

10 检查代码　在自动添加的“Actions”图层中，按图 6-67 所示操作，打开当前帧代码，检查跳转的帧数是否正确，然后使用 Ctrl+Enter 键测试影片。

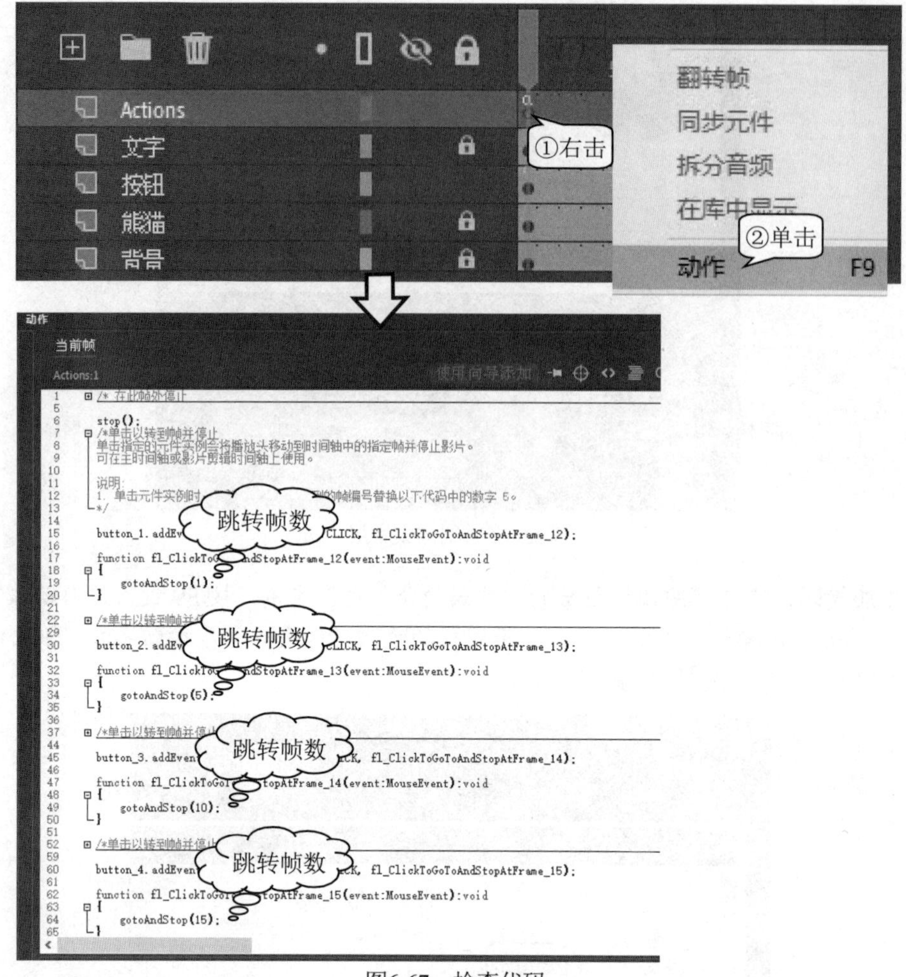

图6-67 检查代码

11 导出动画 保存文件后，执行“文件”→“导出”→“导出影片”命令，导出动画。

实验6-7 制作可控风车动画

■ 实验目的

交互动画的目的是让计算机与用户进行对话，使动画在用户可理解、可控制的情况下运行，不仅可以实现跳转到时间轴某一帧，还能实现对时间轴的控制。本实验的目的是通过学会绘制简单形状，创建元件，并为时间轴设置帧代码，掌握使用按钮对时间轴进行交互控制的方法。

■ 实验条件

- 多媒体计算机；
- 风车图片素材；
- 动画软件 Animate。

制作可控风车动画

■ 实验内容

使用 Animate 软件将风车图片转换为图形元件，利用此元件制作补间动画，然后使用补间属性制作出风车旋转效果。设置代码实现控制时间轴帧的跳转，制作出可控风车动画，效果如图 6-68 所示。

图6-68　可控风车动画

■ 实验步骤

01 创建文档　打开 Animate 软件，执行“文件”→“新建”命令，创建 600×600 像素的文档。

02 导入素材　执行“文件”→“导入”→“导入到库”命令，将素材“风车.png”和“风车柱.png”导入库中，再将它们分别拖放到不同图层中，然后在时间轴第 30 帧按 F5 键将场景延长，效果如图 6-69 所示。

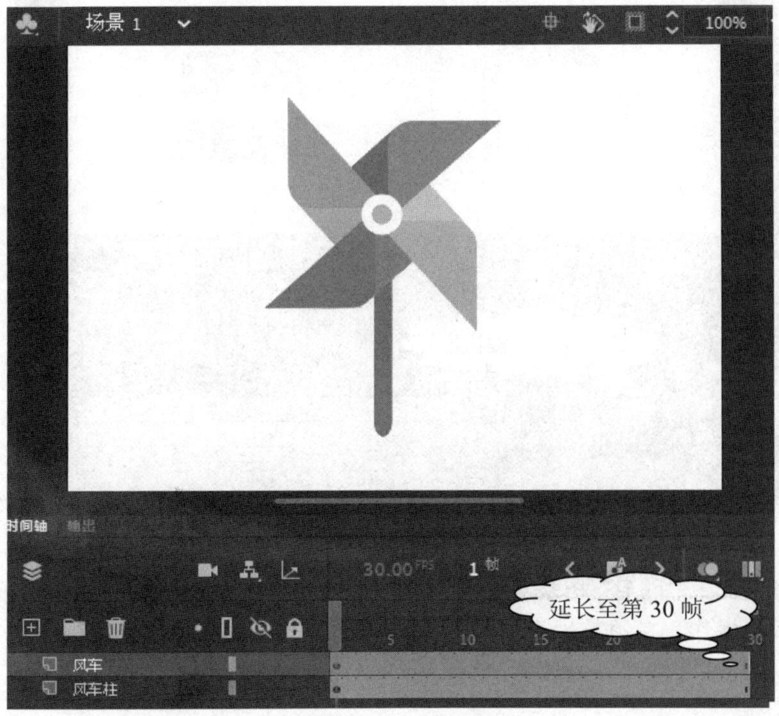

图6-69　导入素材

03 制作按钮 新建图层并命名为“打开”，使用“基本矩形”工具，在该图层绘制圆角矩形，然后将该图形转换为按钮元件，并编辑该按钮，其时间轴如图 6-70 所示。

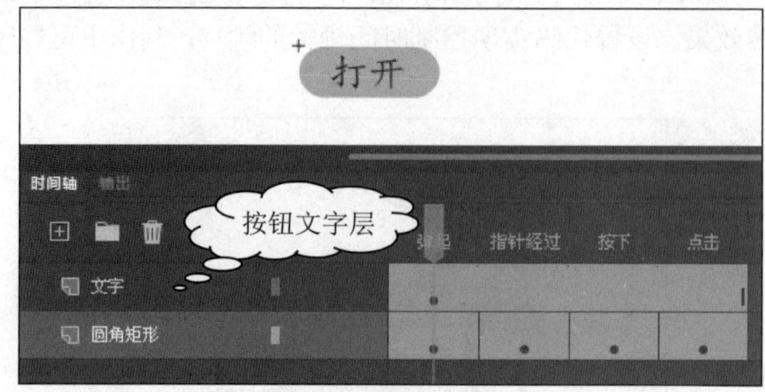

图6-70 按钮时间轴

04 复制按钮 在“库”中右击“打开”按钮，使用“直接复制”命令复制按钮，并修改新按钮名为“关闭”，编辑该按钮，放入新图层“关闭”，效果如图 6-71 所示。

图6-71 复制按钮

05 创建补间 在“风车”图层第 2 和第 30 帧中分别插入关键帧，并创建传统补间，按图 6-72 所示操作，在帧属性面板设置旋转。

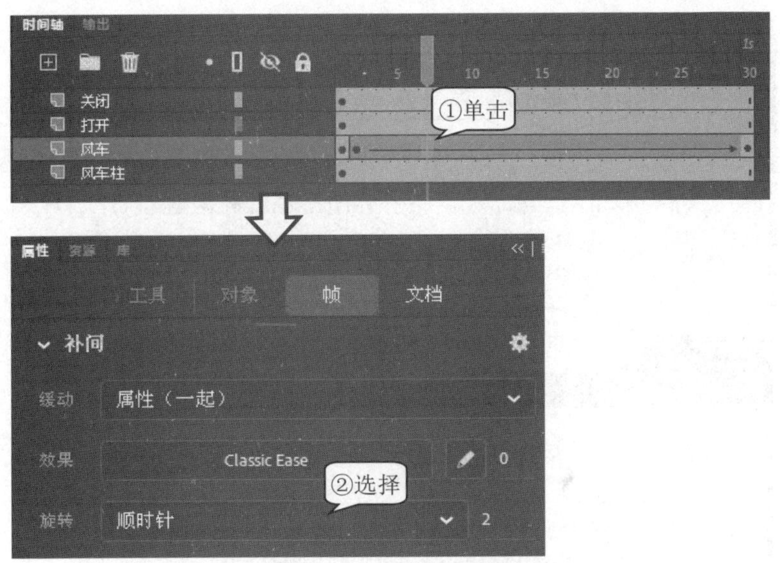

图6-72　设置补间帧属性

06 设置实例名　选中舞台上的“风车叶”实例，在属性面板设置实例名，如图 6-73 所示。使用同样的方法，分别设置“打开”和“关闭”按钮实例的名称。

图6-73　元件实例名

07 添加代码　选择风车图层第 1 帧，按图 6-74 所示操作，在动作窗口中添加“停止”代码，在第 30 帧添加“跳转到第 2 帧”代码。使用同样的方法，设置“打开”按钮的帧代码为“跳转到第 2 帧并播放”、“关闭”按钮的帧代码为“跳转到第 1 帧并停止”。

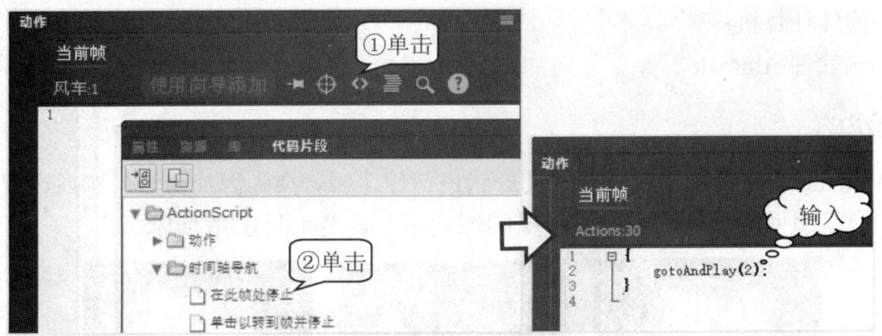

图6-74　添加代码

08 检查代码　分别在 Actions 图层第 1 帧、第 30 帧按 F9 键，可打开动作面板查看代码，并使用 Ctrl+Enter 键测试影片，代码片段如图 6-75 所示。

当前帧

Actions:1　　第 1 帧代码　　使用向导添加

```
/* 在此
stop();
/*单击以转到帧并播放
打开.addEventListener(MouseEvent.CLICK, fl_ClickToGoToAndPlayFromFrame_6);
function fl_ClickToGoToAndPlayFromFrame_6(event:MouseEvent):void
{
    gotoAndPlay(2);
}
```

当前帧　　第 30 帧代码

Actions:30　　使用向导添加

```
{
    gotoAndPlay(2);
}
/*单击以转到帧并停止
关闭.addEventListener(MouseEvent.CLICK, fl_ClickToGoToAndStopAtFrame);
function fl_ClickToGoToAndStopAtFrame(event:MouseEvent):void
{
    gotoAndStop(1);
}
```

图6-75　帧代码片段

09 导出动画　保存文件后，执行“文件”→“导出”→“导出影片”命令，导出动画。

实验6-8　制作星星闪烁动画

实验目的

元件实例是位于场景中的动画元件，每个实例都有独立于该元件的属性，可设置实例的“位置和大小”“色彩效果”“混合”及“滤镜”等属性。本实验的目的是通过学会使用多角星形工具制作影片剪辑，能对所绘制的形状进行细节优化，掌握使用影片剪辑元件实例的“滤镜”属性制作动画的方法。

实验条件

- 多媒体计算机；
- 动画软件 Animate。

制作星星闪烁动画

实验内容

使用 Animate 软件绘制星星，并对其形状进行优化后转换为影片剪辑，然后设置星星影片剪辑的“滤镜”属性关键帧，制作出星星闪烁动画，效果如图 6-76 所示。

图6-76　星星闪烁动画效果

■ 实验步骤

01 创建文档　打开 Animate 软件，执行“文件”→“新建”命令，创建 500×500 像素、舞台颜色为黑色的文档。

02 绘制星星　按图 6-77 所示操作，使用“多角星形”工具在舞台中绘制出星星。

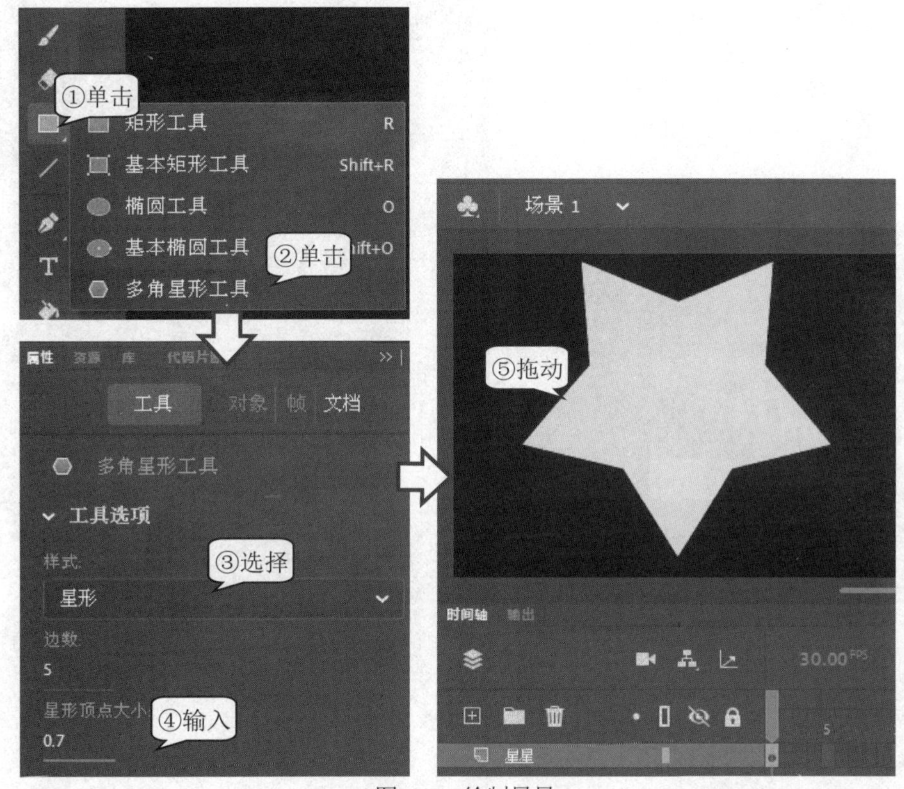

图6-77　绘制星星

03 转换影片剪辑　选中舞台的“星星”，按图 6-78 所示操作，将“星星”图形转换为“星星”影片剪辑。

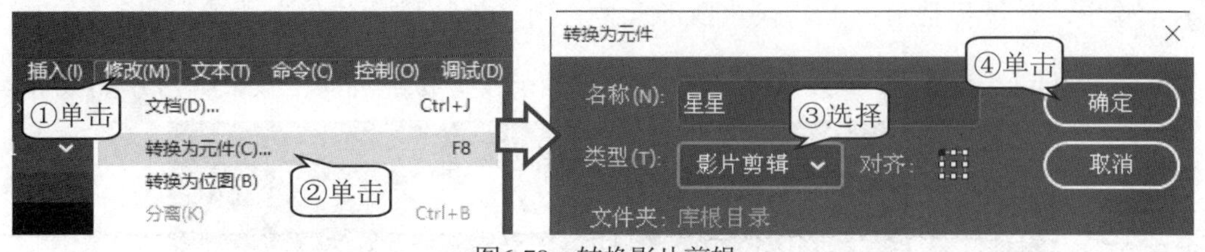

图6-78　转换影片剪辑

04 添加滤镜　选中“星星”影片剪辑，按图 6-79 所示操作，为其添加“斜角”“发光”和“模糊”滤镜。

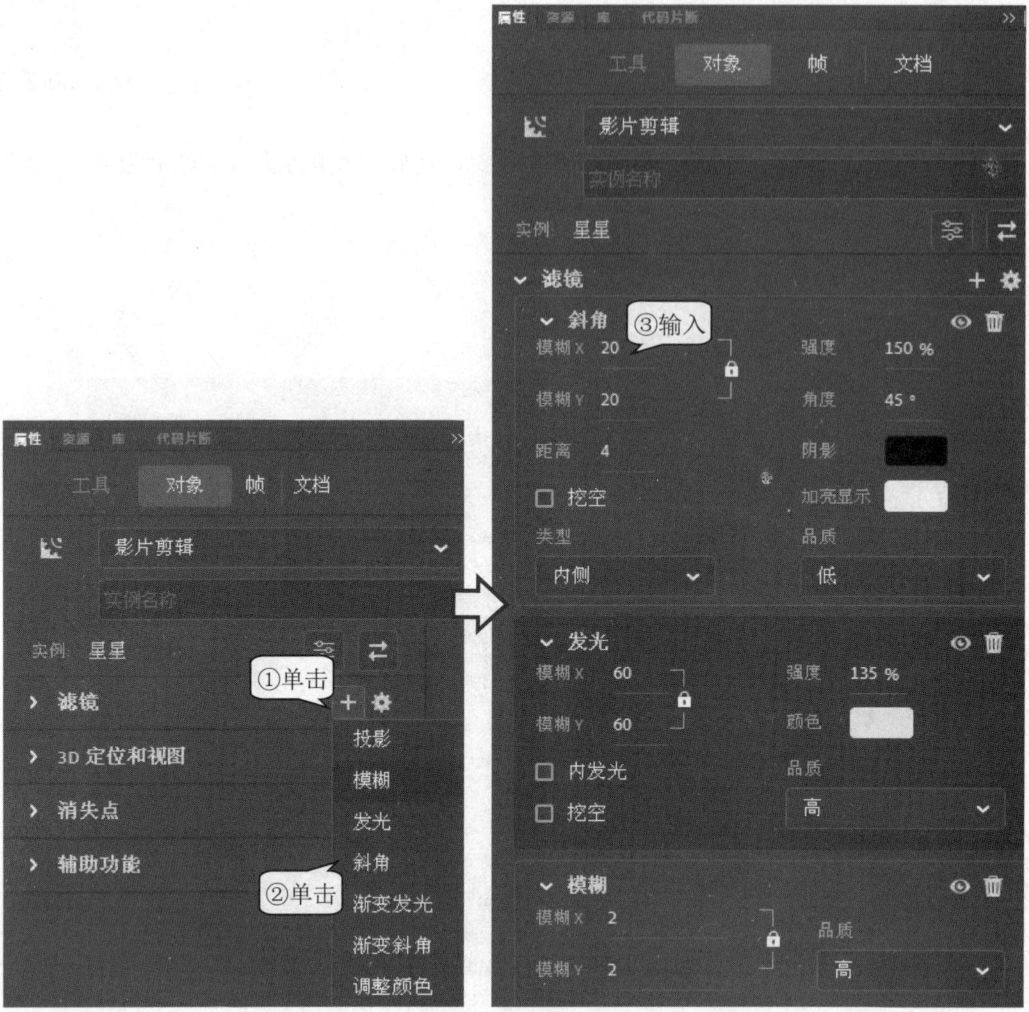

图6-79　添加滤镜

因为 Animate 中只有影片剪辑、按钮、文本 3 种对象可以添加滤镜效果，所以在本实验中，如果将星星图形转换为图形元件，则是无法添加滤镜效果的。

05 设置补间　在第 15 和第 30 帧处添加关键帧后设置传统补间，效果如图 6-80 所示。

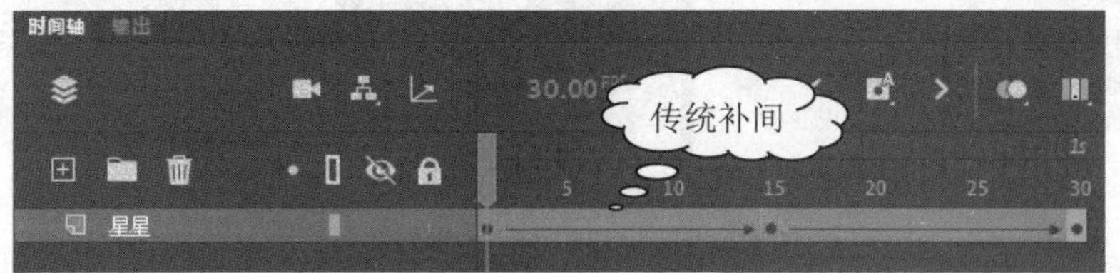

图6-80　星星图层的传统补间

06 修改关键帧　按图 6-81 所示操作，将第 15 帧处的“星星”影片剪辑实例缩小，并删除“发光”和“模糊”滤镜。

07 导出动画　保存文件后，执行“文件”→“导出”→“导出影片”命令，导出动画。

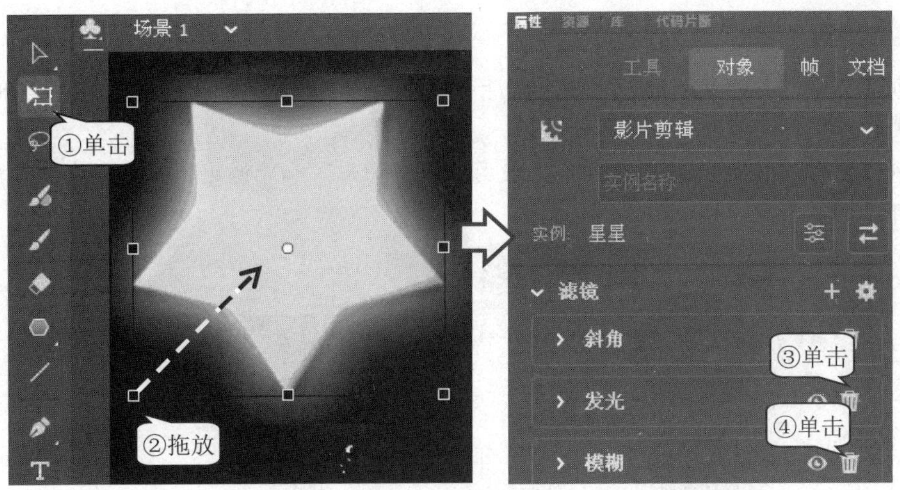

图6-81　删除滤镜

实验6-9　制作角色运动骨骼动画

实验目的

骨骼动画是先为对象绑定骨骼，然后这些骨骼按父子关系连接成线性或枝状的骨架，当一根骨骼移动时，与它连接的骨骼也发生相应的移动。本实验的目的是通过理解骨骼动画的基本原理，掌握为元件实例添加骨骼的方法，学会设置姿势关键帧，使用在骨架图层创建姿势的方法来制作骨骼动画。

制作角色运动骨骼动画

实验条件

- 多媒体计算机；
- 机器人骨骼图片素材；
- 动画软件 Animate。

实验内容

使用 Animate 软件将机器人图片素材转换为元件，为该元件实例添加骨骼，在骨架图层添加姿势，并在舞台上重新调整骨骼姿势，创建姿势关键帧，制作出角色运动骨骼动画，效果如图 6-82 所示。

图6-82　火柴人奔跑效果

■ 实验步骤

01 创建文档 打开 Animate 软件，执行“文件”→“新建”命令，创建 500×500 像素的文档。

02 制作元件 按图 6-83 所示操作，使用“基本矩形”和“椭圆”工具制作出火柴人身体部位的图形元件。

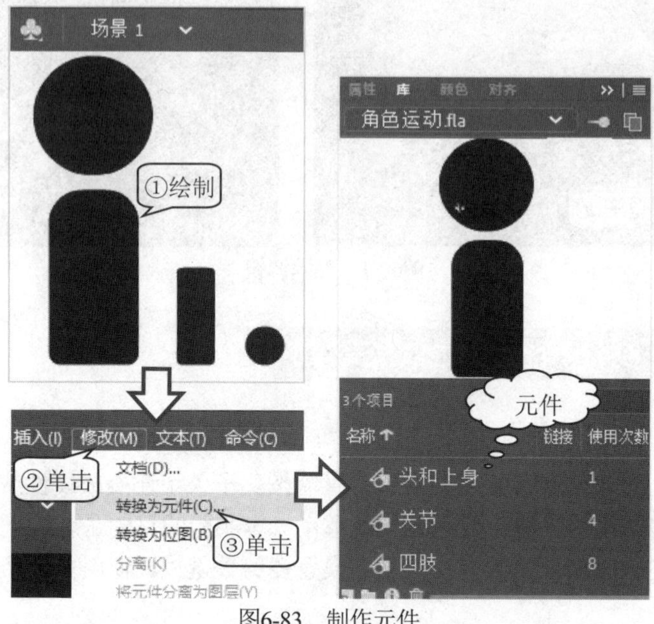

图6-83 制作元件

03 制作火柴人 使用库中的各元件在场景中组成火柴人，如图 6-84 所示。

图6-84 制作火柴人

04 设置图层 将火柴人的手臂、躯干、腿放置到不同的图层，并延长至第 20 帧，"时间轴"面板中的各图层如图 6-85 所示。

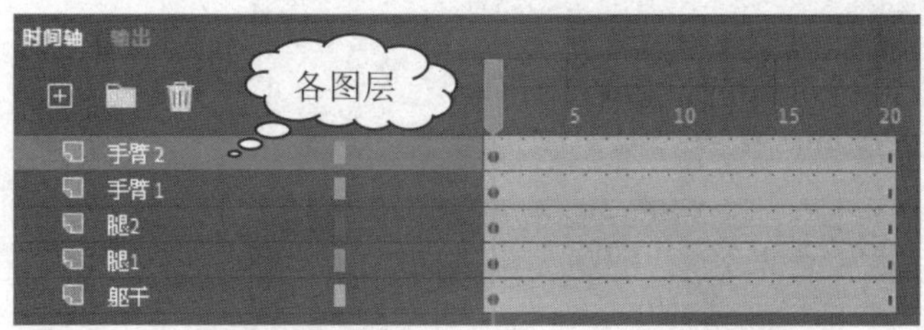

图6-85 "时间轴"面板中的各图层

05 添加骨骼 按图 6-86 所示操作，使用"骨骼"工具为"腿 1"图层的元件实例添加骨骼。

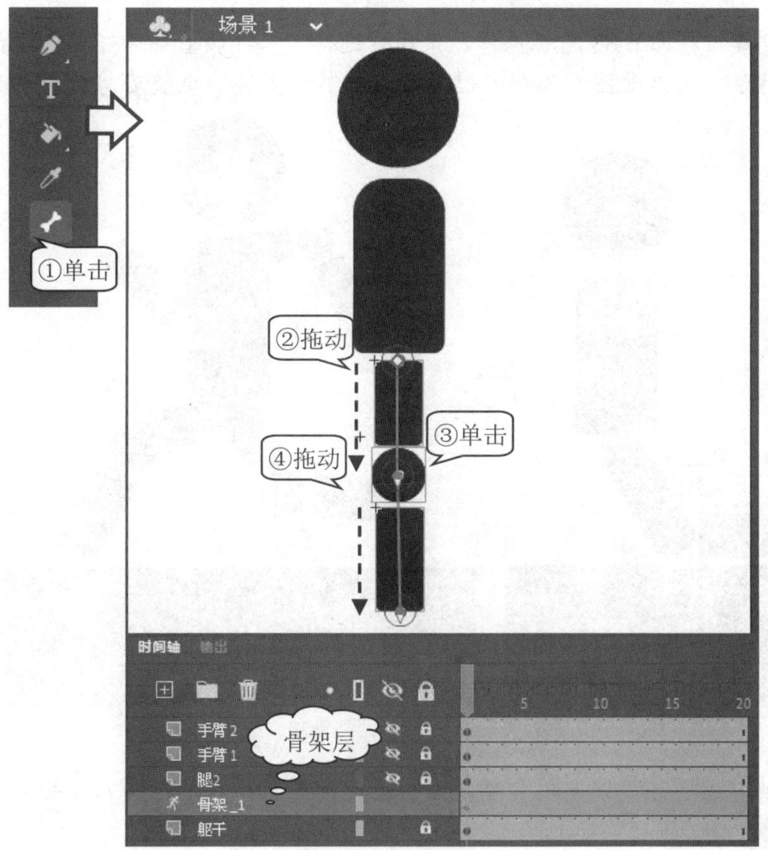

图6-86 添加骨骼

06 添加姿势 按图 6-87 所示操作，在"腿 1"的骨架层第 5 帧添加姿势关键帧。使用同样的操作，在第 10、15、20 帧中添加姿势关键帧。

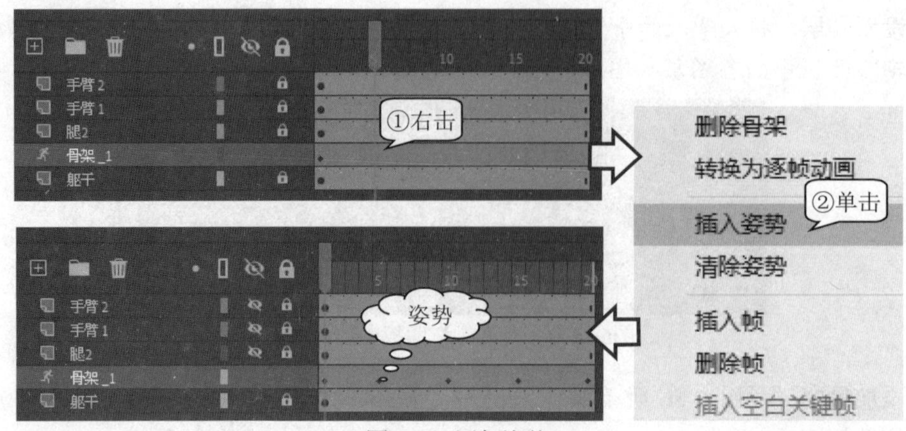

图6-87　添加姿势

07 调整骨骼　按图 6-88 所示操作，使用“选择”工具调整姿势对应的骨骼位置。使用相同的方法，为其他图层添加骨骼后插入姿势，并逐一调整姿势对应的骨骼位置。

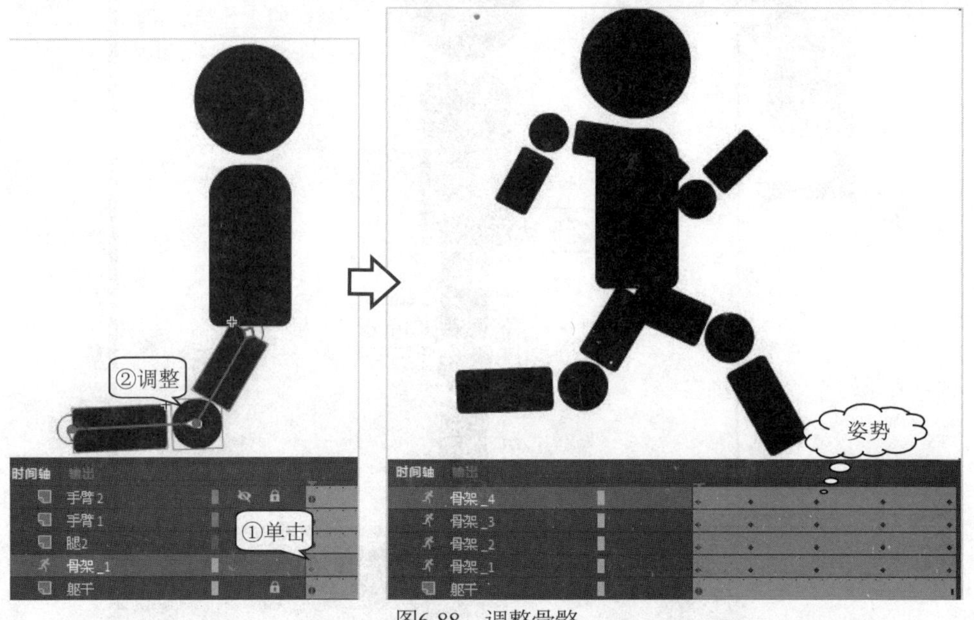

图6-88　调整骨骼

在调整骨骼时，可以使用骨骼的属性面板打开“平移”“旋转”的约束功能，来控制需调整的范围。

08 导出文件　保存文件后，执行“文件”→“导出”→“导出影片”命令，导出动画。

实验6-10　制作HTML5动画

实验目的

HTML5 动画是利用 HTML5 技术制作的网页动画，它能够在移动端的 Web 页面上流畅播放，并支持拖曳交互等功能。由 Animate 创建 HTML5 类型文档，在 Animate 中制作 HTML5

动画。本实验的目的是通过掌握创建 HTML5 动画类型文档的方法，学会利用按钮元件实现 HTML5 动画的交互。

制作 HTML5 动画

■ 实验条件

- ➢ 多媒体计算机；
- ➢ 背景图片素材；
- ➢ 动画软件 Animate。

■ 实验内容

利用提供的背景图片素材，使用 Animate 软件将图片转换为元件，并制作出透明度变化的补间动画，实现图片交替循环出现。制作文本按钮并添加代码，实现点击时跳转到指定网页的功能，效果如图 6-89 所示。

图6-89　HTML5动画

■ 实验步骤

01 创建文档　按图 6-90 所示操作，使用“新建命令”创建 700×330 像素的 HTML5 文档。

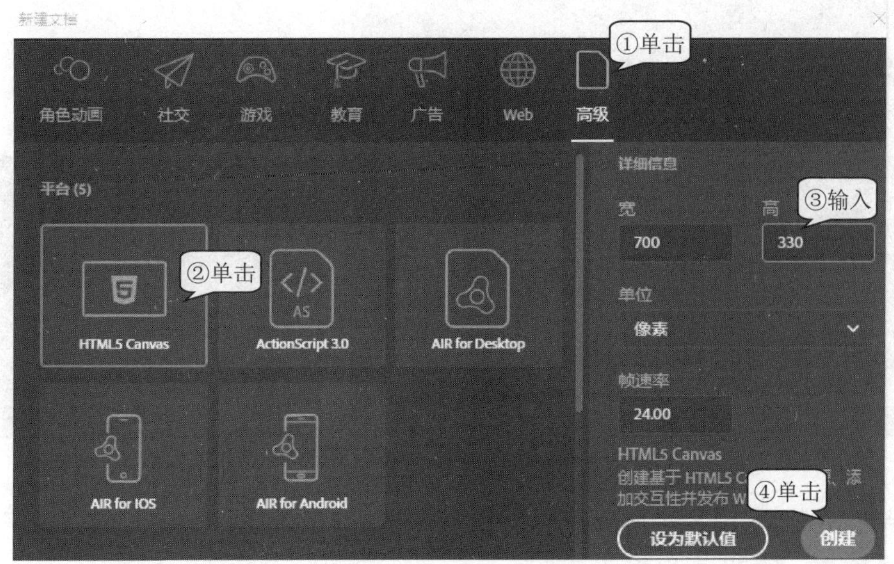

图6-90　创建HTML5文档

02 导入素材 执行“文件”→“导入”→“导入到库”命令，将素材“图片 1.jpg”和“图片 2.jpg”导入“库”中，并将它们分别拖到不同图层中，如图 6-91 所示。

图 6-91 图片所在图层

03 创建传统补间 执行“修改”→“转换为元件”命令，将两张图片转换为图形元件，在第 15 和第 30 帧中插入关键帧，制作传统补间，如图 6-92 所示。

图6-92 传统补间

04 设置元件实例属性 选中关键帧对应的元件实例，按图 6-93 所示操作，设置元件“Alpha”值，图层 1 关键帧对应的元件实例的“Alpha”值分别为“100”“0”“100”，图层 2 关键帧对应的元件实例的“Alpha”值分别为“0”“100”“0”。

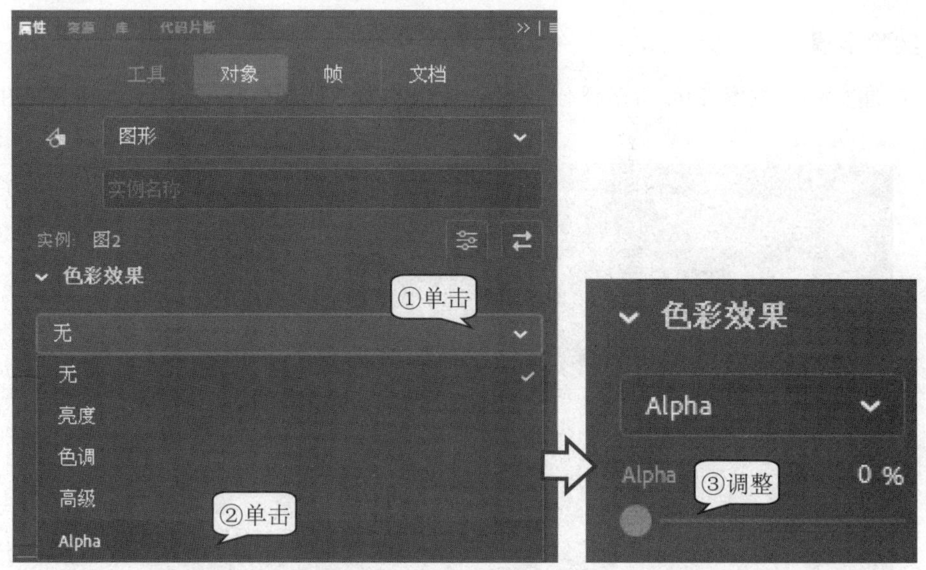

图6-93 设置元件色彩效果

05 制作按钮 按图 6-94 所示操作，使用“文本”工具制作文字按钮，设置文字按钮的点击区域与文档的大小相同。

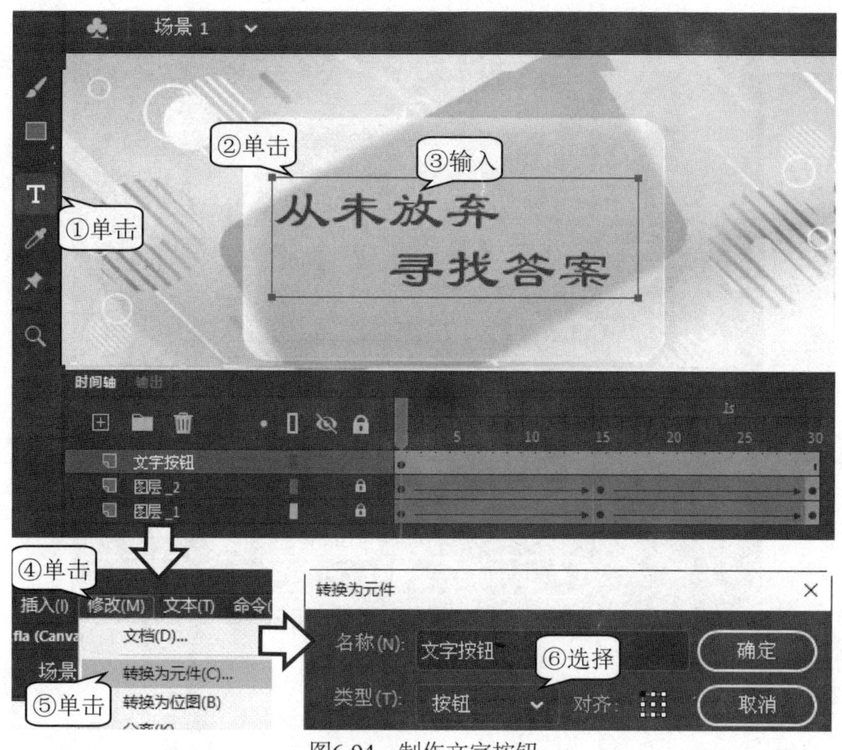

图6-94 制作文字按钮

06 添加代码 按图 6-95 所示操作，使用“动作”面板为“文字按钮”添加代码。

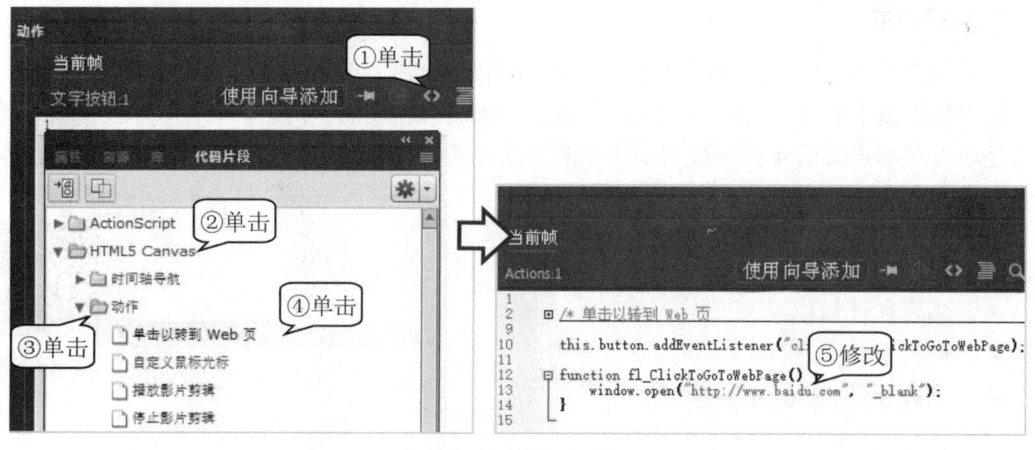

图6-95 添加代码

07 发布设置 执行“文件”→“发布设置”命令，按图 6-96 所示操作，设置发布选项。

08 发布文件 执行“文件”→“发布”命令，发布文件。

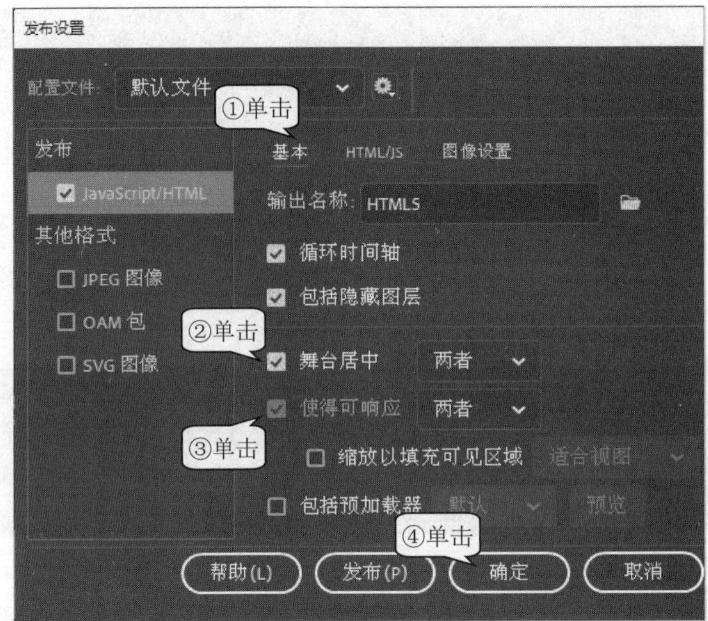

图6-96　设置发布选项

实验6–11　制作电子琴动画

■ 实验目的

在动画作品中，使用声音可以让动画更生动有趣。声音的同步类型有“事件”“开始”“停止”和“数据流”4 种，根据动画作品的需要，我们可以使用不同的声音同步类型。本实验的目的是通过理解声音的 4 种同步类型，掌握为元件实例添加声音的方法，学会利用按钮元件制作带有声音的交互动画。

■ 实验条件

制作电子琴动画

- 多媒体计算机；
- 声音素材；
- 动画软件 Animate。

■ 实验内容

使用 Animate 软件将绘制的琴键转换为按钮元件，通过复制元件制作出多个琴键的按钮元件，并为每个按钮元件添加声音及设置合适的声音同步类型。利用这些按钮元件制作出的电子琴动画效果如图 6-97 所示。

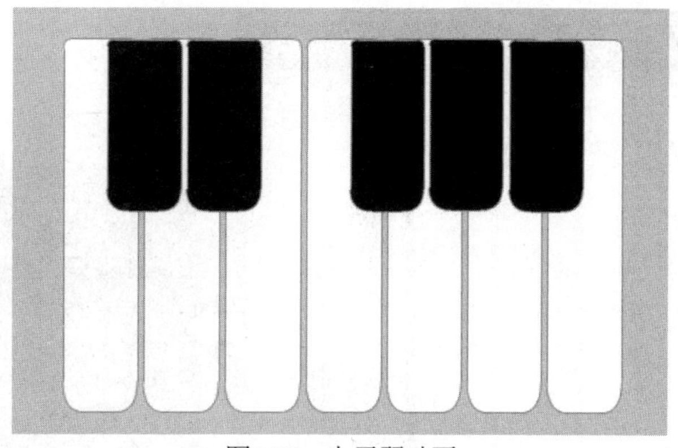

图6-97 电子琴动画

■ 实验步骤

01 创建文档 打开Animate软件，执行“文件”→“新建”命令，创建600×350像素、背景颜色为黄色的文档。

02 导入素材 执行“文件”→“导入”→“导入到库”命令，将7个音频素材导入“库”中。

03 制作按钮元件 按图6-98所示操作，使用“基本矩形工具”制作“琴键1”的按钮元件，然后在库中使用“直接复制”命令制作出其余6个按钮元件，并拖曳到舞台中。

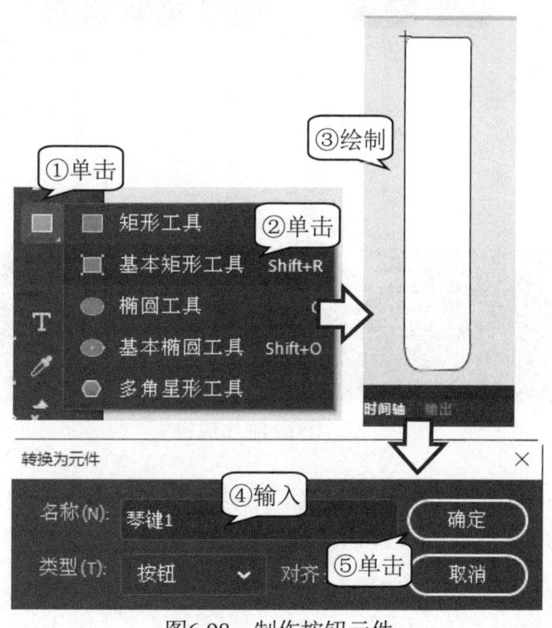

图6-98 制作按钮元件

04 排列元件 按图6-99所示操作，将舞台上的元件排列整齐。

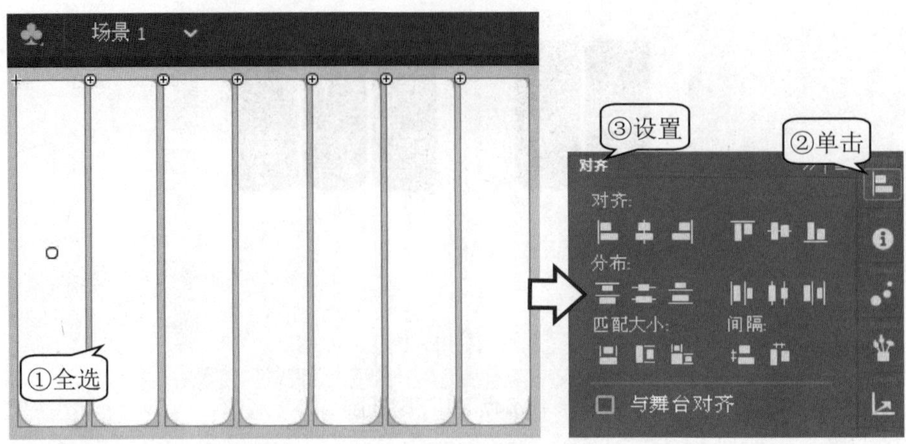

图6-99　排列元件

05 制作黑键　使用相同的方法，制作“黑键”元件，并放置到舞台，如图 6-100 所示。

图6-100　制作黑键

06 添加声音　按图 6-101 所示操作，为“琴键 1”按钮元件添加声音。使用相同的方法，为其余 6 个琴键元件设置对应的声音。

“事件”声音独立于时间轴，它在显示起始的关键帧后开始播放，一直到声音播放完毕；“数据流”是在动画播放时，声音也开始播放，流声音的播放长度不会超过它所占用的帧的长度。

07 导出动画　保存文件后，执行“文件”→“导出”→“导出影片”命令，导出动画。

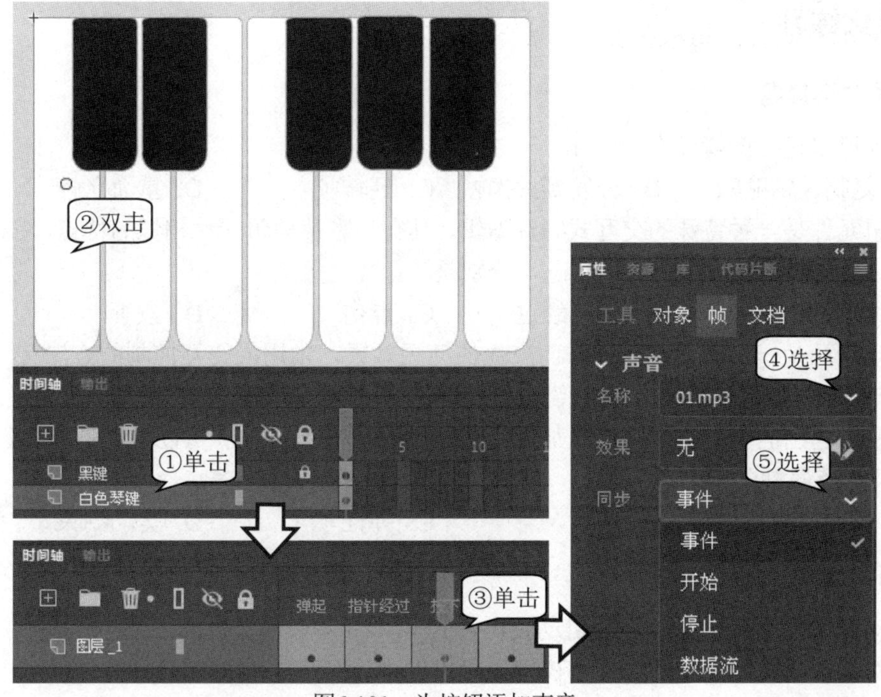

图6-101　为按钮添加声音

6.3　小结和练习

6.3.1　本章小结

本章介绍了动画的基本概念、动画制作的流程，以及数字动画的制作技术，具体包括以下主要内容。

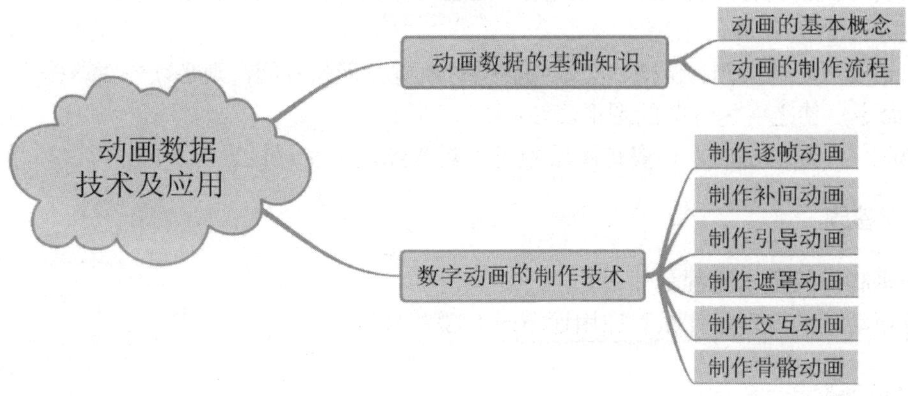

6.3.2 强化练习

一、多项选择题

1. 对帧可以进行的操作有(　　)。

A. 复制、粘贴帧　　B. 分发到关键帧　C. 翻转帧　　　　D. 重命名帧

2. 按钮元件是一种特殊的交互式影片剪辑，具有与影片剪辑元件相似的特点，它的时间轴只有 4 帧，前 3 帧显示按钮的 3 种状态，分别是(　　)。

A. 弹起　　　　　B. 指针经过　　　C. 点击　　　　　D. 按下

3. 交互动画是一种基于用户操作而产生的动画效果，常用的交互控制的方法有(　　)。

A. 用按钮交互　　B. 用按键交互　　C. 用热对象交互　D. 用文本交互

4. 为使创建出的骨骼动画效果更加逼真，符合自然的运动情况，可以设置骨骼的各种属性。以下不属于骨骼属性的是(　　)。

A. 长度　　　　　B. 速度　　　　　C. 弹性　　　　　D. 运动约束

二、填空题

1. 按动画制作原理分类，计算机动画可分为________和________。

2. 元件是在动画制作中需要反复调用的预设图形、按钮或动画资源，是动画设计与创作中最重要的基本元素。元件的主要类型有________、________和________。

3. 帧是动画的核心，是进行动画设计与创作的最基本单位。在时间轴中，灰色背景且带有黑色圆点的帧为________。

4. 引导动画通过引导层进行制作，引导层主要有两个用途，即作为参考层和运动引导层。根据用途的不同，引导层的类型有________和________。

三、判断题

1. 关键帧用于描绘动画的起始帧和结束帧，当动画内容发生变化时必须插入关键帧，关键帧有延续性。(　　)

2. 图层与图层是有关联的，当修改某一图层时，另一图层上的对象会受到相应的影响。(　　)

3. 如果要对元件实例、位图、文本或群组对象进行形状补间，则必须先对这些元素执行“分离”命令，使之变为分散的图形。(　　)

4. 当制作骨骼动画时，在姿势图层中可以对骨骼的各种属性进行补间。(　　)

四、问答题

1. 动画制作的基本流程是什么？

2. 遮罩动画的原理是什么？应用遮罩时有哪些技巧？

五、操作题

1. 利用 Animate 制作一个引导动画。

2. 利用 Animate 制作一个机器人手臂摇摆的骨骼动画。

第 7 章 新媒体及制作技术

■ 学习要点

在当代社会，“新媒体”一词在人们生活中出现的频率越来越高，与传统的报纸媒体和电视媒体相比，新媒体在易用性、交互性等方面都具有明显的优势。本章主要讨论基于互联网平台下数字技术的综合运用，使读者对新媒体技术知识有基本了解，并可以总体认识新媒体技术的应用方法，为高效制作出新颖有趣、个性突出的作品做好准备。

- 了解新媒体的基本概念。
- 了解新媒体与传统媒体的差异。
- 认识常见的新媒体平台。
- 掌握生成二维码的方法。
- 掌握智能助手写作技巧。
- 掌握互联网 H5 和短视频的制作方法。

■ 核心概念

新媒体概述　　新媒体平台　　新媒体技术应用

■ 本章重点

- 新媒体技术的基础知识
- 常见的新媒体平台
- 新媒体制作技术

7.1 新媒体技术的基础知识

新媒体是一种新兴的信息传播方式，它不但改变了人们获取信息的方式，也改变了人们的思维方式。与传统媒体相比，新媒体的类别、发展及特点有着显著的不同，因此，若想应用好新媒体，需要先了解新媒体的基础知识。

7.1.1 新媒体概述

人类社会发展的每一阶段都会有新型的媒体出现，它们会给人们的生活带来巨大的改变，在信息化社会环境下表现得尤为明显。随着科学技术的不断发展，新媒体的内涵和外延也在不断发生变化。

1. 新媒体的概念

对于新媒体的定义，学界目前尚无一个统一的界定。美国互联网实验室认为：新媒体是基于计算机技术、通信技术、数字广播等，通过互联网、无线通信网、数字广播电视网和卫星等渠道，以计算机、电视、手机等实现个性化、细分化和互动化，能够实现精准投放及点对点的传播。国内百度百科将新媒体概括为：利用数字技术，通过计算机网络、无线通信网、卫星等渠道，以及计算机、手机、数字电视机等终端，向用户提供信息和服务的传播形态。笔者认为：新媒体是一个相对的概念，它是相对于报刊、广播、电视等传统媒体而言的，是基于数字化传播并具有互动性、即时性及多媒体融合等特征的新形态。

2. 新媒体的类别

新媒体因概念的不确定性，其所涵盖的范围也众说不一。目前大家一致认可的新媒体分类有互联网新媒体、手机媒体，以及基于网络的数字电视也是一种新型的媒体形式。

- 互联网新媒体：又称“网络媒体”，就是借助国际互联网这个信息传播平台，以计算机为主，通过文字、声音、图像等形式来传播新闻信息的一种数字化、多媒体的传播媒介。1998年5月，联合国新闻委员会将互联网正式列为继报刊、广播、电视之后出现的“第四媒体”。从严格意义上说，互联网新媒体是指国际互联网被人们所利用的进行新闻信息传播的那部分传播工具性能。
- 手机媒体：手机的普及性、信息传达的有效性、丰富的表现手法使得手机具备了成为大众传媒的理想条件，继而成为报刊、广播、电视、网络之外的“第五媒体”。手机媒体的基本特征是数字化，最大的优势是携带和使用方便。作为网络媒体的延伸，手机媒体强化了网络媒体的优点，如强互动性、快速获取和传播信息、频繁更新内容及跨地域传播的特性。
- 电视新媒体：是指以电视为宣传载体，进行信息传播的媒介或平台，主要包括数字电视、IPTV、移动电视与户外新媒体等。进入全媒体时代后，电视新媒体的角色和功能也在发生着深刻的变化，例如，电视台不仅自办新媒体，还与爱奇艺、抖音及快手等新媒体平台进行合作。传统电视媒体积极地向网络视听领域的拓展，进一步推动了电视新媒体的深度融合与发展。

3. 新媒体的发展阶段

新媒体的起源最早可以追溯到50多年前，具体是在美国的哥伦比亚广播电视网(CBS)技术研究所。当时，该研究所所长P.高尔德马克(P.Goldmark)于1967年发表了一份关于开发电子录像(EVR)商品开发的计划书，该计划书中将“电子录像”称作“New Media”，“新媒体”概念由此诞生。新媒体的发展史大致分为以下几个阶段。

- 基于互联网的发展阶段(20世纪80年代—21世纪最初十年)：20世纪80年代，互联网开始出现并发展迅速。随着万维网的问世，网站、博客、电子邮件等网络传播形式得以广泛应用和发展。从1996年开始，人民网、新华网、央视网上线开通；网易、搜狐、腾讯、新浪四大门户网站诞生；天涯、猫扑、西祠等BBS论坛网站上线；阿里巴巴电子商务平台让天下没有难做的生意；百度开创了搜索引擎的天下。这个时期是新媒体的起步期，该形式只在特定的群体中受欢迎，因此整体上影响力有限。
- 社交媒体时代(21世纪初期至今)：21世纪初期，Web 2.0的概念兴起，为现代社交媒体的发展奠定了基础。随后，2009年8月新浪微博上线，2011年1月腾讯微信也紧随其后。这些社交媒体平台的迅速崛起，极大地推动了互动性和社会性内容的互动、分享和传播。
- 移动互联网时代(21世纪第二个十年至今)：随着智能手机和平板电脑等移动终端的普及，App等移动应用软件成为主流媒介形态。例如，2012年8月微信公众平台上线，2016年3月淘宝直播电商立项启动，2016年9月抖音短视频上线。随后，短视频与直播电商进入了快速发展阶段，该阶段每个人都有机会成为信息的传播者和创造者，从一定意义上来说，这是一个“人人都是自媒体”的时代。
- 人工智能驱动的新媒体时代(21世纪20年代)：近年来，人工智能技术的快速发展为新媒体注入了更多的可能性。越来越多的新媒体平台开始采用人工智能技术，如利用AI技术生成新闻报道、智能语音助手、基于AI算法的推荐系统等。

4. 新媒体特点

与传统媒体相比，以数字技术为代表的新媒体在数字化、交互性、自媒体化、融合化、实时性上，都表现出了显著的不同。

- 数字化：新媒体以数字化为基础，将文字、图像、动画、声音、视频等进行采集，并将其转换为数字符号，然后通过多媒体技术进行加工处理和存储。在使用数字化信息时，通过信息传输、信息解码等方式进行传递和复现，形成一个具有良好的、多种感官交互性的系统技术。
- 交互性：新媒体具有很强的交互性，其传播方式是双向的。传播者几乎在发出信息的同时就能得到反馈信息，交互性使传播者和接受者极易进行角色转换。在使用新媒体的过程中，人们可以通过点评、转发等手段发表自己的意见，实现与不同区域的人进行实时交互，并能迅速地得到反馈信息。

- 自媒体化：传统媒体通常由专业的新闻机构或组织运营，如报纸、杂志、电视台和广播电台等，从业人员都接受过专业的训练，所报道的内容也必须经过严格的审核和核实。随着互联网的发展和社交媒体的兴起，越来越多的个人和组织开始通过自媒体平台进行信息传播，这些平台的用户是信息的生产者，同时也是传播者。在这种情况下，传播者和受众之间的界限逐渐模糊，私人化、平民化、普泛化、自主化等特点使信息趋于向自媒体化发展。
- 融合化：新媒体的融合化主要体现在信息内容和技术的融合。例如，新闻媒体可以通过微信公众号、微博等社交媒体平台将新闻内容传递给更多的受众，同时也可以通过这些平台获取更多的用户反馈信息和数据。此外，新媒体还将声音、文字、图像、视频等多种数字元素融合起来展现信息，更好地适应了现代社会的发展，提高了传播效率和影响力。
- 实时化：新媒体的实时化体现在新闻传播、社交网络、在线教育、在线购物等领域，生活中常见的有实时新闻、实时聊天、实时直播、人机交互等。此外，实时化还体现在人机交互上，将加工处理后的信息发布在各大新媒体平台上呈现，可以实现24小时在线反馈。

7.1.2 新媒体与传统媒体

随着科技的不断发展，新媒体逐渐崛起，传统媒体面临着前所未有的挑战。新媒体的出现给传统媒体带来了很大压力，但同时也为传统媒体提供了新的机遇。在这个信息爆炸的时代，传统媒体与新媒体之间的竞争将会愈加激烈。

1. 受众群体

传统媒体受众通常比较成熟和稳定，具体表现在对信息的权威性或专业性要求较强的人群。而新媒体的受众则更加倾向于年轻化，每个人都可能是信息的传播者，在内容表达上可以更加轻松和随意，更侧重于新鲜事物和具有吸引力的内容，因此更容易吸引读者的注意力。

2. 传播方式

传统媒体的传播方式一般具有周期性和规律性，它们定期向社会公众发布信息或提供教育娱乐平台。而新媒体则是利用数字技术、网络技术、移动技术等渠道，以及计算机、手机、数字电视机等终端，实时向用户提供信息和娱乐的传播与媒体形态。

3. 传播效果

相较于传统媒体的传播效果，新媒体在交互性与即时性、海量性与共享性、多媒体与超文本、个性化与社群化等方面具有明显的优势。此外，在传播的实效性和范围上，传统媒体的传播范围较小，通常只能覆盖本地或特定地区的受众；而新媒体的传播范围则较广，可以覆盖全球范围内的受众。

7.2　常见的新媒体平台

新媒体平台是指通过互联网、移动通信网络等新兴技术手段，来传播信息、提供服务的各种网络平台。常见的新媒体平台有图文类平台、短视频类平台、在线学习类平台及综合应用类平台等。用户可以通过这些平台发布和获取信息，并与其他用户进行互动交流。

7.2.1　图文类——微信公众号

微信公众号是一个可以让企业、组织或个人发布信息并与用户互动的平台。用户通过关注该公众号后，就能获取到该公众号发布的最新资讯、活动信息、优惠促销等内容。微信公众号平台为运营者提供了服务号、订阅号、企业微信和小程序 4 种公众号账号类型，如图 7-1 所示。

图7-1　微信公众号平台4种公众号账号类型

1. 服务号

服务号是为了向企业和组织提供更强大的业务服务与用户管理功能而开发的。其主要偏向于服务类交互，功能类似于 12315、114、银行等，为用户提供诸如信息查询、消息推送、预约挂号、在线购物、在线支付、数据分析等高级功能。服务号的开发使企业和组织全面地提升了自身的服务品质和形象。

2. 订阅号

订阅号为个人、自媒体、企事业单位、政府等机构提供了一种新的信息传播方式，它以低成本、高频率的特点被广泛应用。订阅号每天(自然日)可向订阅用户(粉丝)发送一条群发消息，这些消息会出现在用户的“订阅号”文件夹中。通过微信公众平台，订阅号可以发布文章、图片、视频等形式的内容，并与用户进行互动交流。

3. 企业微信

企业微信是腾讯微信团队专为企业打造的一款专业办公管理工具，它作为一个独立的App，提供了高效的基础办公沟通功能。企业微信与微信有一致的沟通体验，还具备强大的内外协作功能。此外，企业微信还提供了丰富且免费的OA应用，并与微信消息、小程序、微信支付等功能实现互通，进一步提升了企业的办公效率和管理水平。

4. 小程序

小程序是一种不需要下载安装即可使用的应用，它实现了应用“触手可及”的梦想，用户只需扫一扫或搜索即可打开应用。小程序是基于HTML、CSS和JavaScript等Web技术开发而成，可以实现与原生应用程序相似的功能。由于继承了Web开发的特性，小程序具有开发成本低、发布更新速度快及跨平台性的优势。小程序通常用于提供简单的服务或功能，如在线购物、预订餐厅、查看天气预报等。

7.2.2 短视频类——抖音

抖音短视频是互联网上流行的一种视频形式，长度通常在几秒钟到几分钟。这种视频形式在社交媒体平台上非常流行。抖音短视频平台(如图 7-2 所示)的出现，犹如一股清流，让用户跨越了以往的拍摄周期长、制作成本高的技术壁垒，轻松创作出展示自我的视频信息。

图7-2　抖音短视频首页

1. 简短易懂

短视频的时长通常控制在几秒钟到几分钟，这使得它们更容易被观众理解和接受。用户可以在短时间内快速浏览和分享大量内容，因此吸引了大量用户和创作者。相比之下，传统视频可能需要数分钟甚至数小时才能完整地呈现一个故事或主题。

2. 轻松创建

短视频平台提供了简单易用的视频编辑器，用户通过简单直观的触屏操作，即可对已有的视频进行剪辑，以及添加模板、背景音乐、视频特效等操作，这使得没有专业背景的用户也能够制作出高质量的短视频。

3. 更高的互动性

短视频平台上的内容通常是由用户生成的，这意味着观众可以直接与创作者互动并提出问题或建议。这种互动性可以帮助创作者更好地了解他们的受众，并根据反馈不断改进作品内容。

4. 更多的营销机会

由于短视频平台拥有庞大的用户数量和极高的活跃度，因此它们成为企业进行营销推广的理想场所。许多品牌都开始利用短视频平台来推广自己的产品和服务，并通过与创作者合作来提高品牌知名度和影响力。

7.2.3　在线学习类——大学慕课

MOOC(massive open online course，大规模在线开放课程)是一个任何人都能免费注册使用的在线学习平台，其网站首页如图 7-3 所示。MOOC 通过互联网技术向广大学习者提供优质的课程内容，使得更多的人能够接触并享受到优质的教育资源。

图7-3　中国大学MOOC网站首页

1. 开放性

大学慕课对所有人开放，无论学习者的年龄、学历、职业、国籍等如何，只要拥有学习意愿，任何人都可以免费获取优质的高等教育资源，如图 7-4 所示。大学慕课的内容一般来自世界各地的知名高校或机构，由专业的教师或专家授课，涵盖了各个领域和层次的知识及技能。

图7-4　中国大学MOOC受众广

2. 大规模

大学慕课打破了传统课堂受地域、时间、人数等的限制，可以同时容纳成千上万的教育者与学习者在线进行教学与学习。目前，已有800余所高等院校开设了课程，其中一门课程的规模曾达到16万名学生，如图7-5所示。

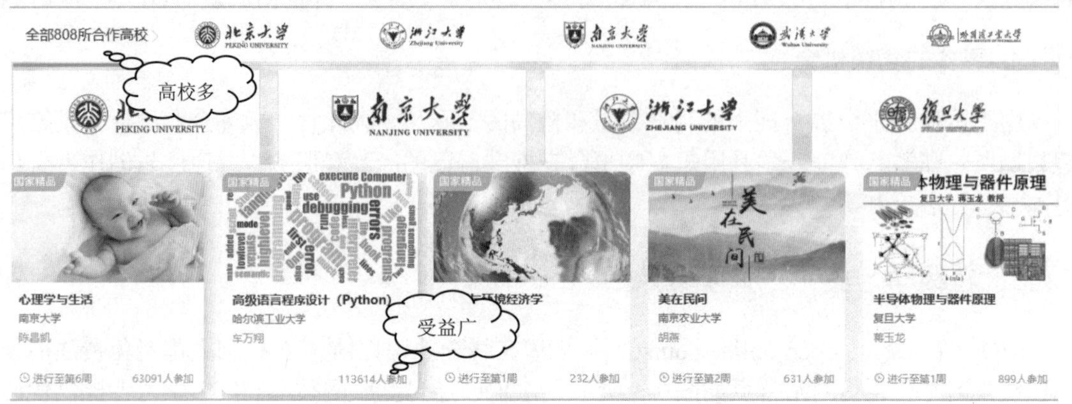

图7-5　800余所高校入驻中国大学MOOC

3. 多元化

大学慕课(MOOC)的多元化体现在以下方面。示例效果如图7-6所示。

- 教学模式：大学慕课采用了多元化的教学方法，包括传统的授课模式、在线互动式学习、课外阅读、小组合作等多种形式。这种多元化教学模式可以更好地适应不同学习者的需求和学习习惯，提高学习效果。
- 课程内容：大学慕课涵盖了科技、人文、社会科学等广泛的学科领域，提供了多样化的学习选择。同时，不同的课程也会根据学习者的需求和兴趣，提供不同的学习模式和资源，如在线实验室、案例分析、讨论群等。
- 学习方式：除了传统的在线视频学习，大学慕课还提供了多种学习方式，如在线文本学习、在线音频讲解、在线测试等，学习者可以根据自己的需求和偏好进行选择。
- 互动方式：大学慕课的学习者和教师可以进行多种形式的互动，如在线问答、讨论区交流、小组讨论等。这种多元化的互动方式可以更好地促进学习者的学习和交流。

图7-6　中国大学MOOC多元学习

4. 颁发证书

在大学慕课平台上，学习者可以选择带有认证证书的课程进行学习。在学习过程中，他们需要按照课程进度完成各阶段的学习任务和测试，当达到一定的成绩要求后，即可申请获取相应认证证书。

7.2.4 综合应用类——今日头条

今日头条是一款非常受欢迎的个性化推荐信息引擎产品，它通过先进的数据技术和庞大的内容库，为用户推荐有价值的、个性化的信息，提供连接人与信息的新型服务，如图 7-7 所示。

图7-7 今日头条首页

1. 个性化推荐

今日头条通过大数据和智能推荐算法实现个性化内容推荐。它通过分析用户的浏览历史、兴趣爱好和行为特征，能准确预测用户的需求，为用户提供感兴趣的内容。

2. 多元化内容

内容的多元化是指今日头条可以为用户提供各类新闻、视频、直播及小视频的平台，内容涵盖国内外时政、社会、娱乐、体育、科技、教育等 100 多个领域，用户可以根据自己的兴趣选择不同的频道，获取最新的资讯。

3. 用户参与度高

今日头条鼓励用户参与互动。用户可以在文章下方留言评论、点赞或分享给朋友，内容可以分享在各大应用平台，这种互动增加了用户的黏性，也促进了内容的传播。

4. 内容定向投放

今日头条通过收集、分析用户的兴趣、位置等多个维度的信息，实时计算出用户最可能感兴趣的内容，精准投放。同时，广告主也可以根据自己的目标受众选择不同的投放渠道，并通过定向投放来提高广告的效果。

7.3 新媒体制作技术

制作新媒体内容时，我们通常需要创作、编辑和处理图片、数字音频、视频等数字媒体资源。新媒体技术可以帮助用户快速、高效地制作出具有视觉冲击力的多媒体作品，以满足不同领域的需求。

7.3.1 制作二维码

二维码是一种二维条码，是在一维条码的基础上扩展出的一种具有可读性的条码。二维码已经成为新媒体时代不可或缺的工具之一，广泛应用于支付、营销推广、社交媒体、在线购物、公共服务等领域。但传统的黑白二维码往往显得单调且不美观，下面我们将介绍一个可以生成和美化二维码的平台。

1. 二维码文件类型

上传二维码的文件类型一般没有特定限制，主要取决于实际的应用场景需求，常见的类型文件都可以上传，如图片、音频、视频、文档等，如图 7-8 所示。

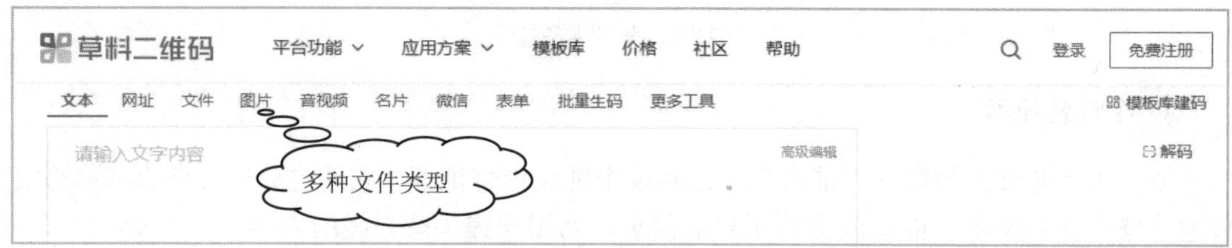

图7-8 平台可对多种文件类型进行编码

- 文本：以文字表达为主，同时支持高级功能以图文并茂的方式展示文章。许多年轻人倾向于采用这种方式来告白、写信，而企业也利用它进行宣传和推广等活动。
- 网址：通常以http、ftp开头，用于跳转到指定网址。
- 文件：将文件制作成二维码，方便分享给好友，对方可在需要时随时下载查看。
- 图片：二维码可以将上传的图片以平铺或轮播的方式展示。
- 音视频：音视频生成二维码可以让用户更快速地获取内容。与图文内容或其他类型的教程方式相比，其更加直观且效果更好，用户的接受度更高。
- 名片：主要用于保存联系人信息，包括姓名、地址、电话号码等。通过扫描该二维码，可以直接将联系人信息添加到移动设备的联系人列表中。
- 表单：表单生成二维码可以让用户更快速地提交信息，避免了用户需要打开网页或下载表单并填写的烦琐步骤，常用于签到和意见反馈等。

二维码可以传输多种类型的文件，它的出现使得信息的传播更加便捷和高效，大大提高了信息的传播效率。

2. 生成二维码

许多网站提供免费的二维码生成器工具，用户只需输入要编码的信息，即可生成二维码。这些网站还提供下载和打印二维码的选项。例如用户可以通过草料二维码，十分便捷地在计算机端或手机端轻松实现二维码的生成，如图 7-9 所示。

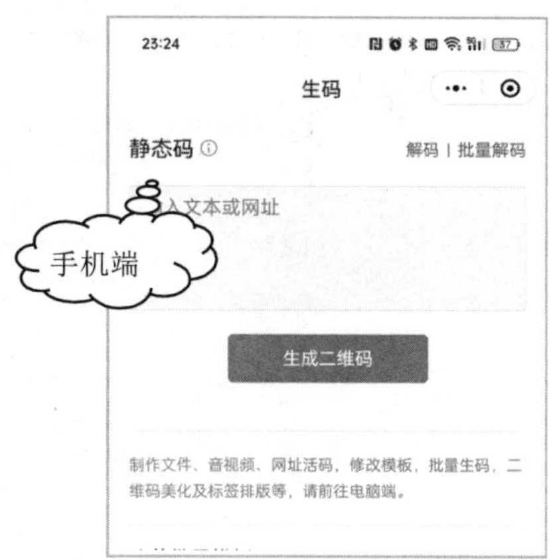

图7-9　生成二维码

3. 美化二维码

除了可以使用专业的 Photoshop 和美图秀秀等软件，用户还可以直接套用二维码生成平台的模板来快速实现二维码的美化。用户更换模板后，进行简单的在线编辑，如添加 Logo、背景、字段数量等，即可制作出较为精美的二维码样式。使用样式美化二维码的效果如图 7-10 所示。

图7-10　使用样式美化二维码的效果

7.3.2　使用智能助手

人工智能大语言模型具有强大的语言理解和生成能力，不仅能回答问题、创作文章，还能表达观点，甚至撰写代码。目前市场上有讯飞星火、通义千问、文心一言等平台供用户选择，大模型的应用领域非常广泛，包括智能助手、机器翻译、编写代码等。

1. 智能助手

智能助手通常采用自然语言处理技术，通过分析大量的文本数据来学习语言规则和模式，从而能够理解和执行人类的指令。智能助手如同一位良师益友，仅需通过简单的对话，就能实时解答我们的各种问题，并给出中肯的建议，如图 7-11 所示。

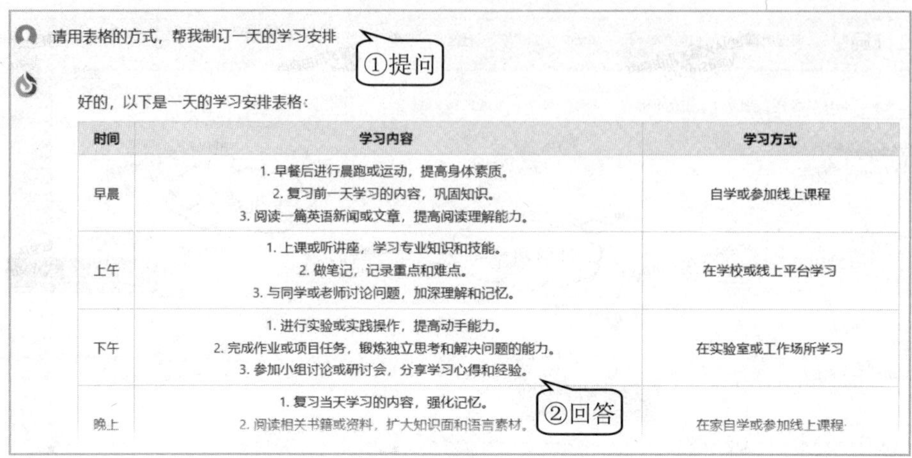

时间	学习内容	学习方式
早晨	1. 早餐后进行晨跑或运动，提高身体素质。 2. 复习前一天学习的内容，巩固知识。 3. 阅读一篇英语新闻或文章，提高阅读理解能力。	自学或参加线上课程
上午	1. 上课或听讲座，学习专业知识和技能。 2. 做笔记，记录重点和难点。 3. 与同学或老师讨论问题，加深理解和记忆。	在学校或线上平台学习
下午	1. 进行实验或实践操作，提高动手能力。 2. 完成作业或项目任务，锻炼独立思考和解决问题的能力。 3. 参加小组讨论或研讨会，分享学习心得和经验。	在实验室或工作场所学习
晚上	1. 复习当天学习的内容，强化记忆。 2. 阅读相关书籍或资料，扩大知识面和语言素材。	在家自学或参加线上课程

图7-11　智能助手按要求生成内容

2. 机器翻译

机器翻译技术广泛应用于多种场景，包括网页翻译、语音识别和翻译、实时聊天翻译及文档翻译等。它的出现极大地方便了用户的学习和工作，有效提高了工作效率。此外，讯飞星火还提供了朗读功能，进一步提升了用户的使用体验，如图 7-12 所示。

图7-12　语言大模型朗读机器翻译的内容

3. 编写代码

编写代码是指用户通过自然语言来生成代码的过程，然而由于当前技术还不够成熟，因此无法保证生成代码的质量和可靠性。不过，在仅涉及某一特定功能的编码需求时，AI 大模型的表现还是非常卓越的，如图 7-13 所示，它成功地使用 Python 语言书写了一段冒泡排序算法。

使用python写冒泡排序

python　　复制代码

```python
def bubble_sort(arr):
    n = len(arr)
    for i in range(n):
        for j in range(0, n-i-1):
            if arr[j] > arr[j+1]:
                arr[j], arr[j+1] = arr[j+1], arr[j]
arr = [64, 34, 25, 12, 22, 11, 90]
bubble_sort(arr)
print("排序后的数组是：", arr)
```

程序代码

重新回答

图7-13　语言大模型编写代码

7.3.3　制作H5页面

随着智能手机的发展普及，互联网的网页访问逐渐从计算机转向移动设备。这一上网方式的变更，推动了 HTML 技术的不断发展。现在，我们可以使用 H5 开发出更加符合移动端操作的界面，调用更多的多媒体元素，实现更丰富的交互效果。

1. H5开发工具

H5 开发工具的出现，使用户无须了解 HTML(hypertext markup language，超文本标记语言)，即可制作出一款含有图像、视频、音频、动画等媒体形式的交互数字产品。使用这些工具不仅制作用时短，而且发布和使用也非常便捷。目前市面上提供 H5 开发平台的企业众多，其中包括易企秀、MAKA、Mugeda 及 iH5 等，如图 7-14 所示。

图7-14　H5开发企业平台

2. 新建H5空白页面

一般，在选用合适的制作平台后，H5 创制平台会提供海报图片、营销长页、问卷表单、互动抽奖小游戏和特效视频等各式内容的在线制作。制作开始前，用户单击“创建设计”命令按钮，在弹出的窗口中执行“H5”→“空白新建”命令，即可新建一个空白页面，如图 7-15 所示。

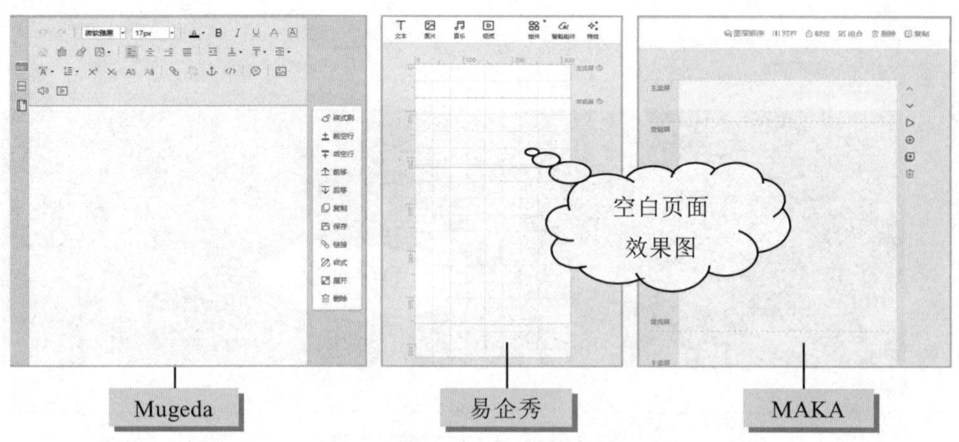

图7-15　不同H5创制平台新建的空白页面效果图

3. 添加页面元素

通过添加图片、文字、音频、视频等元素，可以使H5页面更加丰富，吸引用户的注意力，如图7-16所示。在添加这些元素时，请注意不要让页面变得过于复杂或混乱。保持一致的视觉风格和清晰的导航将有助于用户更好地理解和使用H5页面。

图7-16　添加页面元素

4. 设置动画交互

在H5页面中添加动画效果，可以增强用户的使用体验，如图7-17所示。动画交互可以提前预设出动画的运动路径，也可以通过H5的交互功能，实现通过滑动、拖曳等方式完成互动，从而提高转化率。在设置动画交互时，需要选择合适的动画效果，以确保动画效果符合预期。

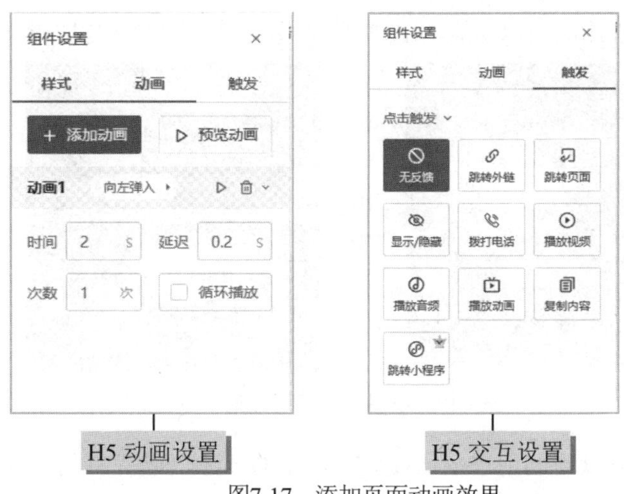

图7-17 添加页面动画效果

7.3.4 制作短视频

抖音是一款音乐创意短视频社交软件，其以“记录美好生活”为口号，巧妙地将类似美拍等软件的特效、剪辑等功能嵌入其中，让用户随心所欲地处理自己的视频，大大减少了由于复杂的后期制作而造成的流量流失。

1. 拍摄短视频

打开抖音 App，用户可以发现在页面底部中间有一个“+”按钮，如图 7-18 所示。单击“+”按钮便会跳转到视频拍摄页面。随着抖音的用户越来越多，抖音团队也在不断地优化各种功能，新版抖音提供了分段拍、快拍、模板 3 种拍摄选项，拍摄方法与常规的手机拍摄是一致的。

图7-18 使用抖音拍摄功能

此外，想要拍出好看的视频，不但要有创意，还要善于利用抖音上的各种小功能，如美化、特效等，让视频变得与众不同。

2. 编辑短视频

在抖音软件平台上，用户可以对拍摄好的视频进行剪辑。通过单击界面右侧的剪裁按钮，进入剪辑页面，即可轻松实现合并视频、添加音频等常用功能。此外，软件平台还提供了分割、变速、音量、旋转、倒放等非常实用的剪辑功能，用户可轻松掌握使用的方法与技巧，如图 7-19 所示。

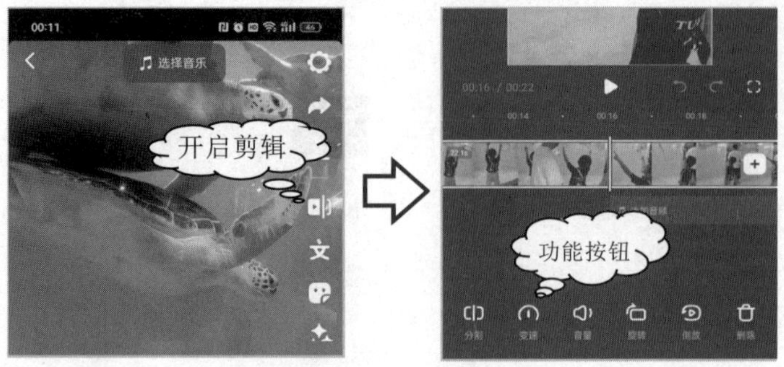

图7-19 使用抖音剪辑功能

- 分割：分割功能可以帮助用户截取视频不需要的部分，或者将几个视频拼在一起。通常，可对分割的视频进行删除，或者将视频分割为多个片段，以便更好地表达自己的想法和创意。
- 变速：抖音的变速功能可以用来突出视频中的重点，也经常用于转场，突出下一个主题内容的出现。例如，在两个片段之间添加变速，这样两个片段结合到一起就形成了转场，这两个片段镜头都有移动且是相同方向的，当用户看到开始加速，即知道要换到下一场景了。
- 音量：在抖音剪辑中，音量调节是一个重要的功能。它可以帮助我们控制视频中音频的响度，以实现更好的听觉体验。例如，在一段包含对话的视频中添加背景音乐，我们可以通过调节音量来确保对话清晰，同时保持背景音乐的氛围。
- 旋转：视频剪辑过程中，旋转常用于画面的校正或特殊效果的制作。
- 倒放：倒放功能可以让用户在视频剪辑时实现倒放效果。用户可以在视频剪辑过程中使用该功能将视频进行倒放，从而达到特殊的视觉效果。

3. 发布短视频

制作完成作品后，单击“下一步”按钮进入发布页面，用户可以进行一些设置，如添加标题、话题标签、位置信息等，以便更好地展示自己的视频内容。同时，用户也可以选择是否开启评论权限，以及是否允许他人下载自己的视频等。这些设置可以帮助用户更好地管理和控制自己的内容。

本章实验

实验7-1 二维码传送书法生字簿

实验目的

在无线互联的世界里，二维码已成为重要的连接通道，广泛应用于人们的日常生活中。本实验通过将“书法生字簿”文档转化为二维码图片，完成文件的传输。实验的目的是让学生了解生成二维码文件类型，掌握将文件转化为二维码的方法。

实验条件

二维码传送书法生字簿

- 接入互联网的多媒体计算机；
- 学生掌握上传下载的方法；
- 实验前需要提前注册好平台账号，并准备好需要传输的文件内容。

实验内容

本实验是通过使用草料二维码平台，将需要分享的文件上传，制作出一张具有文件传输功能的二维码图片，并调用平台模板，对二维码进行美化，效果如图7-20所示。

图7-20　制作与美化二维码图片

实验步骤

01 搜索平台　打开浏览器，进入“百度”(https://www.baidu.com)网站，按图7-21所示操作，打开“草料二维码”平台。

图7-21　搜索平台

02 生成二维码　切换至“文件”选项卡，按图7-22所示操作，生成图片二维码。

图7-22 按文件类型生成二维码

03 美化二维码 单击“更换”按钮，按图7-23所示操作，对图片二维码进行美化操作。

图7-23 使用模板快速美化二维码

04 保存分享　美化效果满意后，按图 7-24 所示操作，将二维码图片保存到计算机中。

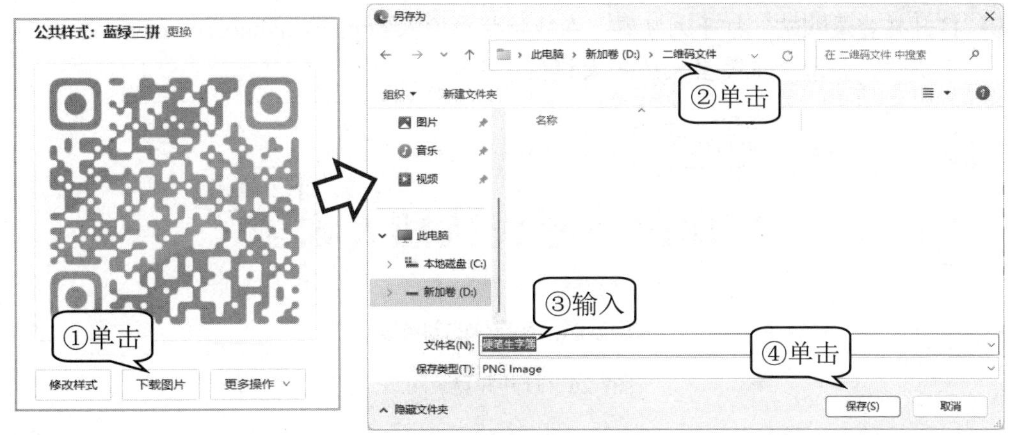

图7-24　下载并保存二维码

实验7-2　使用智能助手写作

实验目的

智能助手写作是一种基于人工智能技术的写作工具，可以帮助人们快速生成高质量的文本内容。通过使用智能助手写作，人们可以节省大量的时间及精力，提高了写作效率和质量。本实验的目的是通过完成“运动会”主题的写作，了解智能助手写作方法和掌握写作技巧。

实验条件

使用智能写作助手写作

- 接入互联网的多媒体计算机；
- 注册并登录“讯飞星火认知大模型”；
- 实验人员需要具备基本的计算机操作能力和写作能力。

实验内容

本实验是在人-机沟通过程中进行的，通过提问，使用如图 7-25 所示的智能助手快速完成不同需求的内容写作。提问的技巧是写作的关键，实验通过“自然表达”“角色定义”“提出要求”和“提供范例”4 种提问获取不同的写作内容，以掌握快速写作的使用技巧。

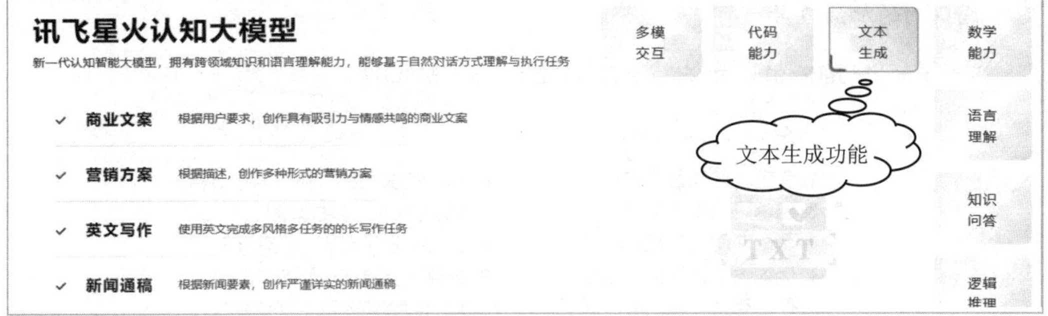

图7-25　讯飞星火认知大模型文本生成功能

实验步骤

01 打开并登录网站 打开浏览器，在地址栏中输入 https://xinghuo.xfyun.cn，按图 7-26 所示操作，登录“讯飞星火认知大模型”平台。

图7-26 打开并登录网站

02 开启对话，自然表达 登录后，在页面中会看到对话框，按图 7-27 所示操作，提出问题后，能够快速得到回答。

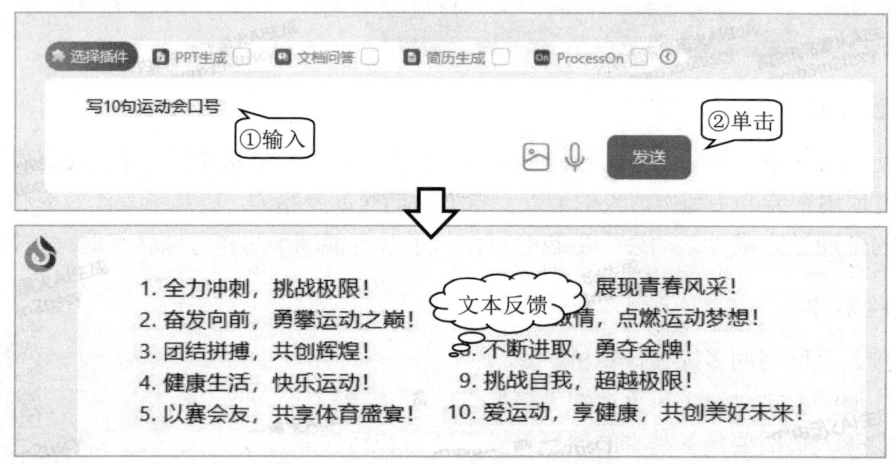

图7-27 表达需求后，快速生成的文本

“讯飞星火认知大模型”的回答是基于算法和数据生成，由于训练数据的不断更新和扩充，因此它的回答也会随着时间的推移而发生变化。

03 定义角色 指定角色会得到角色扮演后的回答，按图 7-28 所示操作，可以获得爸爸妈妈口吻的加油口号。

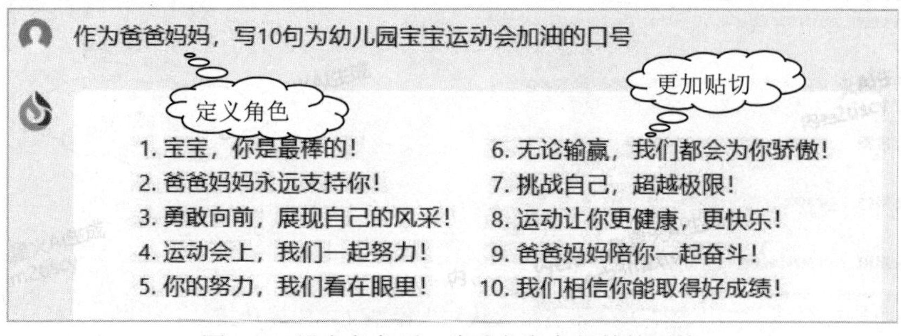

图7-28 设定角色后，生成与角色相符的回答

04 提出要求 在增加格式要求时，"讯飞星火认知大模型"会生成按表格形式组织的回答，如图7-29所示。

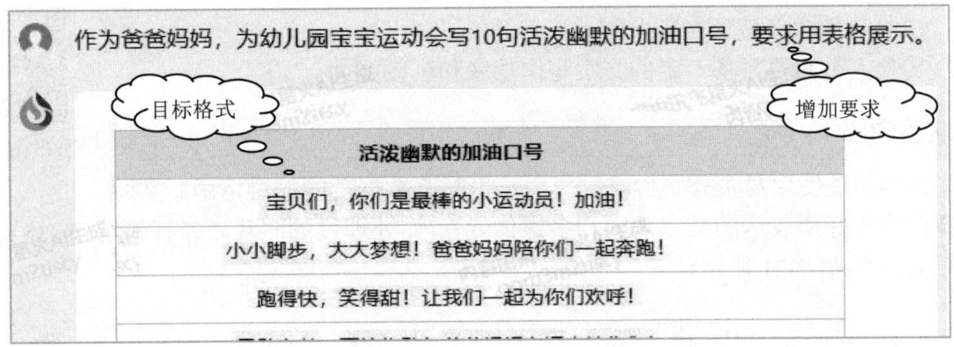

图7-29 增加表格要求后生成的文本

05 提供范例 与人沟通相似，当表达的内容过于抽象或很难直接描述时，可以使用范例的方法，按范例快速生成一篇通讯报道，如图7-30所示。

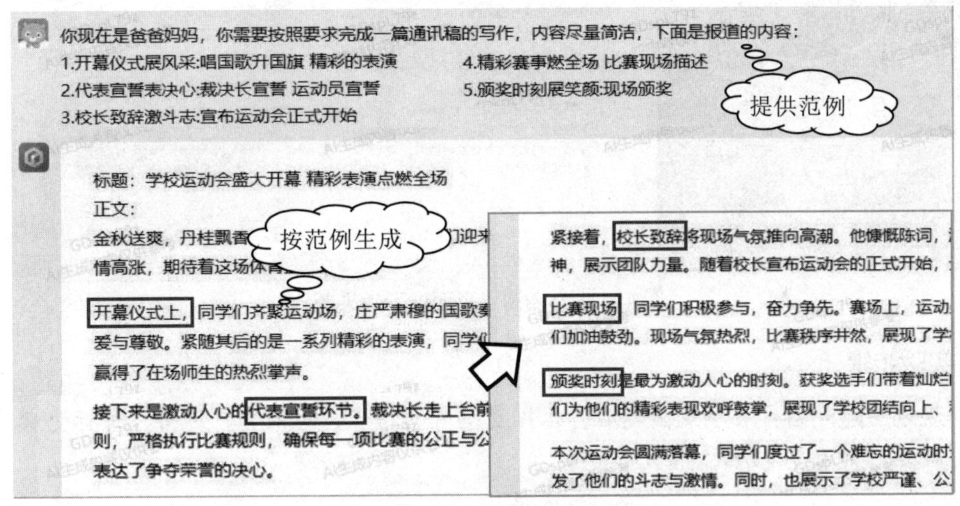

图7-30 按范例内容生成的文章

06 审核修改 对生成的文章进行审核和修改，包括语法、逻辑、内容等方面的检查，以确保文章的质量和准确性。

> AI写作对内容生产者提出了更高的要求，因此，我们必须输出AI没有的东西，如那些可能打动我们的情感、突然闪现的灵感，以及可能改变世界的创意。

实验7-3 制作H5邀请函

■ 实验目的

H5邀请函通过融合动态效果、音频及视频等多媒体元素，能够有效增强互动性，进而提升受众的体验感。本实验的目的是通过使用易企秀制作邀请函，了解H5邀请函在表达方面的优势，掌握制作H5页面和收集数据的方法。

实验条件

- 接入互联网的多媒体计算机；
- 注册并登录“易企秀”平台；
- 实验人员需要具备一定的文案写作功底和制图能力。

制作 H5 邀请函

实验内容

本实验是通过使用易企秀平台，制作出一份具有数据功能的邀请函。实验前需要提前收集好要表达的文字内容和多媒体元素(如处理过的照片、音视频等)。H5 邀请函页面展示效果如图 7-31 所示。

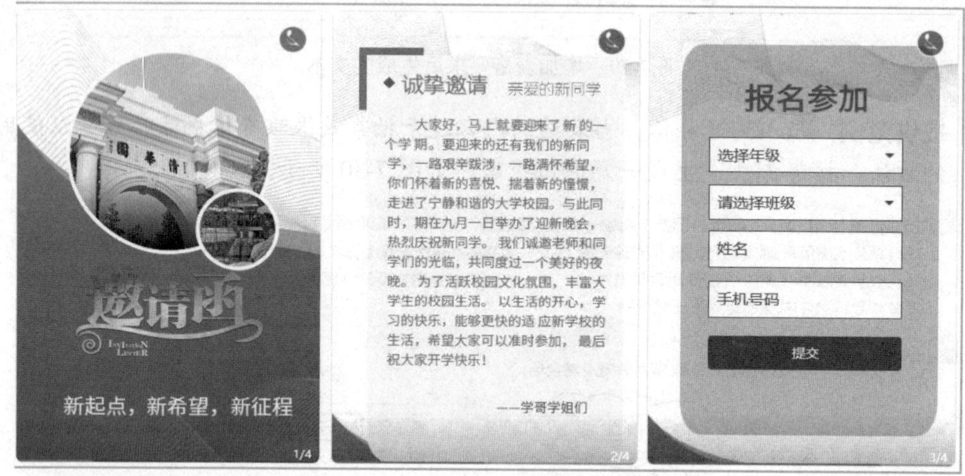

图7-31　H5邀请函页面展示效果图

实验步骤

01 规划主题内容　在确定主题后，根据受邀者的特点，对内容、风格、目标受众等进行规划，如表 7-1 所示。

表7-1　规划新生邀请函

活动主题	大学开学迎新会
目标受众	大学刚入校新生
呈现内容	欢迎词、学校图片、欢快音乐
展示风格	主题色调：天蓝色 作品风格：轻松欢快
表单收集	年级、班级、姓名、联系方式

02 设计页面布局　根据内容需要，使用第 3 章学习过的 Photoshop 软件合成页面效果图，并分离出图片素材，如图 7-32 所示。

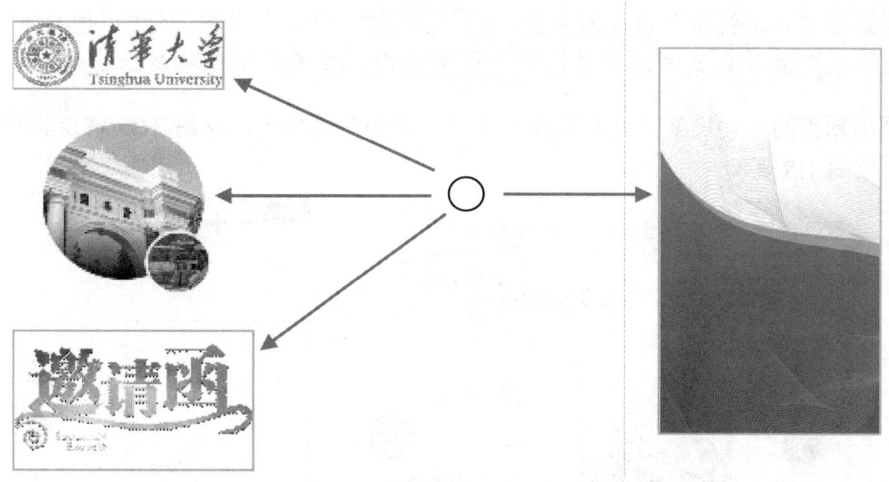

图7-32 规划页面的组成及布局

03 登录制作平台 打开浏览器，按图 7-33 所示操作，登录“易企秀”H5 制作平台。

图7-33 登录易企秀平台

04 添加页面内容 登录平台后，新建空白页面。依据设计好的页面布局，按图 7-34 所示操作，完成背景图的添加。使用同样的方法，将 Logo、装饰添加至 H5 页面中。

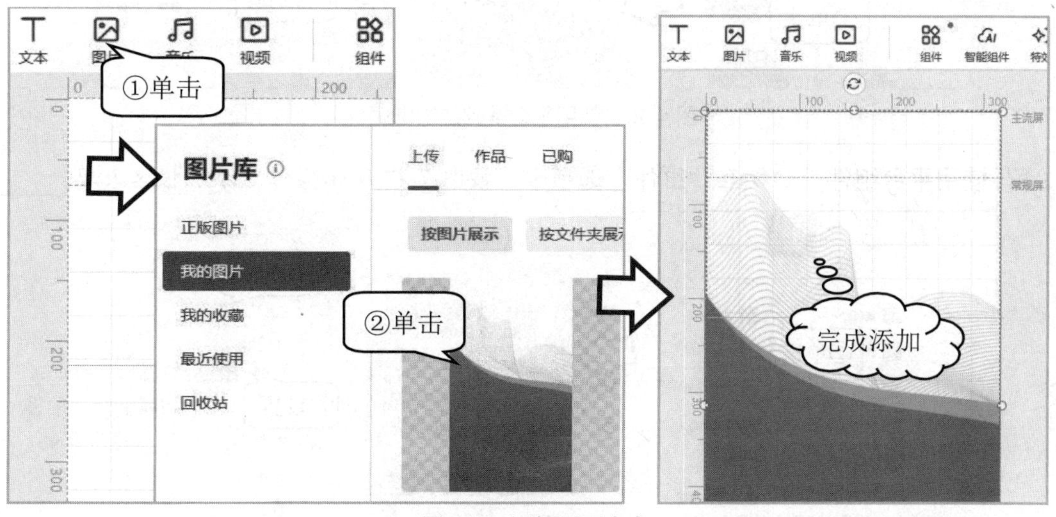

图7-34 添加页面内容

背景图可以烘托整个页面的氛围，为内容创建提供一个合适的场景。用户可以通过“页面设置”添加背景图，将其应用于所有页面，以提升工作效率。

05 添加新页面 切换至“页面管理”或“新页面”选项卡，按图7-35所示操作，增加新的空白H5页面。

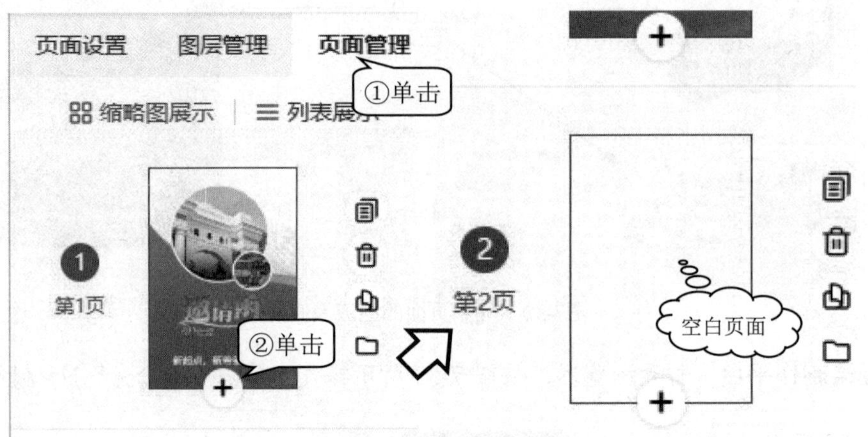

图7-35　添加新页面

06 使用平台装饰 切换至“装饰”选项卡，按图7-36所示操作，增加矩形形状背景。

图7- 36　使用平台基础装饰资源

07 使用平台组件 切换至“组件”选项卡，按图7-37所示操作，添加报名表单。

图7-37　使用平台组件资源

H5 制作平台提供了非常多的资源供用户直接调用，这些资源包括各种模板、素材、图标、字体、音乐等，用户可以根据自己的需求选择合适的资源进行调用。

08 发布邀请函 将制作好的 H5 邀请函进行发布。按图 7-38 所示操作，完成文章的发布，发布后的链接或二维码可以通过微信、QQ 等渠道分享给受邀者。

图7-38 发布邀请函

实验7-4 制作卡点短视频

实验目的

在日常生活中，短视频制作可以带来许多乐趣和好处，不仅可以记录生活、表达情感，还可以展现创意和商业价值。本实验的目的是通过编辑音乐与视频，学会在时间、速度和节奏上制作出具有视觉冲击力并形成独特效果的作品，掌握剪辑的方法和技巧。

实验条件

制作卡点短视频

- 准备好短视频制作需要的素材；
- 注册抖音账号并能正常登录；
- 一部已安装好剪映软件的智能手机。

实验内容

本实验通过剪映软件制作卡点视频。学生使用剪映软件，根据音乐节奏设置节拍，并将节拍与视频切换对应起来，从而创造出画面与音乐同步变化的视觉体验。整个实验操作在手机端完成，制作轻松便捷。制作卡点短视频效果如图 7-39 所示。

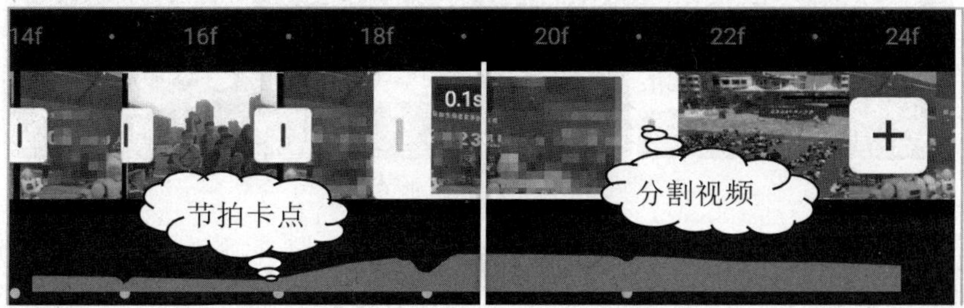

图7-39 制作卡点短视频效果

实验步骤

01 导入视频 打开剪映软件，按图 7-40 所示操作，将提前准备好的音乐、视频素材导入软件中。

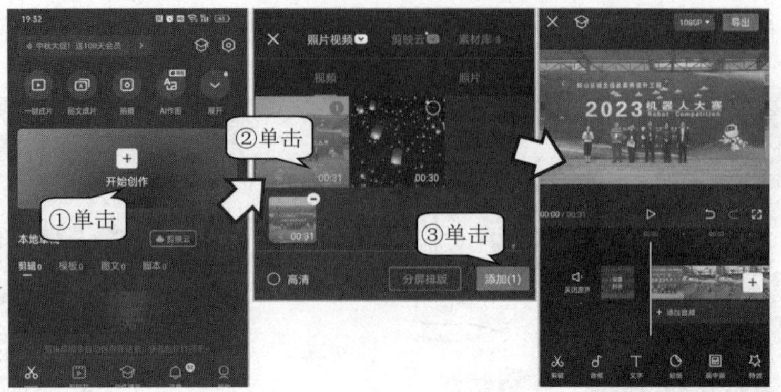

图7-40 导入视频文件

02 添加音频 按图 7-41 所示操作，将提前收藏好的音乐添加到软件中。

图7-41 添加音乐

03 添加音乐节拍 选中音乐文件，按图 7-42 所示操作，根据音乐的波形起伏完成节拍点的添加。

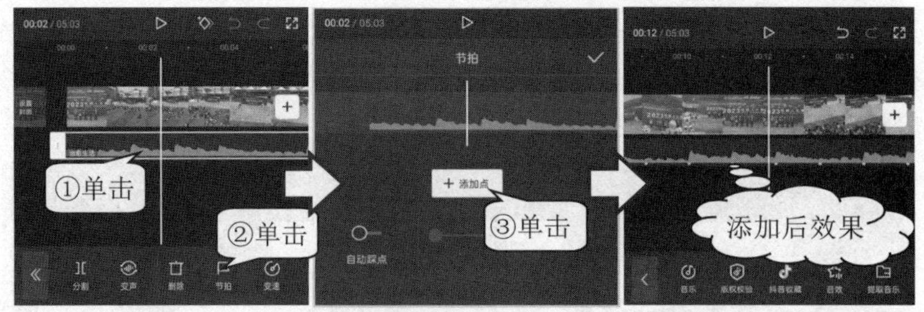

图7-42 添加音乐节拍

新版本提供的自动踩点功能可以自动添加节拍点，开启此功能后，能够大大提升添加节拍点的效率。

04 分割视频　选中视频文件，按图 7-43 所示操作，参照节拍点分割出需要的多个视频片段。

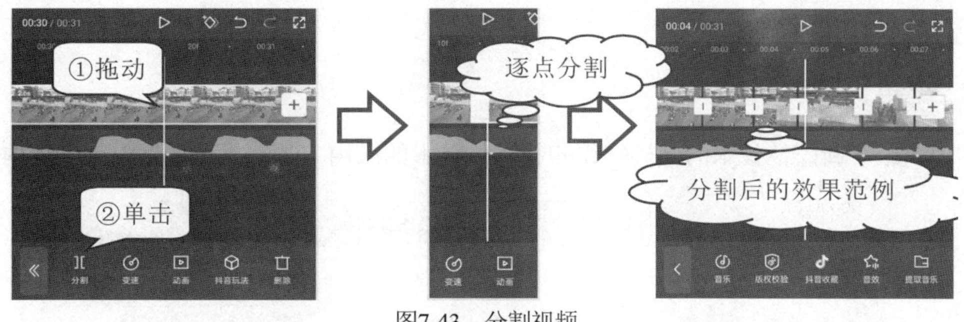

图7-43　分割视频

05 添加转场　将画面移至分割点，按图 7-44 所示操作，为视频添加入场或出场动画，使画面更加生动有趣。

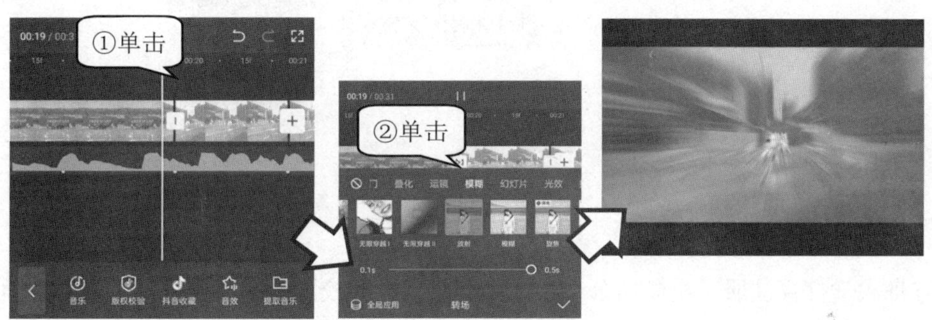

图7-44　为分割点添加转场效果

06 添加滤镜　选择需要添加滤镜的视频片段，按图 7-45 所示操作，为片段增加强光和模糊效果，增强视频体验。

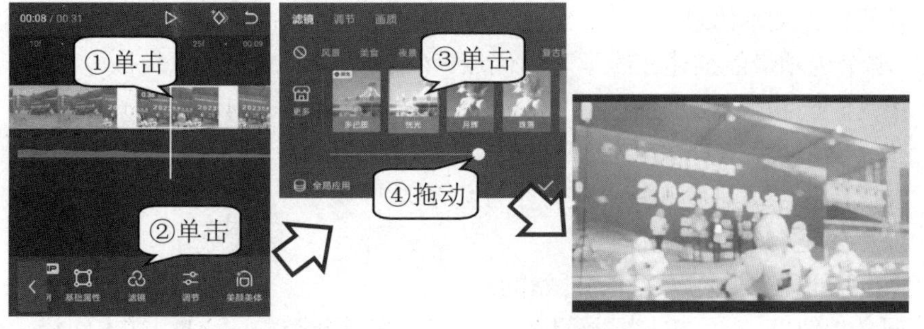

图7-45　为分割点添加滤镜效果

07 导出保存　单击右上角的“导出”按钮，将视频导出到手机中。导出完成后，视频会自动保存到相册中，或者将视频分享到抖音平台中。

7.4 小结和练习

7.4.1 本章小结

本章介绍了新媒体技术的基础知识和新媒体技术的应用方法，具体包括以下主要内容。

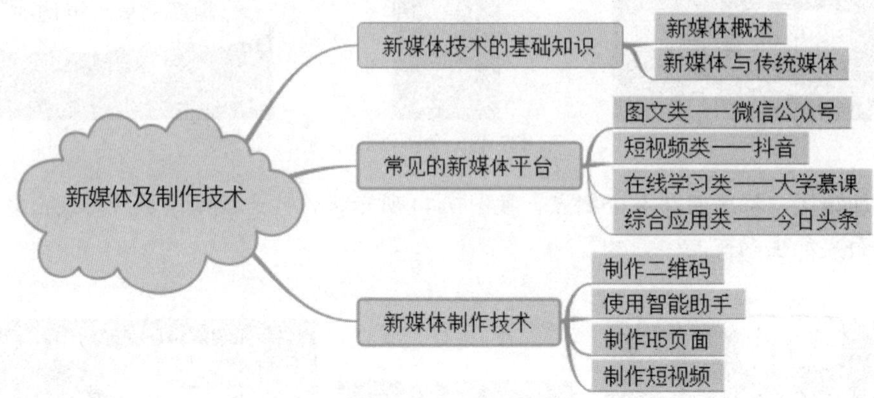

7.4.2 强化练习

一、选择题

1. 方舟大学打算注册一个微信公众号，向全社会推送校园内的各类新闻。方舟大学最适合申请和使用的公众号类型是(　　)。

A. 服务号　　B. 订阅号　　C. 企业服务号　　D. 微信小程序

2. 下列中不是二维码的特点的是(　　)。

A. 可以存储大量信息　　B. 可以被任何设备扫描识别

C. 只能包含文本信息　　D. 安全性较高

3. 以下哪个选项最能描述在线学习的优点？(　　)

A. 不受时间和地点的限制

B. 在线学习实现了丰富的资源共享

C. 根据自身学习进度和特点进行个性化学习

D. 以上都是在线学习的优点

4. 自然语言处理最早是从(　　)开始的。

A. 词义相似度　　B. 机器翻译　　C. 文章分类　　D. 文本纠错

二、判断题

1. 新媒体时代的主要传播方式是单一式的传播。(　　)

2. 二维码可以存储视频内容。(　　)

3. 抖音等短视频平台不仅能上传编辑好的视频，还可以直接拍摄视频。(　　)

4. 在线学习是随着互联网的发展而兴起来的。(　　)

三、问答题

1. 什么是新媒体？新媒体有哪些特点？
2. 使用新媒体做宣传有哪些好处？

四、操作题

1. 注册并使用H5平台，使用模板制作一个邀请函，如图7-46所示。

图7-46 制作邀请函

2. 制作一段以“校园生活”为主题的卡点视频，并在短视频平台发布。

第8章 多媒体项目开发实例

■ 学习要点

微信已成为人们日常沟通中不可或缺的工具，每天都会有大量信息通过它进行收发。微信公众号平台则基于微信软件，为用户提供友好的沟通体验。本章从案例制作的视角来帮助读者了解和制作公众号，并通过注册账号、公众号设置、内容写作及发布不同类型的公众号内容和运营规划，以案例的具体操作过程，向读者介绍微信公众号在实际中的具体用法。希望读者能够举一反三，将其灵活运用到微信公众平台的运营中。

- 了解微信公众号的注册及使用流程。
- 掌握规划微信公众号的栏目及文章。
- 掌握微信公众号的制作方法。

■ 核心概念

正确选用账号类型　　合理规划栏目文章　　发布不同形式信息　　预览和发表消息

■ 本章重点

- 了解注册微信公众号
- 规划设置微信公众号
- 创作发布公众号

8.1 了解注册微信公众号

微信公众号不仅保留了微信的使用习惯，还实现了向订阅其账号的粉丝推送文字、图片、视频、音频等信息的功能。微信公众号的受众极广，并以其独特的移动端优势、强大的社交属性、丰富的功能体现，受到了人们广泛的喜爱和使用。

8.1.1 认识微信公众号

微信公众号已成为了一种非常主流的媒体形式，我们常会在等车、睡前等时刻浏览其推送的内容。在着手运营一个微信公众号之前，我们还需要深入了解许多相关知识。

1. 什么是微信公众号

微信公众号是运营者在微信公众平台上申请的应用账号。通过公众号，运营者可在微信平台上实现与特定群体的文字、图片、语音及视频的全方位沟通和互动，它是一个通过信息的快速传播实现表达想法、传播知识、宣传品牌的公众平台。

微信公众号的出现，为企事业单位、行业专家、原创作者、社交达人提供了展示自己的舞台，使得“再小的个体，也有自己的品牌”，如图 8-1 所示。

图8-1　微信公众号首页

2. 微信公众号的功能

微信公众号是一个综合性的服务平台，为企业和个人提供了更广泛的营销和推广渠道。微信公众号有着非常丰富的功能，如消息推送、自定义菜单、微信支付和用户管理等。

- 消息推送：向用户发送图文、语音和视频等多种格式的信息，目的是宣传推广和内容发布等。在互联网消费场景下，公众号的信息推送功能常用于品牌宣传和促销活动等。
- 自定义菜单：公众号可以自定义菜单，将常用的功能或内容进行分类，方便用户快速访问。

- 微信支付：公众号可以与微信支付进行结合，为用户提供在线支付服务。在电商和服务类应用场景下，公众号的微信支付功能可以为用户提供便捷的付款方式。
- 用户管理：公众号可以对用户进行管理，包括用户增长、用户分析、标签管理、用户沟通等方面。电商平台可以通过公众号的用户管理功能，对不同类型的用户进行分类、营销和服务等。

3. 微信公众号的类型

微信公众号包含了订阅号、服务号和企业号 3 种账号类型。这 3 种账号类型的相关功能说明如表 8-1 所示。

表8-1　不同类型的公众号功能介绍

账号类型	功能介绍
订阅号	主要偏于为用户传达资讯(类似报纸杂志)，认证前后都是每日只可群发一条消息。(适用于个人和组织)
服务号	主要偏于服务交互(类似银行、114、提供服务查询)，认证前后都是每个月可群发 4 条消息。(不适用于个人)
企业微信	企业微信是一款面向企业级市场的独立 App，它作为一款基础办公沟通工具，具备最基础和最实用的功能服务，是专门为企业提供的即时通讯产品。(适用于企业、政府、事业单位或其他组织)

订阅号、服务号和企业号是微信提供的 3 种不同账号类型，它们的功能不同，用途也有所不同，运营者可以根据需求和目标选择合适的账号类型来使用。

- 订阅号：订阅号主要是为用户提供信息和内容，适合个人或小型团队使用。订阅号每日可发送一条消息，但无法直接与客户沟通或提供服务。订阅号需要用户主动订阅，才能接收消息。
- 服务号：服务号主要为用户提供各种服务和功能，如在线购物、查询及缴费等。服务号每月可发送四条消息，能够直接与微信用户进行沟通，但不像订阅号那样每日都可以发送消息。服务号通常需要用户主动关注或订阅，才能使用其提供的服务。
- 企业号：企业号主要用于企业内部的沟通和协作，可以帮助企业实现移动办公、考勤、报销等功能。企业号可以发送消息给其他使用企业号的成员，但不能直接与微信用户进行沟通。企业号通常需要员工主动关注或订阅，才能使用其提供的服务。

8.1.2　注册微信公众号

在了解了微信公众号的基本知识后，接下来介绍如何注册一个属于自己的微信公众号，以便实现自我表达、知识分享、社交互动及商业营销等目的。通常，可注册微信公众号的主体有媒体、企业、其他组织和个人等，注册的主体不同，需要提供的资料内容也不同。

实验8-1　注册微信公众号

实验目的

注册微信公众号并不复杂，只需根据系统的提示操作即可，不同类型的公众号注册流程也会有一定差异，但流程基本相同。本实验的目的是通过实际操作注册微信订阅号，掌握注册微信不同类型公众号的方法。

实验条件

注册微信公众号

- 计算机接入因特网；
- 未注册过微信公众号的邮箱、运营者身份证、手机号；
- 绑定运营者身份证、银行卡的微信号。

实验内容

微信公众号分为订阅号、服务号和企业号 3 种类型。本实验选择注册微信订阅号，注册过程中完成信息填写、材料提交和身份验证等，通过实际操作，掌握不同类型公众号的注册方法。

实验步骤

注册微信公众号

一个身份证只能注册一个微信公众号。在注册过程中，请慎重选择账号类型，并按照官方流程认真填写基本信息、提供相关资料，逐步完成验证后，即可成功注册账号。

01 打开站点　运行浏览器，按图 8-2 所示操作，进入公众号平台注册界面。

图8-2　微信官网登录注册窗口

02 选择账号类型　在弹出的窗口中，请仔细查看不同账号类型的区别，并据此决定要选择的账号类型。按图 8-3 所示操作，选择订阅号。

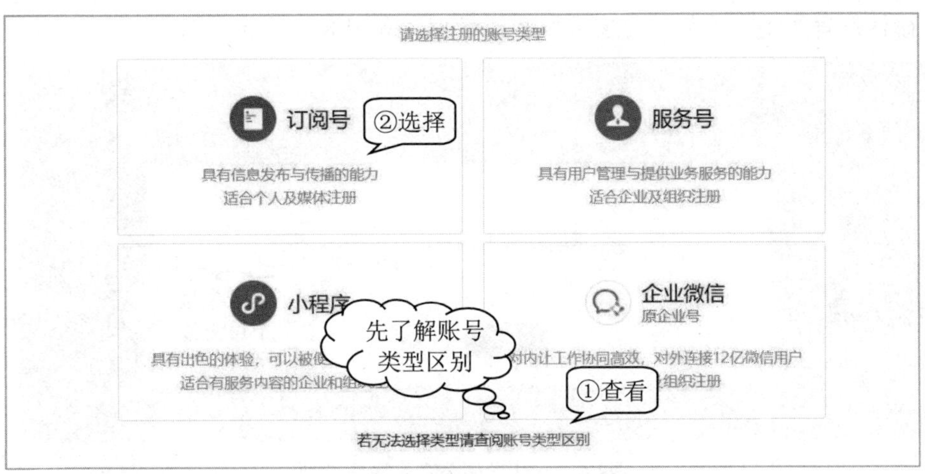

图8-3　了解并选择适合的账号类型

在注册之前，我们需要了解自己的需求，针对服务号、订阅号和企业号三者的服务内容及使用方式的侧重，选择合适的公众号类型，并准备相关的注册信息。

03 基本信息注册　按照页面的要求输入信息。按图 8-4 所示操作，填写基本信息。

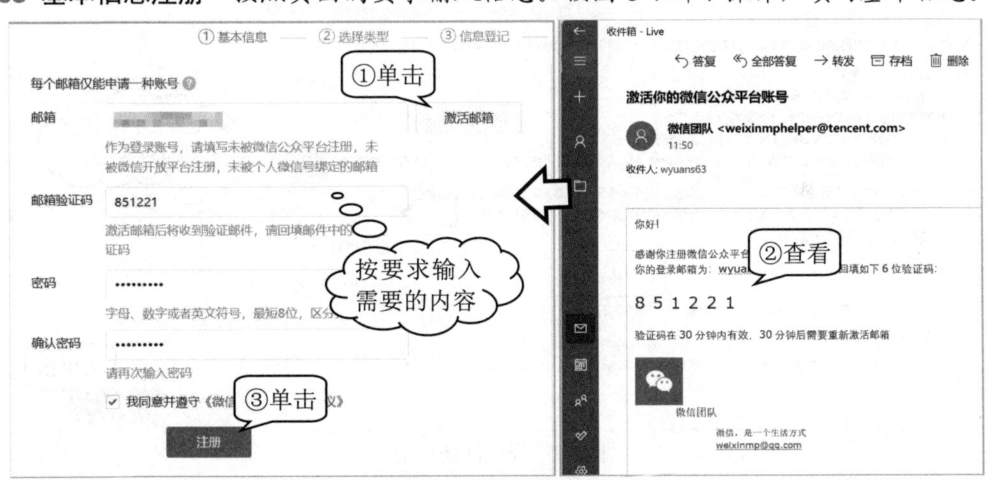

图8-4　基本信息注册

04 选择注册地　在弹出的“选择类型”界面中，选择注册地，如图 8-5 所示。

① 基本信息 —— ② 选择类型 —— ③ 信息登记 —— ④ 公众号信息

请选择企业注册地，暂只支持以下国家和地区企业类型申请账号

中国大陆

确定

图8-5　选择注册地

05 确认账号类型 选择“订阅号”作为案例，如图 8-6 所示。

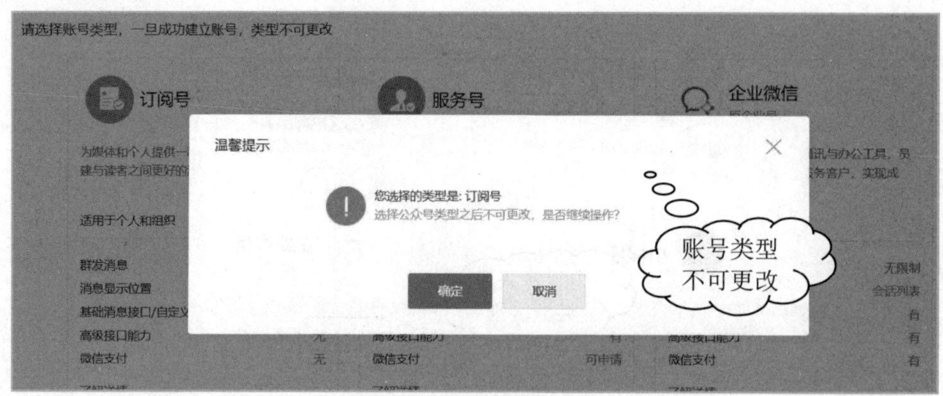

图8-6 确认微信公众号账号类型

公众号注册类型仅能选择一次，如果没有确定账号类型，可以在此步骤中止，下次登录后继续操作。

06 提交注册信息 单击“确定”按钮后，按图 8-7 所示操作，进一步完善注册信息。

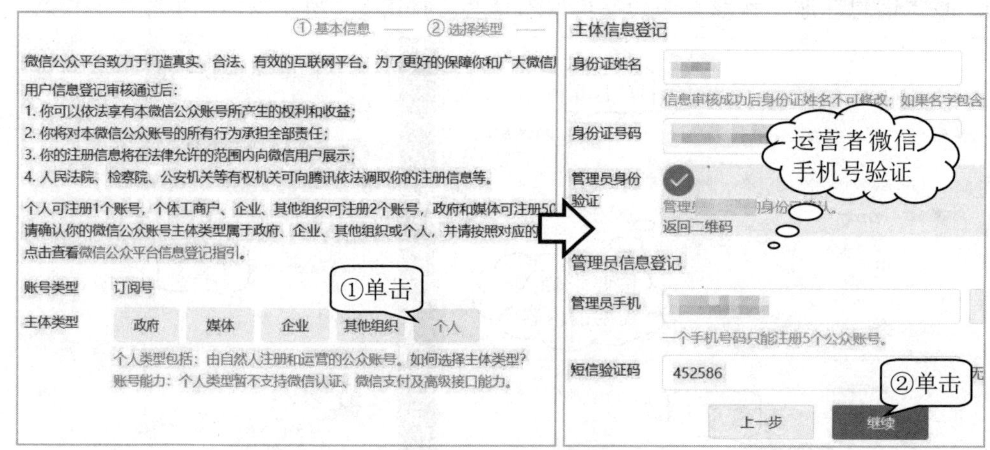

图8-7 提交注册信息

07 完善公众号信息 填写完公众号名称、功能介绍及运营所属城市等信息后，单击“完成”按钮，待腾讯官方审核通过后，便可使用该公众号。

8.2 规划设置微信公众号

如何规划制作一个成功的微信公众号呢？首先，运营者需要明确自己的受众对象，并制定一个详细的栏目规划。其次，在内容上有设计和区分度，让粉丝可以快速地根据需求选择。最后，我们需要持续优化和更新内容，保持与受众的互动和沟通，不断扩大自己的影响力。

8.2.1　规划栏目与内容

“城南爱劳动”是一个专注于宣传学校“劳动教育”的个人微信公众号。它拥有明确的受众群体和清晰的栏目规划，旨在为广大学子及其家长们提供贴心周到的服务，如图 8-8 所示。

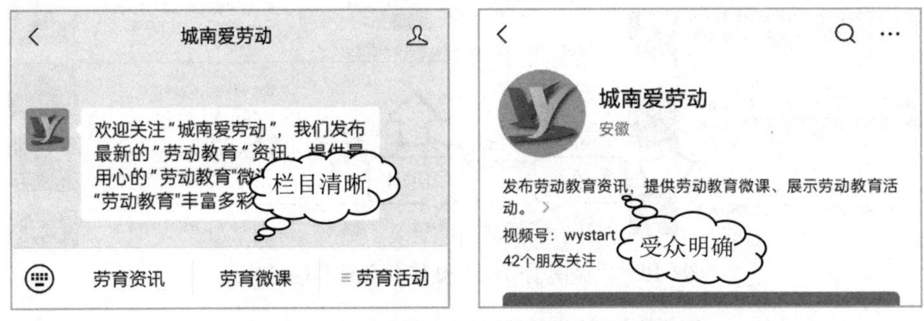

图8-8　“城南爱劳动”的栏目规划与受众类型

1. 明确受众内容

“城南爱劳动”微信公众号从劳动教育资讯、劳动教育微课、劳动教育活动 3 个维度出发，提供了最新的校园劳动教育资讯、主题系列的微课视频、丰富多彩的活动展示，以及关于劳动教育的服务性实用信息。这些内容都围绕学生和家长这一共同的目标受众展开，有效吸引他们的关注，成为公众号涨粉引流的有力工具。

“城南爱劳动”微信公众号内容栏目规划如图 8-9 所示。

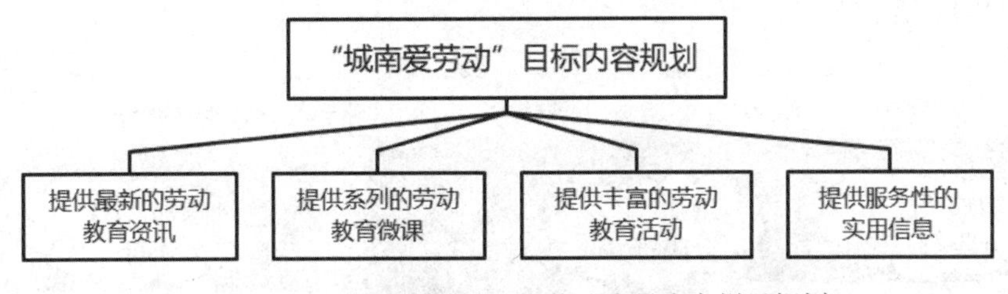

图8-9　“城南爱劳动”微信公众号内容栏目规划

2. 清晰栏目划分

微信公众号栏目规划是公众号运营中的重要环节，需要运营者认真思考和制定，它体现出运营者的专业性、规范性和目标导向性。“城南爱劳动”微信公众号将热点人气的内容分为“劳育资讯”“劳育微课”和“劳育活动”3 个栏目。“城南爱劳动”微信公众号的栏目效果如图 8-10 所示。

图8-10 "城南爱劳动"微信公众号的栏目效果

8.2.2 设计文章与结构

对微信公众号中的文章进行精心设计，不仅可以提升可读性和吸引力，还能够增强其传达力及感染力。通过对标题、正文的设计，辅于文字、图片等多种元素的巧妙组合，就可以制作出吸引眼球、易于阅读、具有美感的文章。

1. 标题设计

微信公众号的标题设计指通过运用简单的分隔符号，如空格、下画线和分隔符等，来提升文章标题的可读性和美观度。这样，粉丝在浏览时能够迅速了解文章所属类别，进而激发其阅读兴趣，如图 8-11 所示。

图8-11 使用分隔符凸显主题的标题设计

2. 正文排版

版面的精美程度对读者来说至关重要，它直接影响读者能否轻松愉悦地阅读文章内容。为提高阅读体验，在排版时需注意以下几点。

- 字体大小和行间距：建议正文使用14号左右的字体，行间距设置为1.5倍，以确保阅读的舒适度。

- 段落排版：为文章的每个段落都增加首行缩进，可以让文章表现得更为规范。每段文字最好不超过五行，否则会让读者感到压抑和疲劳。段落与段落之间，建议加上空行或分割线，以提高阅读的流畅性和可视性。
- 配色和图片：在排版中，可以适当使用配色和图片来增强文章的视觉效果。但切忌过度使用，否则会影响阅读的注意力。建议使用淡色调的配色和与文章内容相应的高质量图片。

3. 引导关注

在文章的结尾处，可以适当地添加一些引导关注的话语或二维码图片，以吸引读者关注我们的公众号。例如，“如果您觉得这篇文章对您有帮助，请关注我们的公众号，我们会定期为您推送更多优质内容！”同时，也可以在文章中加入一些互动环节，如留言、点赞等，以提高读者的参与度和黏性。

4. 封面图设计

在读图时代，封面图作为进入读者视野的第一张图，其重要性不言而喻。封面图可以直接选用文章中高质量且具有代表性的图片，它不仅是文章的“门面”，更是吸引读者点击进入阅读的重要因素。一个好的封面图应该与文章内容相应，并具有一定的视觉冲击力和美感。通常，封面图建议使用高质量的图片，并在图片上添加简洁明了的标题和副标题，以吸引读者的注意力。

运营者在对微信公众号中各内容进行设计时，需关注版权问题，特别是选自互联网的素材在使用前要确认是需要授权还是可以直接使用。

8.2.3　设置微信公众号

根据规划设计的内容对公众号进行设置，让粉丝对公众号有更多的了解和认识。设置公众号的基本信息包括设置账号头像、配置菜单和设置被关注回复等。

实验8-2　设置微信公众号

■ 实验目的

在申请好微信公众号以后，为了提高公众号的影响力，需要根据规划设计的内容，为公众号设置名称、头像和功能简介等信息。本实验的目的是通过设置“城南爱劳动”个人微信订阅号，掌握公众号的设置方法。

■ 实验条件

设置微信公众号

- 计算机接入因特网；
- 能够进行浏览网页的基本操作；
- 绑定运营者身份证、银行卡的微信号。

■ 实验内容

本实验主要介绍在公众号账号详情页，为公众号设置基本信息的方法。实验过程中共有上传修改头像、修改名称及功能介绍 3 个环节，通过实际操作，让学生掌握设置微信公众号信息的技能和方法。

■ 实验步骤

修改公众号头像

在微信公众号的基本设置页面中，只需将鼠标指向头像位置，即可开始上传图片。我们可以根据需要调整公众号头像的大小和位置，完成设置后，新头像将应用于公众号中。

01 登录公众号平台 运行浏览器，按图 8-12 所示操作，登录公众号平台注册界面。

图8-12 登录公众号平台

02 查看基本信息 找到页面右上角的头像，按图 8-13 所示操作，打开账号详情页，在公众号设置界面查看基本信息。

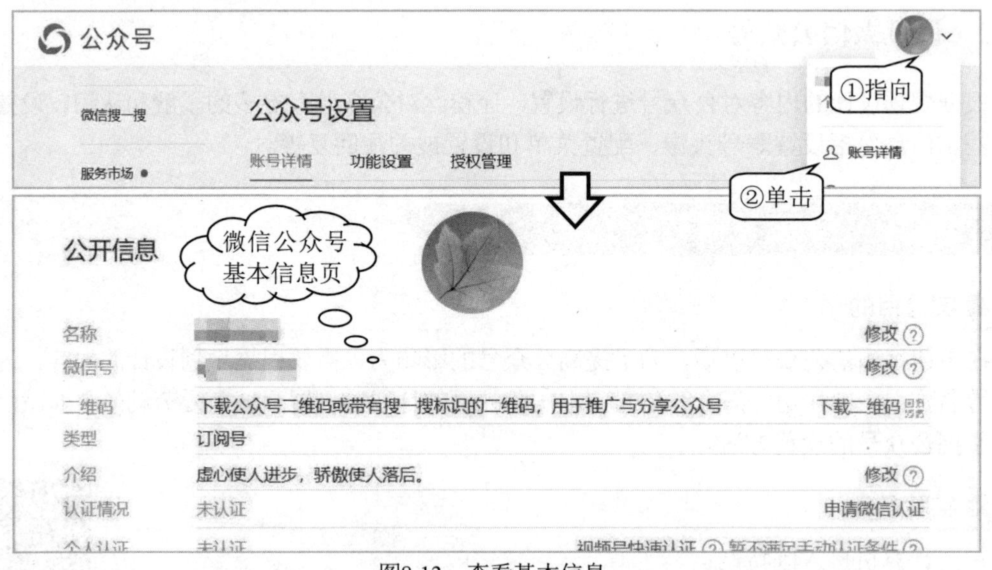

图8-13 查看基本信息

读者在左侧导航栏中展开“设置与开发”选项卡，单击“公众号设置”选项，也可进入上述界面。

03 上传头像　在基本设置页面中找到头像，按图 8-14 所示操作，上传微信公众号头像。

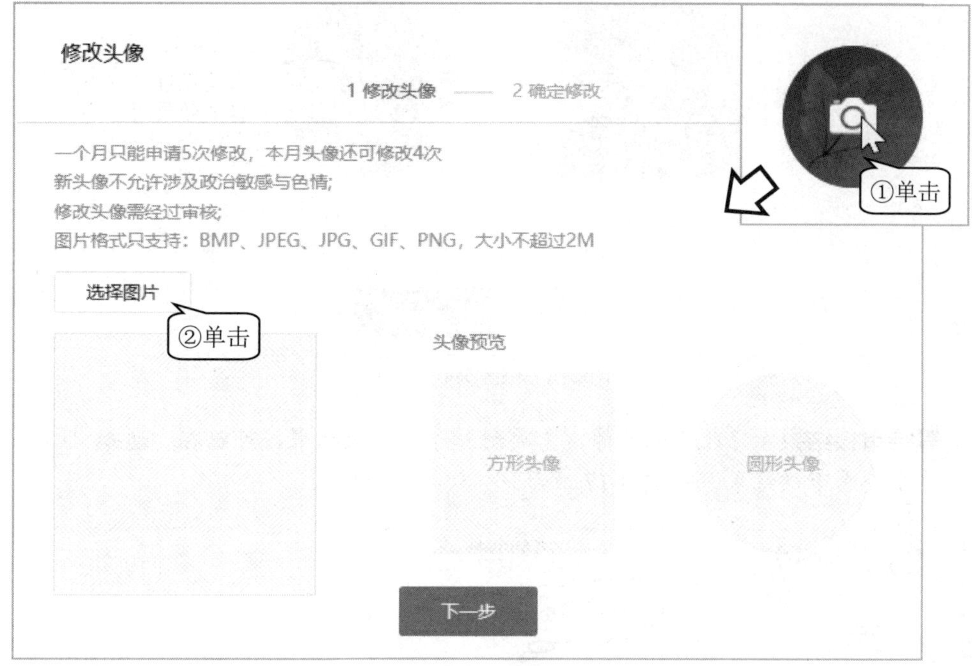

图8-14　上传头像

04 调整头像　按图 8-15 所示操作，调整头像的大小和位置，确定头像要显示的内容。

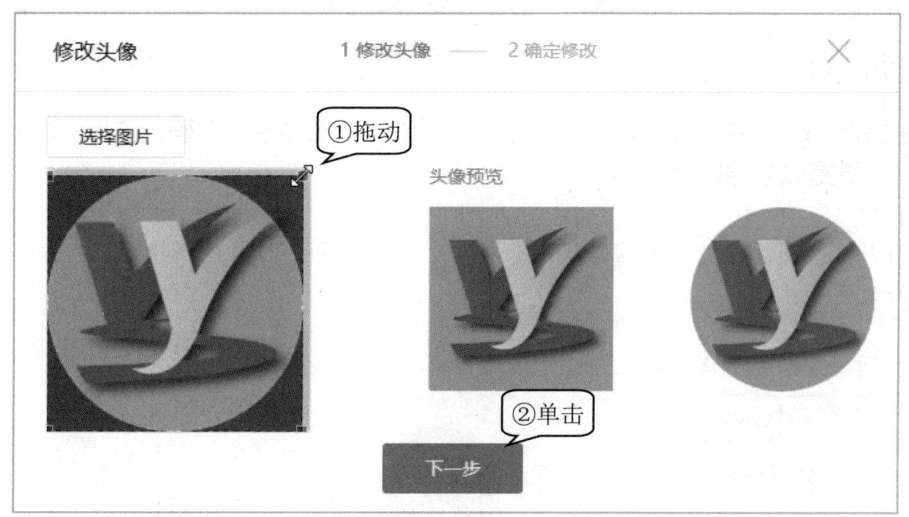

图8-15　调整头像

05 确定修改　预览微信聊天中使用的方形图和公众号资料页使用的圆形图，确定修改，效果如图 8-16 所示。

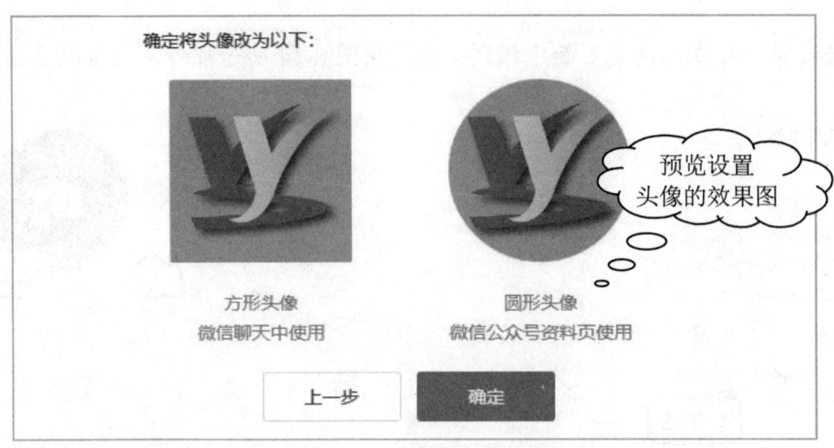

图8-16　修改公众号头像

06 等待审核结果　修改后的头像，需要耐心等待审核结果，可以在“通知中心”功能菜单中查看审核结果，如图 8-17 所示。

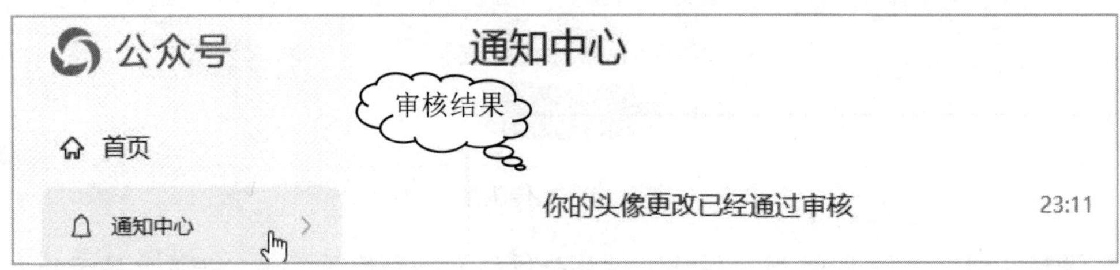

图8-17　修改头像审核通过通知

修改公众号名称

在微信公众号基本设置页面，单击名称后面的修改按钮，扫码验证后，输入新的文字内容，设置公众号的新名称。

01 打开修改页面　进入微信公众号基本设置页面，按图 8-18 所示操作，打开公众号名称修改页面。

图8-18　打开公众号名称修改页面

02 管理员验证　修改名称需要具有管理员身份的人员扫码验证，如图 8-19 所示。

03 签订协议　阅读微信协议，同意使用后，按图 8-20 所示操作，进入下一步操作。

图8-19　扫码验证

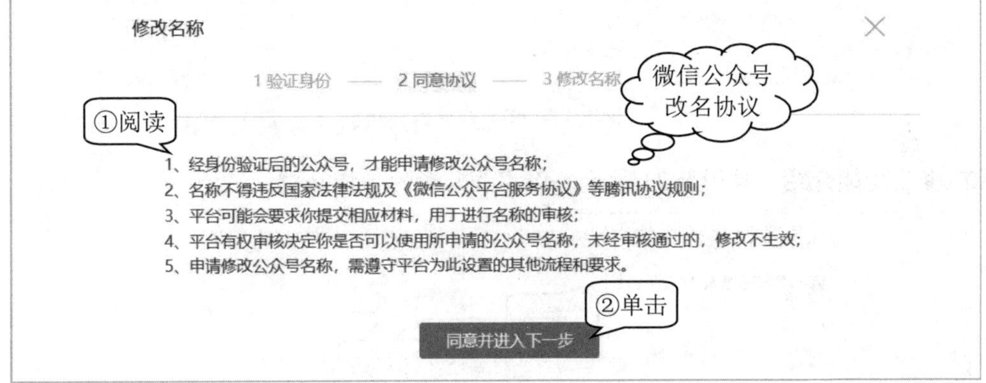

图8-20　阅读微信公众号改名协议

04 录入新名称　录入提前准备好的内容，按图 8-21 所示操作，完成名称的修改。

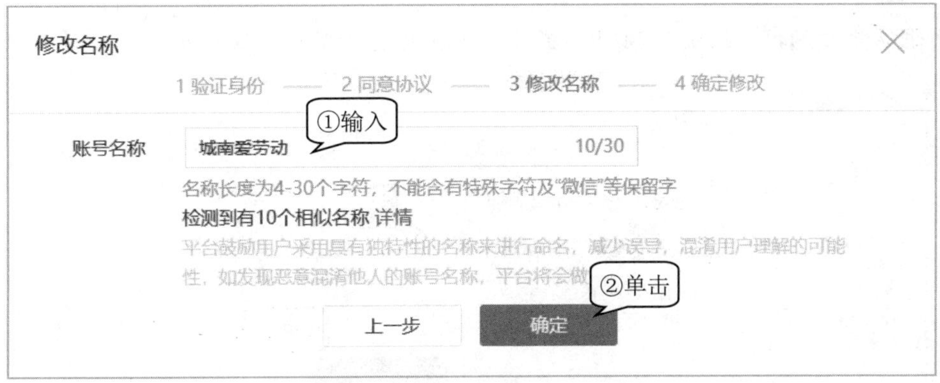

图8-21　输入并提交新公众号名称

05 等待审核　修改后的名称，需要耐心等待审核结果，可以在"通知中心"功能菜单中查看审核结果。

新名称应符合微信运营规范，不能涉及政治敏感、色情等相关内容，否则将会遭到微信官方的封禁或处罚。

修改功能介绍

在微信公众号基本设置页面中，单击功能后的修改按钮，扫码验证后，输入新的文字内容，完善和修改功能介绍。

01 打开修改页面 进入微信公众号基本设置页面，按图 8-22 所示操作，打开公众号名称修改页面。

图8-22 打开公众号修改页面

02 修改功能介绍 按图 8-23 所示操作，录入新的功能介绍。

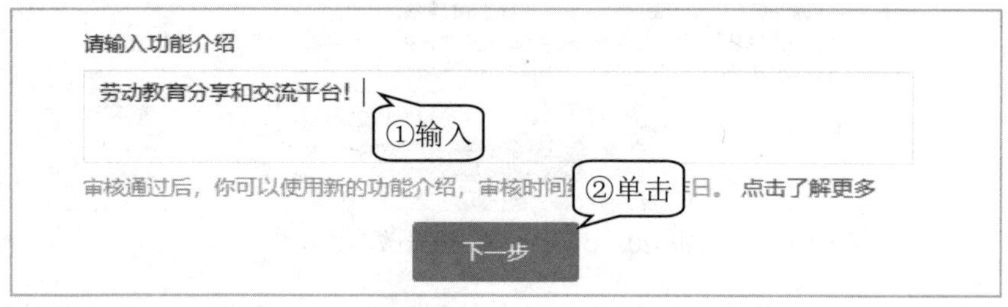

图8-23 修改功能介绍

03 确认修改内容 按图 8-24 所示操作，确认功能介绍的修改内容。

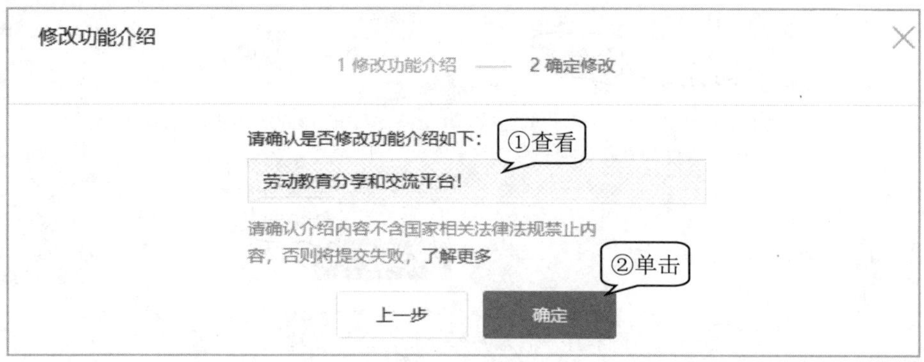

图8-24 确认功能介绍的修改内容

04 等待审核 修改后的功能介绍，需要耐心等待审核结果，可以在“通知中心”功能菜单中查看审核结果。

功能介绍是公众号的标签，也是用户了解公众号的最直观窗口。因此，在功能介绍中，应简明扼要地介绍公众号的功能用途和目标受众。

添加自定义菜单

栏目的展示是通过菜单呈现的。在自定义菜单页面下添加栏目分类，并指定已发表的文章或合集链接，保存并发布。

01 进入设置界面　进入微信公众号后台管理界面，按图 8-25 所示操作，打开添加“自定义菜单”页面。

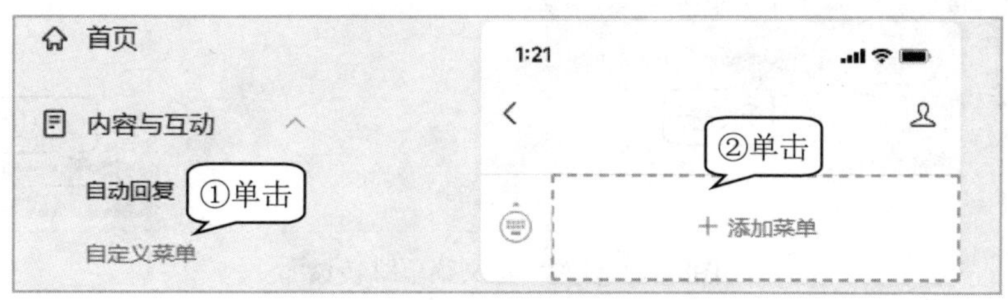

图8-25　微信“自定义菜单”页面

02 添加菜单内容　在右侧变更窗口中，按图 8-26 所示操作，将栏目信息添加至自定义菜单，并使用相同的方法将提前规划好的栏目完善到自定义菜单中。

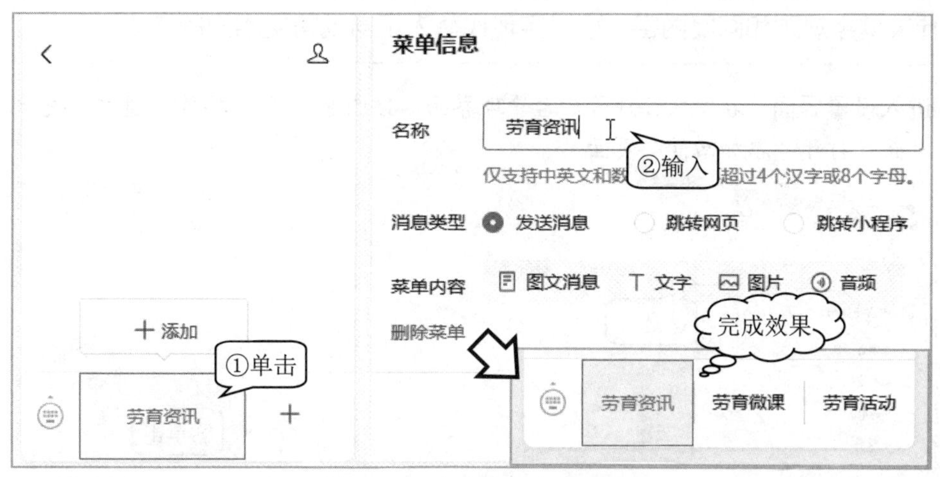

图8-26　添加完成自定义菜单

03 发送栏目信息　按图 8-27 所示操作，依次为“劳育资讯”“劳育微课”和“劳育活动”添加跳转链接或页面模板，保存并发布后完成制作。

公众号认证后，公众号菜单栏才有链接到第三方网站的功能。目前，个人公众号还不能认证，所以无法做到。

图8-27　设置自定义菜单跳转页面

添加自动回复

打开自动回复页面，可以对关键词回复、收到消息回复和被关注回复进行设置。通过设计关键字规则和回复内容，可以实现代替人工自动答复用户的功能。

01 进入设置界面　在微信公众号后台管理界面，按图 8-28 所示操作，通过“关键词回复”页面，打开“添加回复”页面。

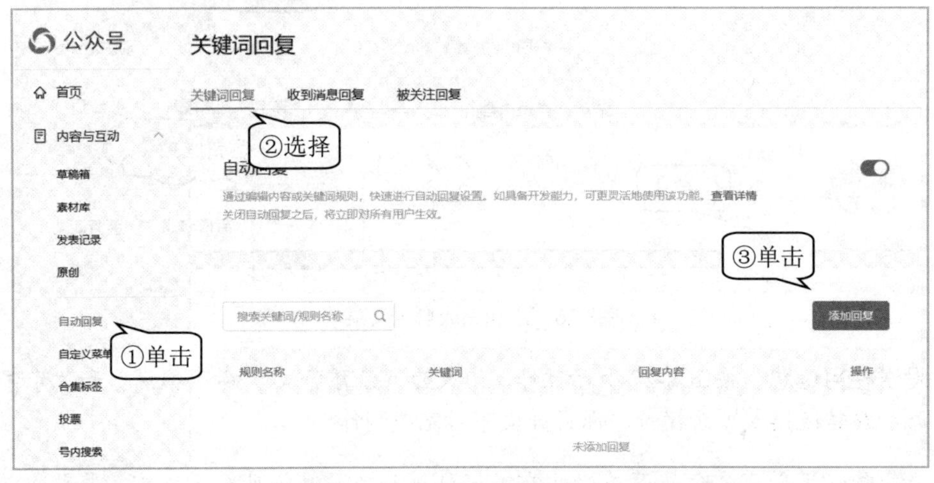

图8-28　微信公众号关键词回复页面

02 设置回复规则　开启“新建规则”页面，按图 8-29 所示操作，打开添加“自动回复”页面的“关键词回复”界面。

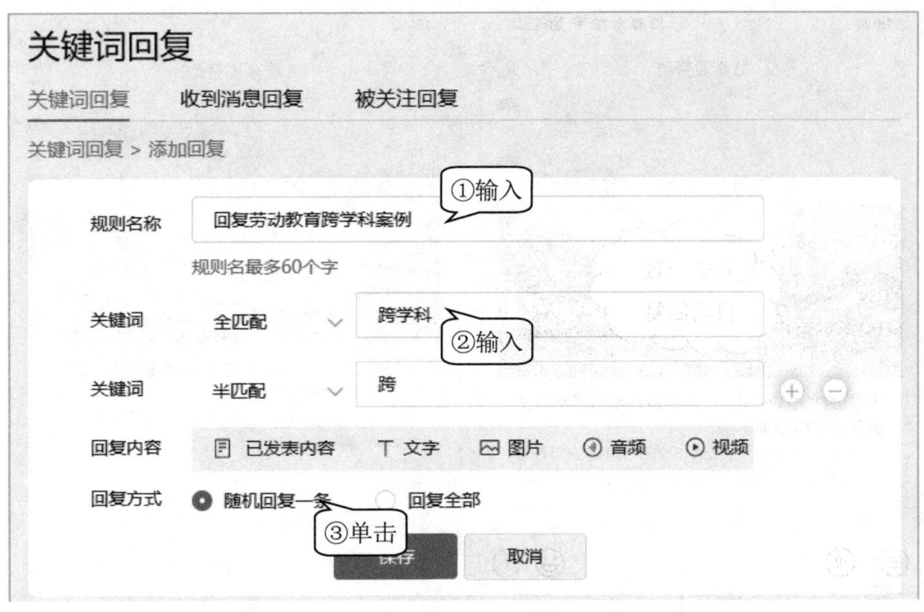

图8-29　设置关键词回复规则

全匹配指的是内容必须完全一致才能触发自动回复。相对而言，半匹配则更为灵活，用户只需在一句话中包含设定的关键词，即可触发自动回复。

03 设置回复内容　在弹出的“选择图文”对话框中，按图 8-30 所示操作，将回复的内容添加到回复列表中。

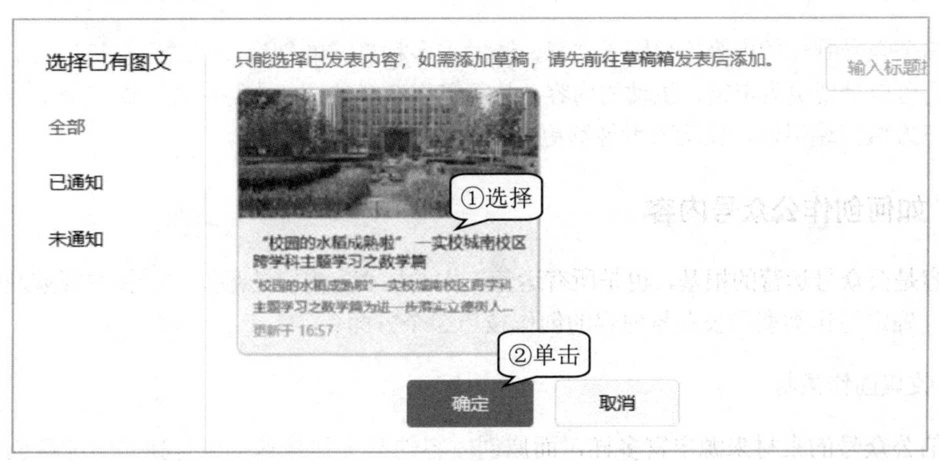

图8-30　设置关键词回复内容

04 验证自动回复　打开“城南爱劳动”公众号对话框，按图 8-31 所示操作，使用关键字测试回复是否得到响应。

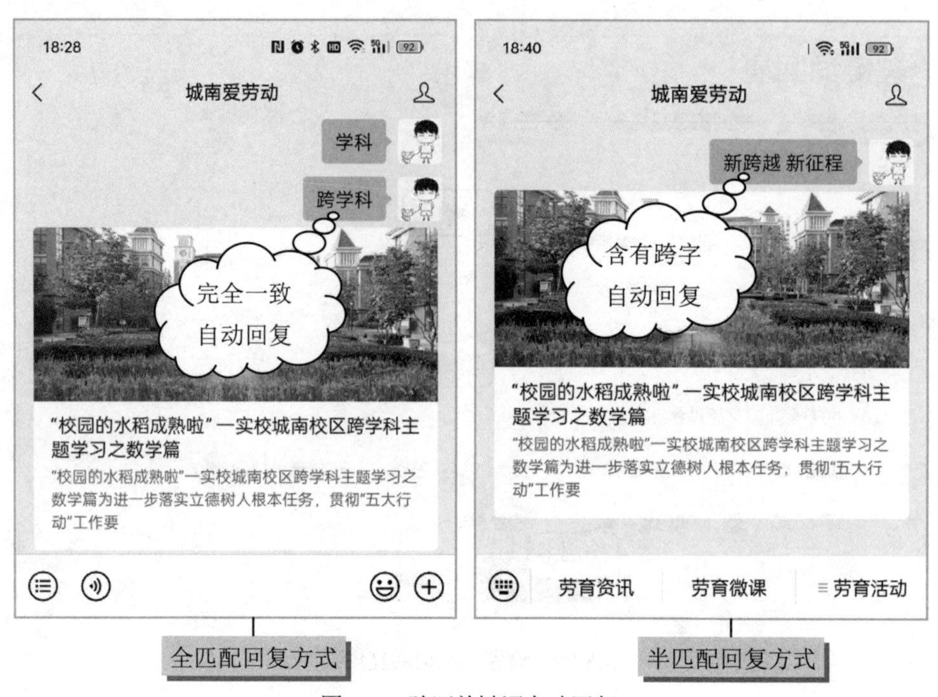

图8-31　验证关键词自动回复

8.3　创作发布公众号

微信公众号制作的内容不仅限于文章，还涵盖多种形式的创作。通过选择和运用不同的形式，我们可以呈现更为丰富、生动的内容，从而吸引读者的注意力。此外，微信公众号还支持众多第三方微信编辑器，使运营者能够更加便捷地编辑和美化文章。

8.3.1　如何创作公众号内容

内容是公众号运营的根基，也是所有运营工作的核心。内容的添加与创作主要涉及收集创作素材、确定写作类型和公众号内容的创作技巧 3 个方面。

1. 收集创作素材

微信公众号的素材来源丰富多样，而原创内容的产生则是基于作者独立思考和创作的结果。下面是一些常见的素材来源。

- 真实经历：新媒体人自己的工作、生活经历一定是写作的最佳素材，不仅真实，而且独特，充满感情。结合自己对生活的观察和思考，会有源源不断的写作素材。
- 拍照或录像：互联网平台的图片可能会涉及版权问题，使用相机或手机记录下生活中的美好瞬间，可以为创作提供视觉素材。

- 热点资讯：写公众号文章时，蹭热点是不可或缺的一环。网上有很多搜集热点的渠道，但关键在于对热点素材的快速反应，这样才能及时搭乘热点流量的“顺风车”。
- 书籍和杂志：在平时读书和听课时，可以做笔记，将素材和观点记录下来，记得多了，就可以形成自己的素材库。
- 合作与授权：与其他媒体、专家、作者等进行合作，获取他们的原创内容，或者被授权转载他们的文章、视频等素材。合作可以扩大我们公众号的影响力，提供多样化的内容。
- 网络资源：互联网是一个非常大的信息库，我们可以通过搜索引擎、论坛、博客等渠道找到很多有用的素材。这些素材包括图片、音频、视频及文章等各种形式。
- 保持好奇心：保持对世界的好奇心和对新鲜事物的敏感度，经常接触不同的文化、风景和人物，有助于发现创作的素材。

2. 确定写作类型

根据不同的表达需求，可以选择不同的表达形式，如使用资讯类、图文形式和视频类型等，以满足读者的需求。

- 资讯类：要求标题简洁明了，正文具有新闻资讯特点，引用权威来源，图文并茂，结构清晰，言简意赅，注意排版和格式的美观与规范。
- 图文形式：图文形式的文章是将文字与图片结合在一起，以达到更丰富、直观的效果。图文形式的文章通常包括图文并茂的标题、有吸引力的图片和详细的文字内容，以满足读者的需求。
- 视频类型：视频类型的特点是视觉效果强，信息量大，易于传播，且能更好地吸引观众的注意力。因此，视频类型已成为内容创作和传播的重要形式之一。

3. 公众号内容的创作技巧

掌握公众号内容的创作技巧，可以不断提高公众号的创作水平和吸引力。同时，运营者不断学习、总结经验也是提高创作水平的关键。

- 目标受众：在开始创作之前，了解目标读者是非常重要的。通过了解他们的兴趣、需求和喜好，我们可以更有针对性地创作内容。
- 语言风格：要选择适合目标受众的语言风格，如幽默、温馨、正式等。
- 图文结合：图文结合的形式可以更好地吸引粉丝用户的阅读兴趣，可以配图也可以不配图，但最佳的呈现方式是图文并茂。
- 原创性：原创内容更能体现公众号的品牌特色及价值，也能更好地吸引粉丝关注和参与。
- 长度适中：一般来说，文章的内容长度在500～1000字最为合适，既能保证内容的完整性和深度，又能避免读者的阅读疲劳。

8.3.2　发布不同形式的消息

公众号消息表达形式有文字、图片、视频、音频等，可以根据不同需求和目的进行选择和组合，以吸引读者的关注与留存，从而完成内容的创作。

实验8-3　发布不同形式的消息

■ 实验目的

在制作公众号消息时，系统提供了多种消息形式可供选择。本实验的目的是让学生感受各种形式表达消息的优势，具备灵活选用消息类型的能力和掌握创建消息的方法。

■ 实验条件

发布不同形式的消息

- 计算机接入因特网；
- 能够进行浏览网页的基本操作；
- 绑定运营者身份证、银行卡的微信号。

■ 实验内容

本实验是在首页内“新的创作”区域下进行的。在图片消息创建中，上传多张图片后，根据个人审美进行剪辑和预览。视频消息相较于图片消息，增加了审核环节。在图文消息创建过程中，还进行了封面设计、发表设计、开启原创与留言等设置。

■ 实验步骤

添加图片消息

创建一个图片消息，将多张图片上传至平台素材库，根据主题和个人审美设计对图片进行剪辑调整及内容筛选。

01 创建图片消息　找到“新的创作”区域，按图8-32所示操作，将图片添加到图片消息中。

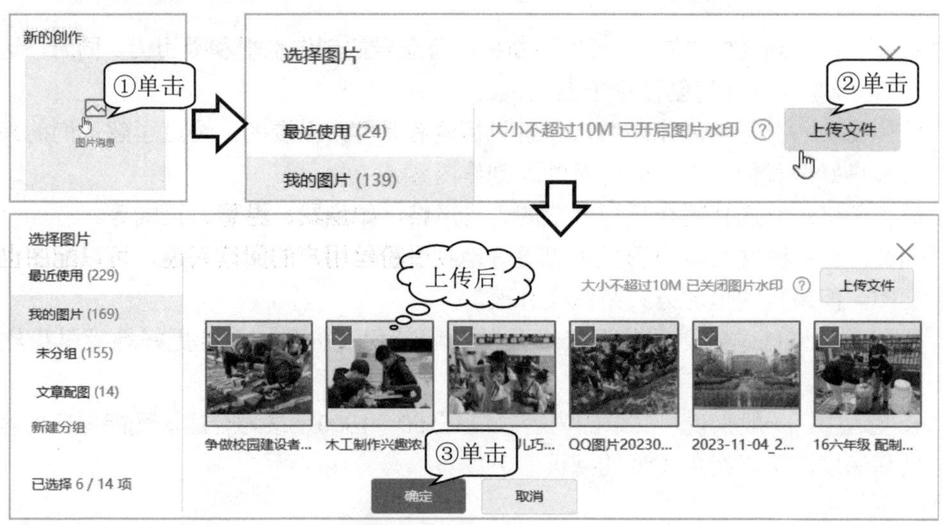

图8-32　创建图片消息

02 剪辑图片　选用的图片有的可能不适合手机的显示尺寸，可按图8-33所示操作，剪裁出官方建议的显示比例，即3∶4或1∶1。

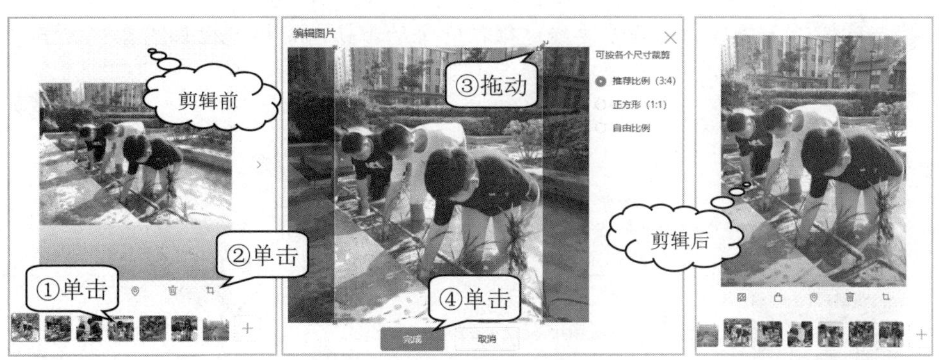

图8-33　图片消息中图片的剪裁

03 设置并保存　移至页面底部，按图 8-34 所示操作，添加内容简介、封面图，完成图片消息的制作。

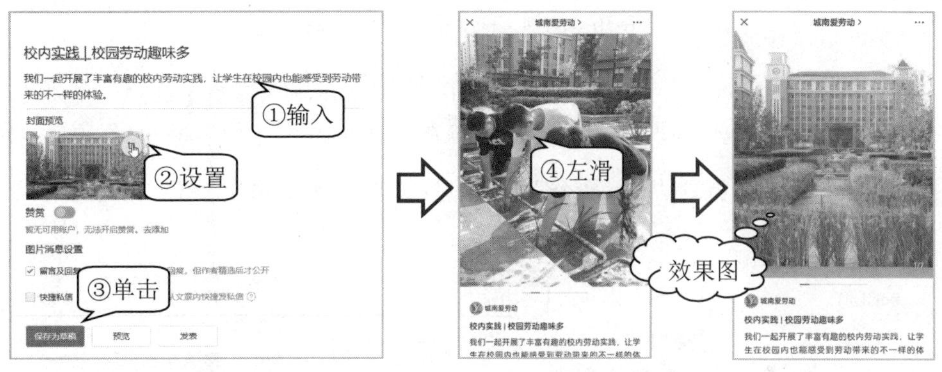

图8-34　图片消息的设置与预览效果图

添加视频消息

将剪辑好的视频上传至平台素材库中，待审核通过后，将视频添加至消息内容中，并做简要说明。

01 添加视频　登录微信公众平台，按图 8-35 所示操作，将视频上传至平台素材库中。

图8-35　添加视频消息

02 等待审核 上传后的视频需要经过微信官方的审核，审核流程如图 8-36 所示。

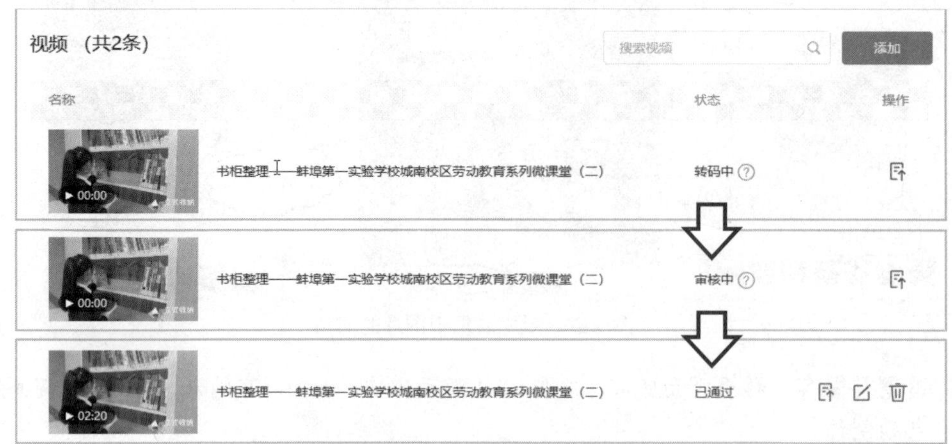

图8-36 视频文件上传后的审核流程图

视频消息具备包含的信息量更大、表现力更强、互动性更高的优点。视频上传操作与图片上传操作基本相同，但视频消息增加了微信官方审核过程。

03 创建视频消息 找到“新的创作”区域，按图 8-37 所示操作，将审核通过的视频添加至视频消息。

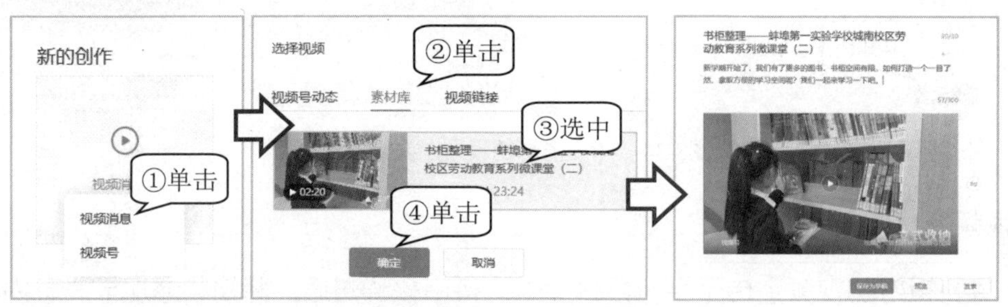

图8-37 添加视频消息

04 设置并保存 移至页面底部，按图 8-38 所示操作，完善视频信息的设置并保存。

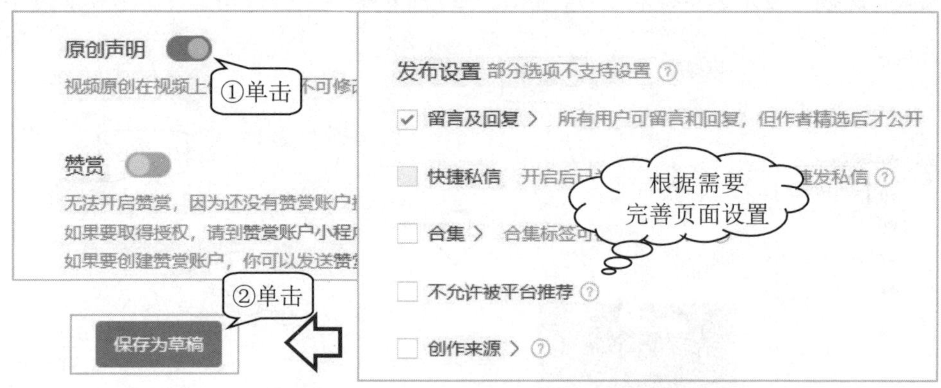

图8-38 完善信息的设置并保存

添加图文消息

在添加文字内容后，将上传的图片、视频加入图文消息中，最终信息以图文并茂的方式传达给受众。

01 创建图文　在“新的创作”区域下方，按图 8-39 所示操作，创建一篇空白的图文消息。

图8-39　新建图文消息

02 添加内容　图文消息可以运用文字、图片、视频等内容，也可以插入超链接、微信小程序等拓展文章的外延，使用编辑器提供的功能按钮可以轻松实现，效果如图 8-40 所示。

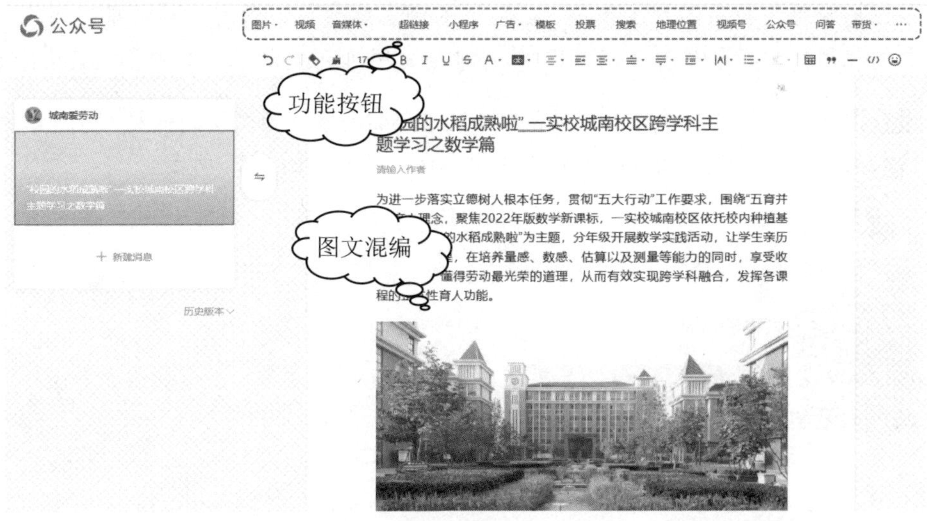

图8-40　图文消息混排效果图

进入一个新的图文消息编辑页面，我们必须填写的内容包括文章标题、正文内容和封面图，作者和原创作为可选项，可根据实际需要选择。

03 添加封面　按图 8-41 所示操作，从图片库或正文中选取一张合适的图片作为封面，进行下一步操作。

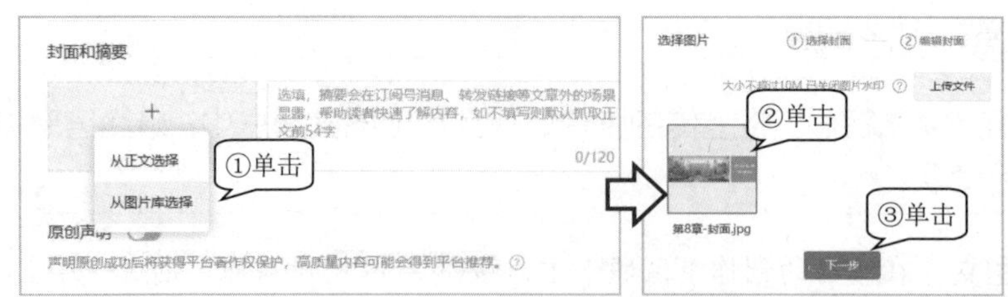

图8-41　上传并选择封面图素材

04 设置封面　封面图有订阅号窗口和转发窗口两个显示位置，按图 8-42 所示操作，确认两种封面图的位置和大小。

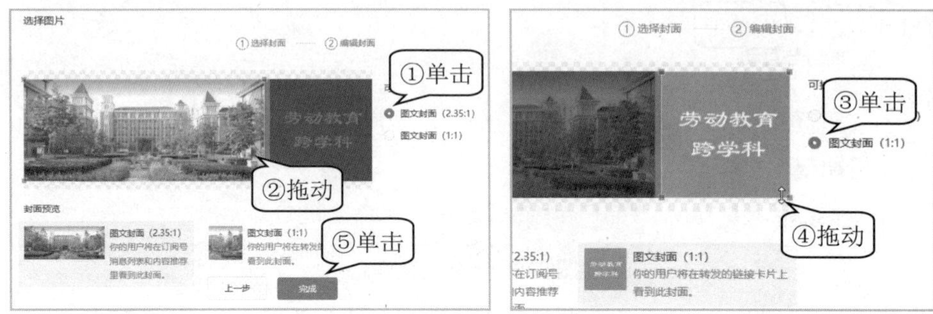

图8-42　设置图文消息两种尺寸的封面图

制作出精美的封面图至关重要，封面图有两种样式可供选择：一种是适用于订阅号消息的封面图，其比例为 2.25∶1；另一种是适用于转发消息的封面图，其比例为 1∶1。

05 设置摘要　微信公众号可以自动截取正文前 54 个字作为文章的摘要，也可以通过手动输入简明扼要地概括文章的主题或核心内容，效果如图 8-43 所示。

图8-43　编辑“图文消息”摘要

06 设置并保存　移至页面底部，完善图文消息的设置并保存为草稿。

8.3.3　使用秀米编辑器排版

秀米编辑器是一款专门用于微信公众号平台的文章编辑工具。它提供了大量的原创模板素材和风格模板，可以帮助运营者快速、高效地完成排版工作，减少重复劳动，提高工作效率。

实验8-4　使用秀米编辑器

■ 实验目的

在制作微信公众号文章时，人们经常需要对文章的样式进行精美设计，以便更好地呈现内容及吸引粉丝。使用秀米编辑器是一种十分高效的美化文章的方法，使用其提供的丰富模板可以轻松设计出一篇精美的文章。本实验的目的是使用秀米编辑器制作图文消息，掌握秀米编辑器的使用方法。

■ 实验条件

使用秀米编辑器

- 计算机接入因特网；
- 能够进行浏览网页的基本操作；
- 已注册秀米账号。

■ 实验内容

本实验主要介绍秀米编辑器的使用风格模板、使用模板样式和收藏样式。实验过程中主要以秀米官方提供的模板样式为主，通过替换文字样式、图片样式及收藏样式，实现快速美化图文稿的效果。

■ 实验步骤

使用风格模板

秀米提供了大量的风格模板供用户使用，通过查找、筛选出适合发稿主题的风格模板并保存后，即可直接替换文字或图片，从而能够快速制作出一篇美化排版的文章。

01 打开秀米编辑器　打开浏览器，进入“秀米”(https://xiumi.us/)网站，按图 8-44 所示操作，登录编辑器。

图8-44　访问并登录秀米编辑器

02 挑选风格模板　在首页找到图文排版区，按图 8-45 所示操作，选择适合主题的模板。

图8-45　挑选风格模板

03 筛选并保存风格模板　按图 8-46 所示操作，筛选出满意的风格模板，此处我们选择“新学期读书计划”模板并保存。

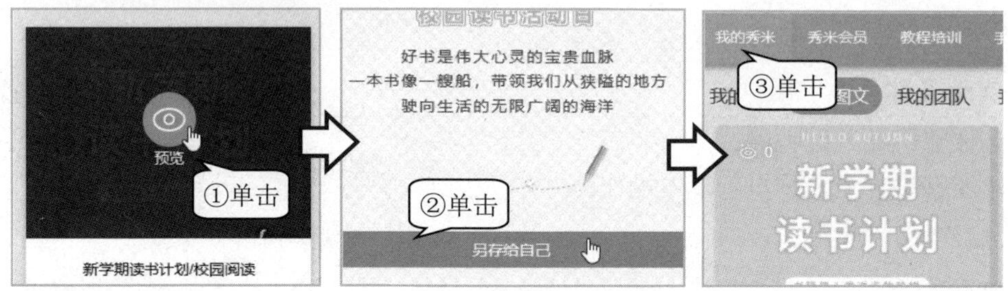

图8-46　从风格模板库中筛选并保存模板

04 使用风格模板　按图 8-47 所示操作，打开保存后的风格模板，根据模板中的样式进行排版，如设置字体大小、颜色和对齐方式等。

图8-47　使用风格模板

05 美化标题　输入文字后，按图 8-48 所示操作，制作出既能吸引读者注意力，又能容易表达出核心信息的标题格式。

图8-48　排版功能设置批量标题样式

06 批量缩进　在处理文本时，按图 8-49 所示操作，批量进行缩进修改。

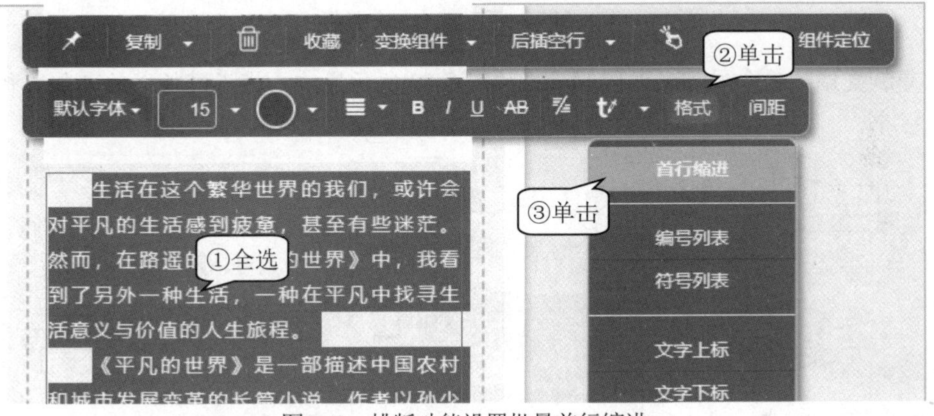

图8-49　排版功能设置批量首行缩进

07 替换图片　调用系统库中的风格图片后，按图 8-50 所示操作，更换成需要的图片，实现风格排版。

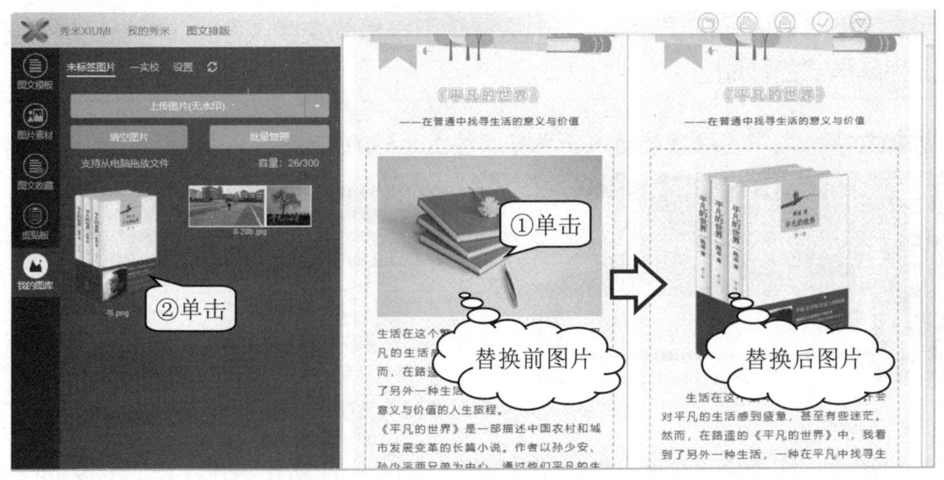

图8-50　在风格模板中替换图片

08 增加分隔符　大量的文字会带给读者压抑的感觉，按图 8-51 所示操作，为文章的段与段之间增加点缀。

图8-51　排版功能添加分隔符

09 复制文章到公众号　完成编辑后，按图 8-52 所示操作，将排好版式的文章复制到公众号中。

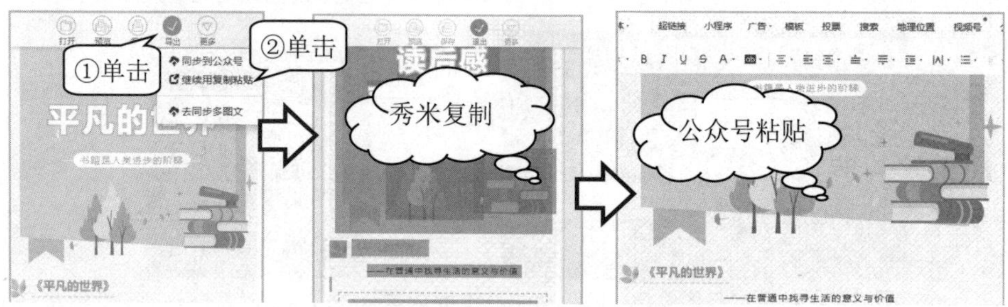

图8-52　将秀米排好版式的文章复制到公众号

使用图文模板

图文模板有着较强的灵活性，选中需要套用模板的文字或图片，再指定想要套用的模板，完成样式的秒刷。

01 添加文字　文字可以直接输入，也可以按图 8-53 所示操作，分段录入。

图8-53　秀米编辑器输入文字

02 添加图片　将光标放在文字中的合适位置，按图 8-54 所示操作，将“水稻.jpg”插入编辑器中。

图8-54　秀米编辑器添加文字图片

03 调用文字模板　选中段落文字，按图 8-55 所示操作，为文字增加左侧指定的样式。

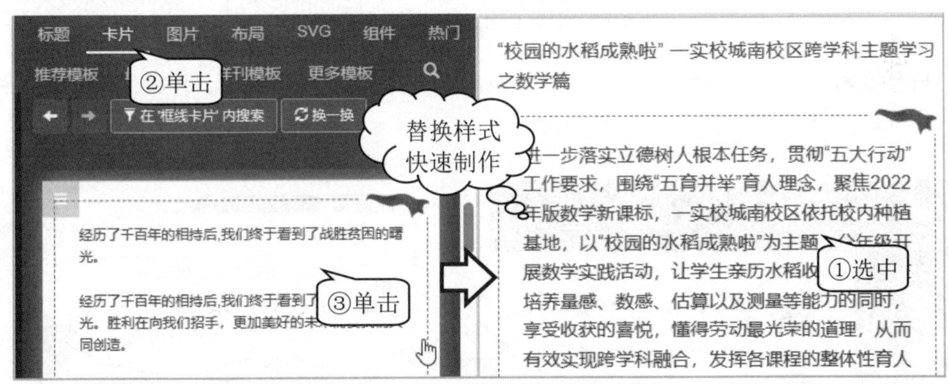

图8-55　秀米编辑器快速添加文字样式

04 调用图片模板　选中图片，按图 8-56 所示操作，将图片替换成模板样式。

图8-56　调用图片模板

样式的收藏

运营者精心设计或对某一款样式比较喜欢，可以将其收藏，供所有页面使用。另外，样式的取消也很简单。

01 收藏样式 在对文章排版时，按图 8-57 所示操作，将喜欢的样式收藏起来，以便下次使用。

图8-57 秀米编辑器收藏图文样式

02 调用收藏 收藏的样式可以随时进行调用，按图 8-58 所示操作，将收藏的样式插入新的页面排版中。

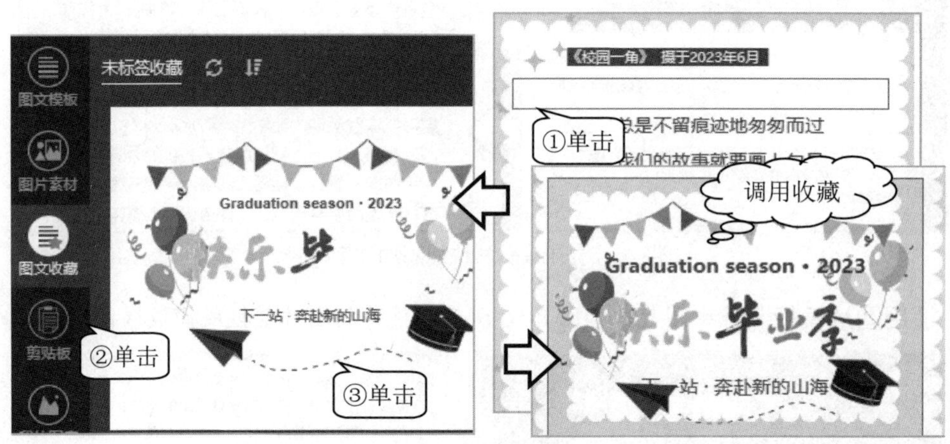

图8-58 秀米编辑器调用收藏样式

03 取消收藏 如果想要取消收藏，可按图 8-59 所示操作，删除收藏。

图8-59 取消收藏

8.3.4 预览和发布图文消息

消息的群发功能能够提醒到每一位关注的粉丝，受众范围极广。因此，文章的发布通常要经过消息预览、文章排序及扫码确认等流程。

实验8-5　预览和发布图文

■ 实验目的

在发布公众号消息时，运营者可以通过预览功能在发布前对文章进行检查和修改，确保内容的质量与准确性。本实验要求通过发表前要进行预览和转发，审核后再对发表的消息进行设计，目的是让学生掌握公众号消息发布前的工作流程。

■ 实验条件

预览和发布图文

- 计算机接入因特网；
- 能够进行浏览网页的基本操作。

■ 实验内容

本实验是通过使用微信公众平台的预览功能，根据审核需要，指定相应的审核人员并将内容转发给他们。在发表前，我们将声明原创、开启留言等功能，并最终以管理员身份进行发表。

预览公众号文章

制作完成的文章，通常需要经过多人的审核。为确保图文消息的发布效果最佳，发布前要仔细检查内容和格式，并进行适当的排版和优化。

01 发送预览　定位光标，按图 8-60 所示操作，发送文章预览效果。

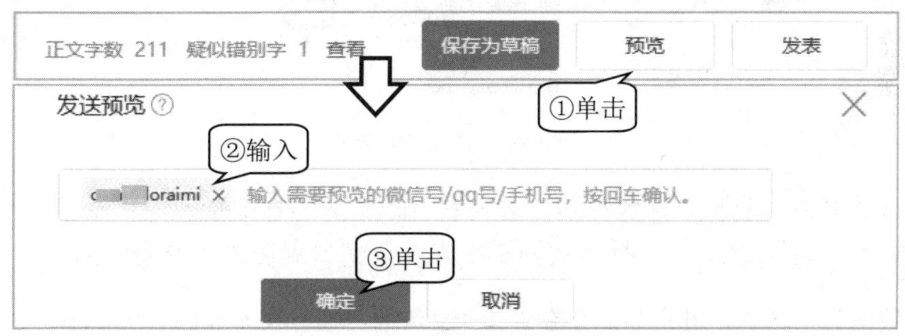

图8-60　发送预览至微信

02 转发审核　预览会发送到公众号与该微信用户的对话窗口中，按图 8-61 所示操作，将文章预览效果发送给审核人员。

预览消息只能发送给指定的个人微信号，且接收者需先关注该公众号才能接收到预览内容；而转发则不受此限制，可以广泛传播给更多的用户。

发布公众号文章

图文消息预览通过审核后，还需要确定文章设置需求，如置顶发表、原创、开启留言等，设置完成后，即可发布。

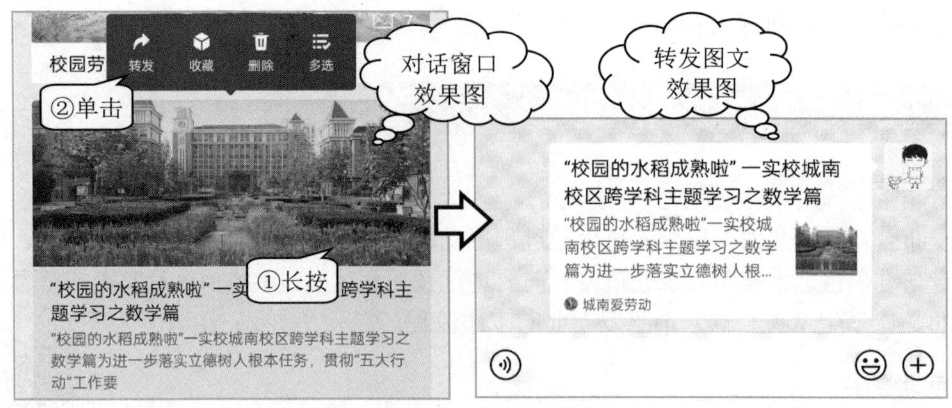

图8-61　转发审核

01 设置原创　按图 8-62 所示操作，为原创文章添加声明。

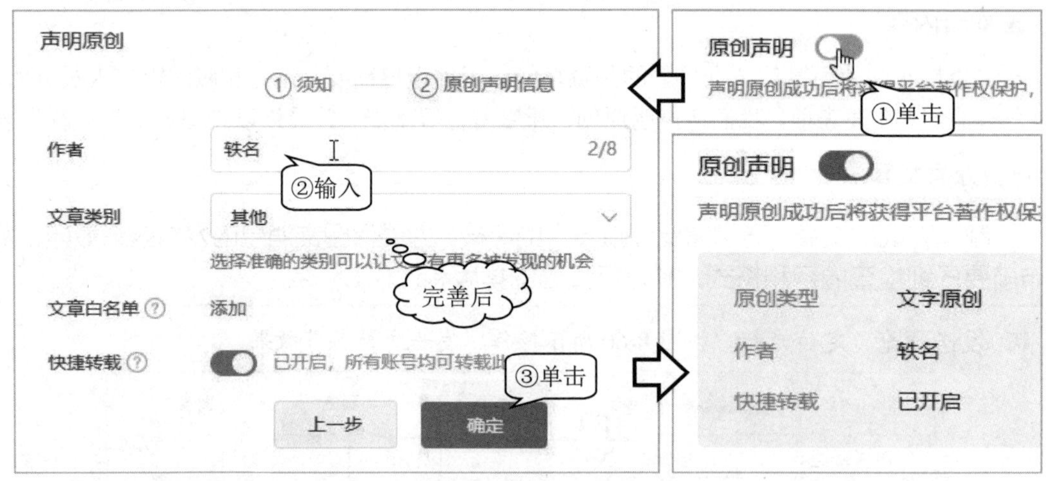

图8-62　添加原创声明

微信的原创声明可以保护原创作者的权益，提高文章质量，避免内容重复，增加曝光机会和品牌认知度。这也是鼓励更多人参与创作和分享的重要手段。

02 设置留言　通常，用户都会有看留言并交流的习惯，按图 8-63 所示操作，为文章添加留言功能。

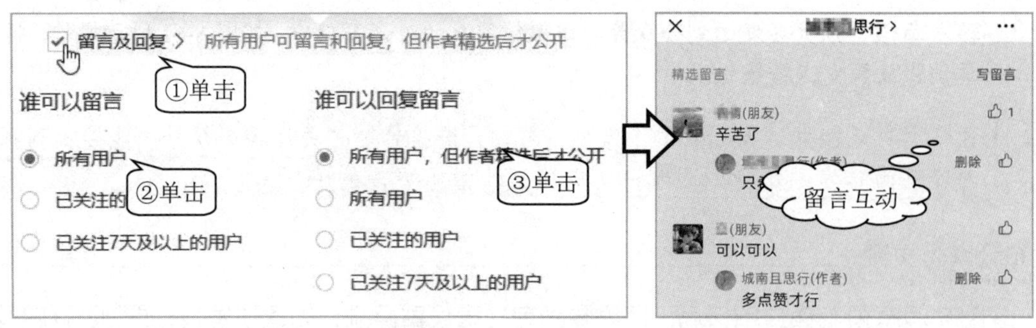

图8-63　添加留言功能

03 置顶文章　在推送多条文章时，按图 8-64 所示操作，将需要置顶的文章移至最上方。

图8-64　设置文章置顶

04 发表文章　按图 8-65 所示操作，设置完成后即可发表文章。

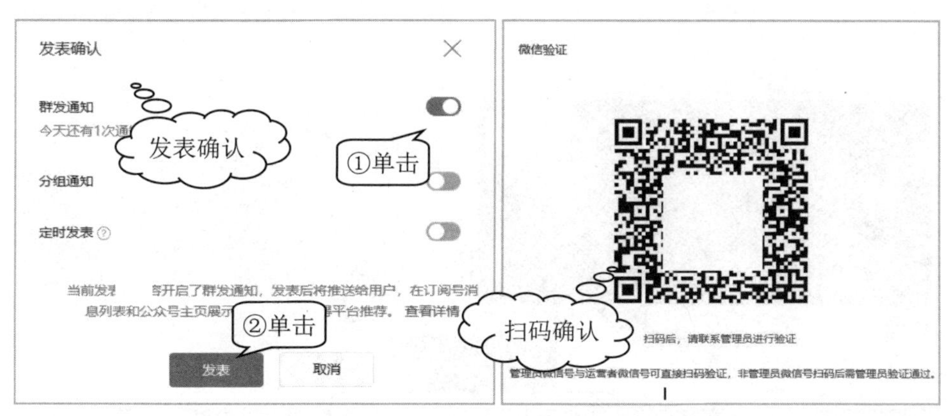

图8-65　公众号文章发表确认

修改发布文章

发表后的图文内容中，标题、视频等元素不可进行修改，但图片可替换至多 3 张，文字修改的上限为 20 字，因此，发稿前一定要慎重。

01 修改文章内容　在发表记录页面，找到待修改的文章，按图 8-66 所示操作，对文章的原文进行修改。

02 修改文章图片　修改图片的方法与文字类似，按图 8-67 所示操作，对图片进行修改。

03 扫码验证　修改后提交，使用管理员微信扫码确认后，修改才能生效。

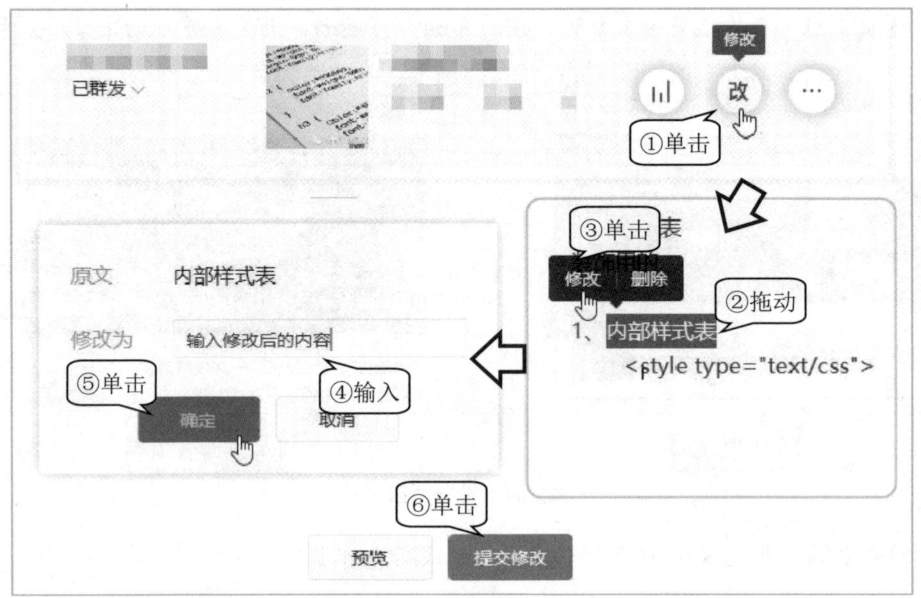

图8-66 修改文章内容

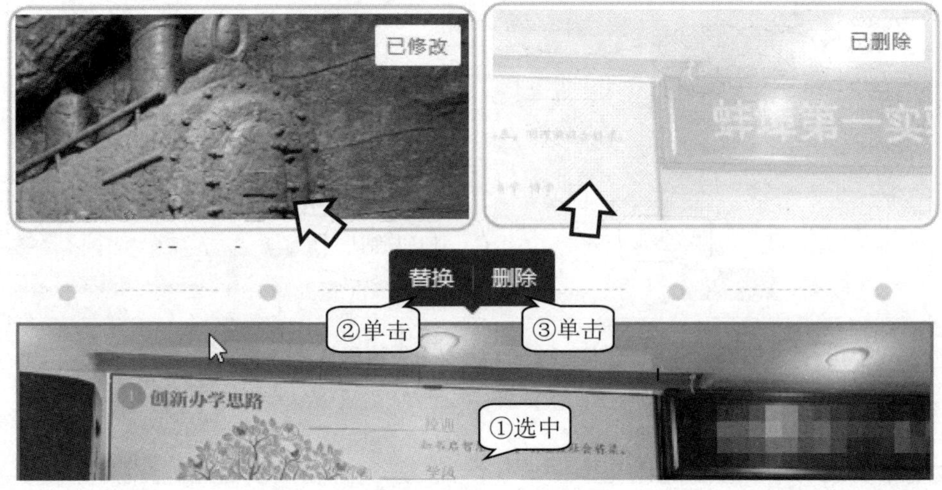

图8-67 修改文章图片

8.4 小结和练习

8.4.1 本章小结

本章以案例的形式，带领读者快速了解微信公众号的注册、设置及运营方式。通过教育部官方微信案例的分析，让读者掌握栏目规划与内容创作需要注意的关键环节，以及微信公众号的具体制作方法，具体包括以下主要内容。

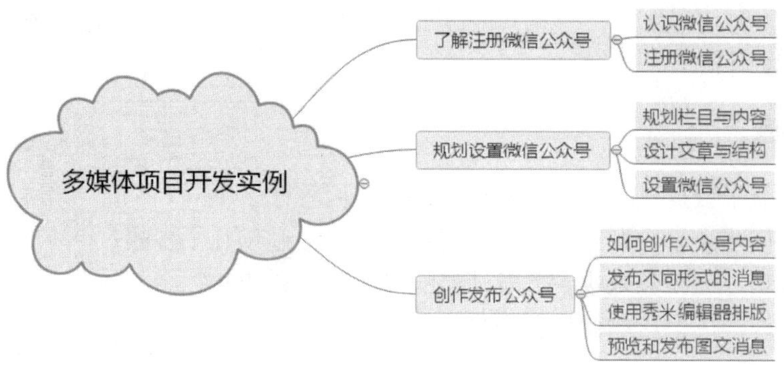

8.4.2　强化练习

一、选择题

1. 图 8-68 中所示区域是微信公众号的底部菜单，则可以创建底部菜单的公众号类型是(　　)。

看我　报纸征订　2023征稿

图8-68　微信公众号底部菜单

A. 认证过的服务号　　B. 认证过的订阅号
C. 服务号　　D. 以上都可以

2. 微信公众平台的最大作用是(　　)。
   A. 微信公众平台可以吸粉，增加更多的粉丝
   B. 借助移动互联网，为企业、商家和个人创造更大的商机，帮助大众更便捷地分享互联网经济红利，让大家都能在互联网和经济大潮中有所收获
   C. 微信公众平台可以出售商品，让商家快速实现销售额
   D. 微信公众平台是万能的

3. 同一个身份证号(不支持临时身份证)可登记(　　)次信息。
   A. 3　　B. 2　　C. 4　　D. 1

4. 微信公众平台可以群发消息的内容有(　　)。
   A. 文字、语音　　B. 图片、视频　　C. 动画　　D. 图文消息

二、判断题

1. 经身份验证后的微信公众号，才能申请修改公众号名称。(　　)
2. 微信服务号一个月内可以发送 6 条群发消息。(　　)
3. 微信公共账号可以在手机上登录并修改消息。(　　)
4. 微信公众平台后台设置了自动回复选项，可以通过添加关键词来自动处理一些常用的查询和疑问。(　　)

5. 个人公众号可以绑定一个私人微信账号，并可以在私人账号上通过公众号助手向所有公众号的粉丝群发消息。 （ ）

三、问答题

1. 微信公众平台提供了哪几种账号类别？它们有什么不同？
2. 使用微信公众平台发布一篇图文消息，需要经过哪几个步骤？
3. 群发成功，而粉丝未收到群发消息的可能原因有哪些？
4. 如何合理推广自己的微信公众号？